高校转型发展系列教材

BIM技术应用实训教程

王柳燕 主编

李洪位 张士军 副主编

清华大学出版社

北京

内 容 简 介

本书为沈阳大学转型发展教材建设项目之一，由BIM领域高校科研团队、建筑企业和一线工程师共同编写。全书共分5章，包括：BIM基础知识，BIM应用技术解析，BIM应用相关软硬件，Revit 2017软件的应用操作，BIM应用案例。全书内容是基于当前应用型本科教学改革发展需要和行业用人需求编写，结构严谨，BIM应用知识全面具有典型性，且案例翔实，使读者在学习BIM应用知识及Revit软件功能的同时，也能了解和掌握BIM技术如何在建筑工程中更好地应用。

本书可供本科及高职土建类土木工程专业及其他相关专业教学使用，也可供建筑工程技术人员和BIM的爱好者参考使用。

图书在版编目(CIP)数据

BIM技术应用实训教程/王柳燕主编. —北京：清华大学出版社，2018
(高校转型发展系列教材)
ISBN 978-7-302-48791-3

Ⅰ. ①B…　Ⅱ. ①王…　Ⅲ. ①建筑制图－计算机辅助设计－应用软件－高等学校－教材
Ⅳ. ①TU201.4

中国版本图书馆CIP数据核字(2017)第272627号

责任编辑：张占奎
封面设计：常雪影
责任校对：赵丽敏
责任印制：刘海龙

出版发行：清华大学出版社
网　　址：http://www.tup.com.cn，http://www.wqbook.com
地　　址：北京清华大学学研大厦A座　　**邮　　编**：100084
社 总 机：010-62770175　　**邮　　购**：010-62786544
投稿与读者服务：010-62776969，c-service@tup.tsinghua.edu.cn
质量反馈：010-62772015，zhiliang@tup.tsinghua.edu.cn
印 刷 者：北京富博印刷有限公司
装 订 者：北京市密云县京文制本装订厂
经　　销：全国新华书店
开　　本：185mm×260mm　　**印　　张**：12.5　　**字　　数**：302千字
版　　次：2018年4月第1版　　**印　　次**：2018年4月第1次印刷
印　　数：1～2000
定　　价：38.00元

产品编号：074709-01

前言

Preface

建筑信息模型(buliding information model,BIM)是这几年在计算机辅助设计(CAD)等技术基础上发展起来的新兴多维模型信息集成技术,是对建筑工程物理特征和功能特性信息的数字化承载和可视化表达。BIM技术的普及和应用离不开从业人员的技能,而从业人员BIM技能的掌握离不开BIM技术实训的学习。本书作为沈阳大学转型发展教材建设专项支持计划的一部分,在内容的编排上,兼顾BIM应用基础知识和软件操作两个方面,力求案例项目具有典型性,易于读者举一反三;在软件功能和应用讲解上力求浅显易懂,有助于初学者掌握BIM软件操作。

本书基于当前应用型本科教学改革发展需要和行业用人需求,在清华大学出版社的大力支持下,由BIM领域高校科研团队、建筑企业和一线工程师共同编写,主要以BIM应用基础知识和Revit软件操作为主线,结合工程案例,从BIM实践应用需求出发,构建了BIM课程内容和知识体系,具有理论性、综合性、实践指导性等特点。本书可供本科及高职土建类土木工程专业及其他相关专业教学使用,也可供建筑工程技术人员和BIM的爱好者参考使用。

全书共5章。第1章主要阐述BIM基础知识,系统地介绍了BIM的特点和价值、国内外发展现状、BIM技术应用简介。第2章主要是BIM技术应用解析,重点对BIM在建设项目中的应用模式以及在建设项目全寿命期中的应用进行阐述。第3章对BIM应用相关软硬件进行了较为系统的介绍。第4章作为全书的重点内容,主要介绍Revit 2017软件的实际操作,包括Revit基本操作、Revit建筑结构设计模块、Revit实操实练等内容。第5章通过实际工程案例详细介绍BIM建模应用创建方法和过程。

本书第1章、第4章由远大集团李洪位编写;第2～3章及附录由沈阳大学王柳燕编写;第5章由宁波工程咨询有限公司张士军编写。全书大纲及统稿由沈阳大学王柳燕负责,沈阳大学王舜负责本书的内容调整和文字修改。另外,远大集团的彭春雨和刘逢良以及宁波工程咨询有限公司的余伶俐,沈阳大学郭影、钮鹏、张莉莉老师参与了部分章节的编写和校核工作。

由于编者水平有限，书中难免有不妥之处，恳请广大读者和专家予以指正，提出宝贵意见和建议。本书在编写过程中参考了大量的国内优秀教材，在此对有关作者一并表示感谢。

编　者

2017 年 6 月

目录

Contents

第1章

绪　论

本章导读：本章主要介绍了建筑信息模型（BIM）的概念、特点、现状及应用等相关内容，包括：BIM概述、BIM在国内外的发展现状、BIM技术工程应用简介等。

本章重点：①BIM价值的具体体现；②BIM普及的制约因素；③BIM技术工程应用简介。

1.1　BIM概述

1.1.1　BIM的定义及特点

建筑信息模型（building information modeling，BIM）是以建筑工程项目的各项相关信息数据为基础，建立三维的建筑模型，通过数字信息仿真模拟建筑物所具有的真实信息。它具有可视化、协调性、模拟性、优化性、可出图性、一体化性、参数化性和信息完备性八大特点。

1. 可视化（visualization）

可视化即"所见所得"的形式，对于建筑行业来说，可视化在建筑业的作用是非常大的，例如经常拿到的施工图纸，只是各个构件的信息在图纸上采用线条绘制表达，但是其真正的构造形式则需要建筑业参与人员去自行想象。对于简单的东西来说，这种想象也未尝不可，但是近几年建筑业的建筑形式各异，复杂造型层出不穷，光靠人脑去想象就未免有点不现实。BIM为人们提供了可视化的思路，将以往的线条式的构件形成一种三维的立体实物图形。建筑业以往是将效果图分包给专业的效果图制作团队,通过线条式信息制作出来的,并不是通过构件的信息自动生成的,缺少了同构件之间的互动性和反馈性。BIM 提到的可视化是一种能够同构件之间形成互动性和反馈性的可视。在 BIM 中,由于整个过程都是可视化的,所以可视化的结果不仅可以用做效果图的展示及报表的生成,更重要的是它使得项目设计、建造、运营过程中的沟通、讨论、决策都在可视化的状态下进行。

2. 协调性(coordination)

协调性是建筑业中的重点内容,不管是施工单位还是业主及设计单位,无不在做着协调及配合工作。一旦项目在实施过程中遇到问题,就要将各有关人士组织起来开协调会,找到各施工问题发生的原因及解决办法,然后作出变更,采取相应补救措施等。在设计时,由于各专业设计师之间的沟通不到位,可能出现专业之间的碰撞问题,例如暖通等专业中的管道,在进行布置时正好有结构设计的梁等构件,在此妨碍着管线的布置。像这种碰撞问题只能在问题出现之后再进行解决吗?BIM 的协调性服务可以帮助处理这种问题,也就是说 BIM 可在建筑物建造前期对各专业的碰撞问题进行协调,生成协调数据。当然 BIM 的协调作用也并不是只能解决各专业间的碰撞问题,它还可以解决电梯井布置与其他设计布置及净空要求的协调,防火分区与其他设计布置的协调,地下排水布置与其他设计布置的协调等。

3. 模拟性(simulation)

模拟性并不是只是模拟设计出的建筑物模型,还可以模拟不能在真实世界中进行操作的事物。在设计阶段,BIM 可以进行一些模拟试验,例如,节能模拟、紧急疏散模拟、日照模拟、热能传导模拟等;在招投标和施工阶段可以进行 4D 模拟(三维模型加项目的发展时间),也就是根据施工的组织设计模拟实际施工,从而确定合理的施工方案指导施工。同时还可以进行 5D 模拟(基于 3D 模型的造价控制),从而实现成本控制;后期运营阶段可以模拟日常紧急情况的处理方式,例如地震人员逃生模拟及消防人员疏散模拟等。

4. 优化性(optimization)

事实上,整个设计、施工、运营的过程就是一个不断优化的过程,当然优化和 BIM 也不存在实质性的必然联系,但在 BIM 的基础上可以更好地优化。优化受三种因素的制约:信息、复杂程度和时间。没有准确的信息做不出合理的优化结果,BIM 模型提供了建筑物实际存在的信息,包括几何信息、物理信息、规则信息。当建筑物的复杂程度高到一定程度,参与人员本身的能力便无法掌握所有的信息,必须借助一定的科学技术和设备的帮助。现代建筑物的复杂程度大多超过参与人员本身的能力极限,BIM 及与其配套的各种优化工具提供了对复杂项目进行优化的可能。

基于 BIM 的优化可以做下面的工作:

(1) 项目方案优化

把项目设计和投资回报分析结合起来,设计变化对投资回报的影响可以实时计算出来;

这样业主选择设计方案时就不会只停留在对形状的评价上，而更多地知道哪种项目设计方案更符合自身的需求。

(2) 特殊项目的设计优化

特殊项目例如裙楼、幕墙、屋顶、大空间等多数是异形设计，这些内容看起来占整个建筑的比例不大，但是所占投资和工作量的比例和主体结构相比却往往要大得多，而且通常也是施工难度较大和施工问题较多的地方，对这些内容的设计施工方案进行优化，可以显著缩短工期，减少造价。

5. 可出图性

BIM 出图与大家日常多见的建筑设计院所出的建筑设计图纸及一般构件加工的图纸不同，它通过对建筑物进行可视化展示、协调、模拟、优化后，帮助业主出如下图纸：①综合管线图(经过碰撞检查和设计修改，消除了相应错误以后)；②综合结构留洞图(预埋套管图)；③碰撞检查侦错报告和建议改进方案。

6. 一体化性

基于 BIM 技术可进行从设计到施工再到运营，贯穿工程项目全寿命期的一体化管理。BIM 的技术核心是一个由计算机三维模型所形成的数据库，不仅包含了建筑的设计信息，而且可以容纳从设计到建成使用，甚至是使用周期终结的全过程信息。

7. 参数化性

参数化建模指的是通过参数而不是数字建立和分析模型，简单地改变模型中的参数值就能建立和分析新的模型；BIM 中图元是以构件的形式出现，这些构件之间的不同是通过参数的调整反映出来的，参数保存了图元作为数字化建筑构件的所有信息。

8. 信息完备性

信息完备性体现在 BIM 技术可对工程对象进行 3D 几何信息和拓扑关系的描述以及完整的工程信息描述。

1.1.2 BIM 的价值

建立以 BIM 应用为载体的项目管理信息化，可以提升项目生产效率、提高建筑质量、缩短工期、降低建造成本，具体体现在以下几方面。

1. 三维渲染，宣传展示

三维渲染动画能给人以真实感和直接的视觉冲击。建好的 BIM 模型可以作为二次渲染开发的模型基础，大大提高了三维渲染效果的精度与效率，给业主更为直观的宣传介绍，提升中标概率。

2. 快速算量,精度提升

BIM数据库的创建,通过建立5D关联数据库,可以准确快速计算工程量,提升施工预算的精度与效率。由于BIM数据库的数据粒度达到构件级,可以快速提供支撑项目各条线管理所需的数据信息,有效提升施工管理效率。BIM技术能自动计算工程实物量,这个属于较传统的算量软件功能,在国内此项应用案例非常多。

3. 精确计划,减少浪费

施工企业精细化管理很难实现的根本原因在于海量的工程数据无法快速准确获取,以支持资源计划,致使经验主义盛行。而BIM的出现可以让相关管理人员快速准确地获得工程基础数据,为施工企业制定精确人才计划提供有效支撑,大大减少了资源、物流和仓储环节的浪费,为实现限额领料、消耗控制提供技术支撑。

4. 多算对比,有效管控

管理的支撑是数据,项目管理的基础就是工程基础数据的管理,及时、准确地获取相关工程数据就是项目管理的核心竞争力。BIM数据库可以实现任一时间点上工程基础信息的快速获取,通过合同、计划与实际施工的消耗量、分项单价、分项合价等数据的计算对比,可以有效了解项目运营是盈是亏,消耗量有无超标,进货分包单价有无失控等问题,实现对项目成本风险的有效管控。

5. 虚拟施工,有效协同

三维可视化功能再加上时间维度,可以进行虚拟施工。随时随地直观快速地将施工计划与实际进展进行对比,同时进行有效协同,施工方、监理方甚至非工程行业出身的业主领导都可对工程项目的各种问题和情况了如指掌。这样通过BIM技术结合施工方案、施工模拟和现场视频监测,大大减少建筑质量问题、安全问题,减少返工和整改。

6. 碰撞检查,减少返工

BIM最直观的特点在于三维可视化,利用BIM的三维技术在前期可以进行碰撞检查,优化工程设计,减少在建筑施工阶段可能存在的错误损失和返工的可能性,而且优化净空,优化管线排布方案。最后施工人员可以利用碰撞优化后的三维管线方案,进行施工交底、施工模拟,提高施工质量,同时也提高了与业主沟通的能力。

7. 冲突调用,决策支持

BIM数据库中的数据具有可计量(computable)的特点,大量工程相关的信息可以为工程提供数据后台的巨大支撑。BIM中的项目基础数据可以在各管理部门进行协同和共享,工程量信息可以根据时空维度、构件类型等进行汇总、拆分、对比分析等,保证了工程基础数据的及时、准确,为决策者制订工程造价项目群管理、进度款管理等方面的决策提供依据。

目前全世界很多国家已经有比较成熟的BIM标准或者制度,BIM在中国建筑市场内要顺利发展，必须和国内的建筑市场特色相结合，才能够满足国内建筑市场的需求。BIM将会给国内建筑业带来一次巨大变革。

1.2 BIM在国内外的发展现状

1.2.1 BIM技术在中国

BIM技术最早在2002年引入工程建设行业，进入国内可以追溯到2004年。当时，国内关于BIM技术的丛书才初露头角。之后，随着我国“十五”科技攻关计划及“十一五”科技支撑计划的开展，BIM技术开始应用于部分示范工程。自2006年奥运场馆项目尝试使用BIM技术开始，BIM技术引起国内设计行业的重视。特别是2009年以来，BIM在设计企业中的应用得到快速发展。“十二五”开局之年，住房和城乡建设部发布了《2011—2015年建筑业信息化发展纲要》，将“加快建筑信息模型(BIM)、基于网络的协同工作等新技术在工程中的应用”列入总体目标，确立了大力发展BIM技术的基调。

2010年住建部工程质量安全监督与行业发展司公布的数据表明，全国共有勘察设计企业12375家(其中甲级企业1928家，乙级企业3410家)，在2010年公布的设计企业百强中，应用BIM的占80%，可以看出BIM在我国处于快速发展中。很多大型设计单位还专门成立了BIM中心，开展BIM技术应用和推广，甚至开展建筑全寿命期的信息技术服务，一些国内大型的设计院如中建国际、现代集团、中国中元等已经开始布局软件，试点推行。例如：①上海现代建筑设计集团在上海世博会项目、外滩SOHO、凌空SOHO和后世博园区央企总部等重点项目中开始大量使用BIM技术进行协同设计，在申都、斐讯总部大楼项目中实施了设计、施工和运营维护全过程的技术服务，并专门成立集团数字化技术研究咨询部；②上海上安机电设计事务所有限公司于2008年成立BIM部门；③CCDI于2009年成立建筑数字化业务部；④中国建筑设计研究院开展全员BIM培训，2010年发布《建筑/结构/设备专业BIM手册》等；⑤大型开发商单位绿地、万科、SOHO、万达等也开始尝试使用BIM技术。

国内的许多高校，如清华大学、哈尔滨工业大学、同济大学、华南理工大学都先后成立了建筑生命周期管理实验室，这是BIM技术的分支领域。而且目前国内已有许多成功的应用案例，如“中国尊”、武汉中心、深圳平安金融中心、“鸟巢”、世博文化中心、上海中心大厦、奥运村及物资管理信息系统、文化演艺中心、国家南水北调工程等。不难看出BIM应用在我国正在进入高速发展的轨道。

1.2.2 BIM 技术在国外

BIM 技术在国外的应用比国内早，发展速度比国内发展更迅速。BIM 起源于芬兰、新加坡、挪威，经过长期的酝酿发展，BIM 在美国逐渐成为主流，并对包括中国在内的其他国家的 BIM 发展产生影响。现如今 BIM 的应用在国外已经相当普及，澳大利亚、日本、美国、韩国、挪威、新加坡、英国、芬兰等国陆续发布了国家、行业和企业级标准。BIM 的参数化和智能化特征可支持虚拟的项目设计、建设和运营维护。BIM 自出现以来就得到设计人员、承包商和供应商们的一致好评，并被广泛应用以减少项目成本、提高项目质量。斯坦福大学研究中心的报告指出，BIM 在全球的应用正在逐步扩大。

1. 美国 BIM 的应用与发展

2003 年起，美国总务管理局（GSA）通过其下属的公共建筑服务处（public buildings service，PBS）开始实施一项被称为“国家 3D-4D-BIM 计划”的项目，实施该项目的目的有：①实现技术转变，以提供更加高效、经济、安全、美观的建筑；②促进和支持开放标准的应用。

按照计划，GSA 从项目全寿命期的角度来探索 BIM 的应用，其包含的领域有空间规划验证、4D 进度控制、激光扫描、能量分析、人流和安全验证以及建筑设备分析及决策支持等。为了保证计划的顺利实施，GSA 制定了一系列的策略进行支持和引导，主要内容有：①制定详细明了的愿景和价值主张；②利用试点项目积累经验并起到示范作用；③加强人员培训，建立鼓励共享的组织文化；④选择适合的软件和硬件，应用开放标准软、硬件系统构成 BIM 应用的基础环境。

据相关调查结果显示，目前北美的建筑行业有一半机构在使用建筑信息模型或与 BIM 相关的工具，美国各个大承包商的 BIM 应用也已经成为普及的态势。美国斯坦福大学整合设施工程中心（CIFE）根据 32 个采用 BIM 的项目总结了使用 BIM 的一系列优势；美国 Letterman 数字艺术中心项目在完工时表示，通过 BIM 他们能按时完成，并且低于预算，估算在这个耗资 3500 万美元的项目里节省了超过 1000 万美元。

2. 英国 BIM 的应用与发展

与大多数国家相比，英国政府要求强制使用 BIM。2011 年 5 月，英国内阁办公室发布了“政府建设战略（government construction strategy）”文件，其中有整章关于 BIM 的内容，其中明确要求，到 2016 年，政府要求全面协同 3D-BIM，并将全部的文件以信息化管理。

英国的设计公司在 BIM 实施方面已经相当领先，因为伦敦是众多全球领先设计企业的总部（如 Foster and Partners、Zaha Hadid Architects 和 Arup Sports），也是很多领先设计企业的欧洲总部（如 HOK、SOM 和 Gensler）。基于这些背景，英国企业对于 BIM 的应用与世界其他国家和地区相比，发展速度更快，效果更为明显。据一项调查结果显示，英国机场管理局仅在希思罗 5 号航站楼项目上，便利用 BIM 削减了 10%的建造费用。

3. 北欧 BIM 的应用与发展

北欧国家包括挪威、丹麦、瑞典和芬兰，是一些主要的建筑业信息技术的软件厂商所在地，如 Tekla 和 Solibri，而且对发源于匈牙利的 ArchiCAD 的应用率也很高。

北欧四国政府强制却并未要求全部使用 BIM，由于当地气候的要求以及先进建筑信息技术软件的推动，BIM 技术的发展主要是企业的自觉行为。如 Senate Properties，一家芬兰国有企业，也是荷兰最大的物业资产管理公司，于 2007 年发布了一份建筑设计的 BIM 要求(Senate Properties BIM requirements for architectural design)。自 2007 年 10 月 1 日起，Senate Properties 的项目仅强制要求建筑设计部分使用 BIM，其他设计部分可根据项目情况自行决定是否采用 BIM 技术，但目标将是全面使用 BIM。该报告还提出，在设计招标阶段将有强制的 BIM 要求，这些 BIM 要求将成为项目合同的一部分，具有法律约束力；建议在项目协作时，建模任务需创建通用的视图，需要准确的定义；需要提交最终 BIM 模型，且建筑结构与模型内部的碰撞需要进行存档；建模流程分为四个阶段：spatial group BIM、spatial BIM、preliminary building element BIM 和 building element BIM。

4. 日本 BIM 的应用与发展

日本是亚洲较早接触 BIM 的国家之一，由于日本软件业较为发达，而 BIM 是需要多个软件来互相配合的，这为 BIM 在日本的发展提供了平台。从 2009 年开始，日本大量的设计单位和施工企业开始应用 BIM。为了鼓励及规范 BIM 应用，2012 年 7 月日本建筑学会发布了日本 BIM 指南，从 BIM 团队建设、BIM 数据处理、BIM 设计流程、应用 BIM 进行预算、模拟等方面为日本的设计院和施工企业应用 BIM 提供了指导。

5. 新加坡 BIM 的应用与发展

在新加坡，为扩大 BIM 的认知范围，国家对在大学开设 BIM 课程给予大力支持，并为毕业生组织相应的 BIM 培训。

6. 韩国 BIM 的应用与发展

韩国在运用 BIM 技术上十分领先。多个政府部门都致力于制定 BIM 标准，例如韩国公共采购服务中心和韩国国王交通海洋部。韩国主要的建筑公司如现代建设、H 星建设、空间综合建筑事务所、大宇建设、GS 建设、Daelim 建设等都已经在积极应用 BIM 技术。比如，Daelim 建设将 BIM 技术应用到桥梁施工管理中，BMIS 公司将 BIM 软件 digital project 用来研究和实施建筑设计阶段和施工阶段的一体化等。

1.2.3 BIM 技术普及的制约因素

1. 机制不协调

BIM 应用不仅带来技术风险，还影响到设计工作流程。因此，设计师应用 BIM 软件不可避免地会在一段时间内影响到个人及部门利益，并且一般情况下设计师无法获得相关的利益补偿。因此，在没有切实的技术保障和配套管理机制情况下，强制在单位或部门推广BIM是不太现实的。

另外，由于目前的设计成果主要仍以2D图纸表达，BIM技术在2D图纸成图方面仍存在一定程度的细节不到位、表达不规范现象。因此，一方面应完善BIM软件的2D图纸功能，另一方面国家相关部门也应结合技术进步，适当改变传统的设计交付方式及制图规范，甚至能做到以3D-BIM模型作为设计成果载体。

2. 任务风险

我国普遍存在项目设计周期短、工期紧张的情况，BIM软件在初期应用过程中，不可避免地会存在技术障碍，这有可能导致无法按期完成设计任务。

3. 使用要求高，培训难度大

尽管主流BIM软件一再强调其易学易用性，实际上相对于2D设计而言，BIM软件培训难度还是比较大的，对于一部分设计人员来说，熟练掌握BIM技术有一定难度。另外，复杂模型的创建甚至要求建筑师具备良好的数学功底及一定的编程能力，或有相关CAD程序工程师的配合，这无形中也提高了应用的难度。

4. BIM技术支持不到位

BIM软件供应商不可能对客户提供长期而充分的技术支持。通常情况下，最有效的技术支持是在良好的成规模的应用环境中客户之间的相互学习，而环境的培育需要时间和努力。各设计单位首先应建立自己的BIM技术中心，以确保本单位获得有效的技术支持。这种情况在一些实力较强的设计院所应率先实现，这也是有实力的设计公司及事务所的通用作法，在越来越强调分工协作的今天，BIM技术中心将成为必不可少的保障部门。

5. 软件体系不健全

现阶段BIM软件存在一些弱点：本地化不够彻底，工种配合不够完善，细节不到位，特别是缺乏本土第三方软件的支持。软件的本地化工作，除原开发厂商结合地域特点增加自身功能特色之外，本土第三方软件产品也会在实际应用中发挥重要作用。2D设计方面，在我国建筑、结构、设备各专业实际上均在大量使用国内研发的基于Auto CAD平台的第三方工具软件，这些产品大幅提高了设计效率，推广BIM应借鉴这些宝贵经验，如Revit二次开发。Revit在BIM软件中已是领头羊，应用Revit系列工具的时候不可避免地会遇到如下类型的需求：①个性化。执行基于BIM的各种建筑设计相关的计算分析，实现外部应用程序与Revit建筑或结构的关联和互相通信。②自动化。访问建筑模型的图形数据和参数数据，让烦琐及有规律的手动操作批量自动完成。③规范化。按特定的要求检测工程中各种数据是否符合设计规范。

1.3　BIM技术应用简介

1.3.1　BIM与新型建筑工业化

1. 新型建筑工业化的基本特征

新型建筑工业化有别于我国之前发展的建筑工业化。新型建筑工业化是在可研、设计、生产、施工和运营等环节形成成套集成生产技术，实现建筑产品节能、环保、全寿命期价值最大化的可持续发展建筑生产方式。建筑设计标准化、构件部品生产工厂化、施工安装装配化、生产经营信息化、生产集成化是新型建筑工业化的五个特征。

（1）建筑设计标准化

建筑设计的标准化有利于降低生产成本，缩短生产时间，提高生产结果的可预测性，降低产品缺陷率，提高劳动生产率，提高利润率。

（2）构件部品生产工厂化

构件部品生产工厂化的优点是有利于实现标准化中制订的标准和规则，减少施工现场的工作量和劳动力，改善工人的劳动环境，有利于加快生产进度，节约人工，提高效率，减少原料的浪费，有利于保护环境。

（3）施工安装装配化

施工安装装配化具有以下特点：仅需少量的现场施工人员进行装配，湿作业大大减少，使施工更加快速；降低成本，减少现场施工人员和现场混凝土等材料的浪费。施工安装装配化可以使建筑更安全、耐用、节能。

（4）生产经营信息化

在新型建筑工业化建筑的设计、制造、安装、运营过程中会有大量的信息产生，因为一栋建筑由成千上万的构件组成，每一个构件都要经历设计、制造、安装、维护，所有的信息必须完全掌握才能了解每一部分的现状，统筹运营，体现出新型建筑工业化的优势。

（5）生产集成化

新型建筑工业化建筑中设计、制造和施工是三个相对独立的过程，相互之间有不同的技术标准和要求，制造工艺也不尽相同，即使同一个过程中的不同企业也可能存在不同标准，所以必须通过对设计、制造、施工进行技术和标准整合，实现交流无障碍和三个生产过程的有效衔接，通过有效解决界面问题实现集成化。

2. BIM在新型建筑工业化的应用

（1）有利于实现建筑设计标准化

新型建筑工业化建筑设计具有标准化、模块化、重复化的特点，形成的数据量大而且重

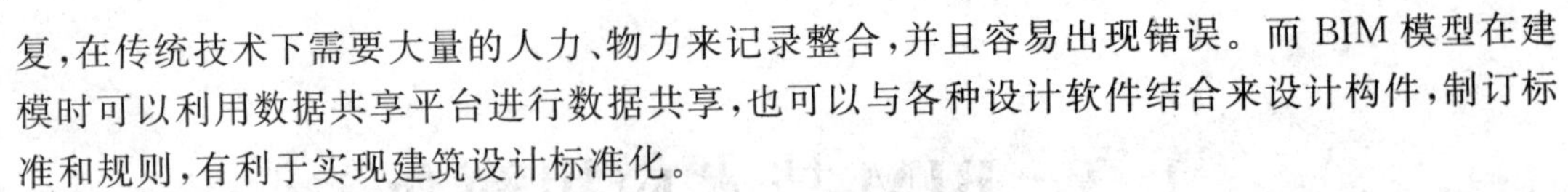

复，在传统技术下需要大量的人力、物力来记录整合，并且容易出现错误。而BIM模型在建模时可以利用数据共享平台进行数据共享，也可以与各种设计软件结合来设计构件，制订标准和规则，有利于实现建筑设计标准化。

（2）有利于实现构件部品生产工厂化

工厂化的目的之一是提高构件的精度，靠传统技术记录和生产难免会产生错误和误差，而BIM模型中采集的信息会完整地展示给制造人员或者能够完整地导入BIM技术其他系统。使用BIM技术进行设计和制造，有利于实现构件部品的生产工厂化，提高构件的设计精度和制造精度。

（3）有利于实现施工安装装配化

新型建筑工业化需要实现施工安装装配化，需要大量的人力来记录构件信息，如搭接位置和搭接顺序等，运用BIM技术会确保信息的完整和正确。在BIM模型中每一构件的信息都会显示出来，3D模型会准确显示出构件应在的位置和搭接顺序，确保施工安装能够顺利完成。

（4）有利于实现生产经营信息化

新型建筑工业化要实现构部件的工厂化生产及施工现场装配，工厂中生产出的部件，在设计尺寸上能不能满足一个特定住宅项目的需要是工程项目能否顺利施工的关键。运用BIM技术在建模和其他阶段不断完善各构件的物理信息和技术信息，这些信息自动传递到虚拟施工软件中进行过程模拟，找出错误点并进行修改。运用BIM技术还能对建设项目进行真正的全寿命周期管理，将所有的信息都显示在BIM模型中，每一个环节都不会出现信息遗漏，直到建筑物报废拆除。

（5）有利于实现建筑项目生产集成化

从目前的建筑业产业组织流程来看，从建筑设计到施工安装，再到运营管理都是相互分离的，这种不连续的过程，使得建筑产业上下游之间的信息得不到有效传递，阻碍了新型建筑工业化的发展。将每个阶段进行集成化管理，必将大大促进新型建筑工业化的发展。BIM技术作为集成了工程建设项目所有相关信息的工程数据模型，可以同步提供关于新型建筑工业化建设项目技术、质量、进度、成本、工程量等施工过程中所需要的各种信息，并使设计、制造、施工三个阶段的技术标准有效整合。

1.3.2 BIM与城市规划

1. 基于BIM的城市规划的优势

BIM技术是有效创新城市规划的技术方法，在城市规划中具有非常巨大的优势，具体如下：

（1）使城市规划设计更加理性化和精细化，BIM模型通过对相关性能的模拟分析，让规划师可以从城市规划的各个阶段进行实时评估，并对问题进行快速合理的修正，从而使整个规划过程更加趋向精细化和理性化。

（2）城市规划使用的工具软件将更加的专业化和多样化，BIM模型不是单一的软件，而是由各种软件集成的一个系统，从规划的模型建立到数据分析再到信息的表达整个阶段都有不同功能的软件可供使用，这些软件可以进行有效的链接，例如 Ecotect Analysis、Green Building Studio 和 Energy Plus 等。

(3) 使规划评估的方案更加合理化、科学化和人性化。BIM 技术可以通过构建微环境的模拟平台，对城市的规划在控制性能和修建性能进行微环境指标模拟的详细规划和评估，因此具有科学建模的特性，同时还可以对人居环境的舒适度进行分析，也就是说可以使规划朝向人居环境优化的方向发展，因此具有人性化的特征。

2. BIM 技术在城市规划微环境模拟中的应用

现今城市规划更应该从人的角度出发进行规划，如人居环境中空气的流动性和整体的舒适度等。近几年随着绿色生态理念的引入，生态城市的建设理念开始在城市的规划和建设上产生非常重要的影响。因此将 BIM 技术引入城市的规划中已经成为未来城市发展的共同技术应用趋势。它可以建设不同层次的规划模型，将生态学的理念应用到城市的整体规划中，综合利用气象数据和环境数据来进行具体的城市微环境模拟(可以总结为人的舒适度概况，如日照和采光、建筑的可视度分析、噪声影响、空气流动等多方面的内容)，并通过对相关数据的分析来辅助城市的规划设计和管理决策。

(1) 日照和采光。近几年由于城市建筑逐渐向高层化和聚集化的方向发展，城市的采光和日照问题成为城市规划微环境中重要的组成部分。日照对人们的身心健康、环境卫生等有重要的影响，尤其是冬天在寒冷的区域更需要获取更多的日光。建筑空间的明亮度也是居民追求的目标，所以为了人们的舒适度就必须将日照和采光考虑其中。但是并不是过多的光照就好，如果热量太多也会困扰人们的生活，因此 BIM 技术模型的构建可以根据区域阳光的辐射规律和方向来平衡阳光对建筑的照射时间、角度等，通过测绘累计日照时间分布图和对采光权进行模拟，有效地控制建筑的规划，根据人居光照舒适度的标准来调整建筑的整体形态和表面特征的三维动态布局。

(2) 空气流动模拟。城市建筑的聚集化发展使空气的风力流动对建筑的影响作用逐渐明显，可以通过将 BIM 技术和 CFD(计算流体动力)技术进行有效结合，从而快速、便捷地对建筑的内外空气气流进行建模分析，然后形象直观地对建筑内外的空气气流的流动数据进行分析，并适时地对设计方案进行调整。

(3) 建筑可视度分析。在城市规划中，对城市的视觉控制和塑造是非常重要的规划内容，利用 BIM 技术提供的模拟量化方法(即通过详细的遮挡计算来分析区域内景观的各个地方对目的景观的可视区域)，进行可视度分析，可以将城市规划的感官认知转化成量化指标，从而可以从整体上对城市的空间布局进行调整和控制。

1.3.3　BIM 与绿色建筑

1. 绿色建筑的基本特征

绿色建筑是指“在建筑的全寿命期内，最大限度地节约资源(节能、节地、节水、节材)，保护环境和减少污染，为人们提供健康、舒适和高效的使用空间，与自然和谐共生的建筑。”这意味着建筑已被视为自然生态循环系统的一个有机组成部分。绿色建筑的核心是在现有科学技术及现有管理水平下，尽可能地减少能源、资源消耗，减少对环境的影响与破坏，尽可能采用有利于提高居住品质的新技术、新材料，其考量因素包括节水、供热、制冷、温室气体、污染物、人工照明、室内通风及日照质量等方面的绿色化。绿色建筑的最终目标是促进建筑的可持续发展，具有如下特征：

（1）在设计过程中贯穿整合设计理念，它是自然环境、建筑外墙和建筑体系之间的互动达到最佳化的必要条件。负责规划、设计、施工和运营的团队需综合研究项目目的、项目地点、建筑用料、建筑构件和施工过程，并研究各项元素之间的整体应用，以达到最佳的节能效果及降低对环境造成的影响，这种设计理念有别于传统的规划和设计过程。以往的模式是让各领域的专家各自发挥才能，但设计过程中缺乏沟通。美国科罗拉多州落基山研究所高级研究员威廉布朗宁指出，“与使用绿色技术的传统建筑相比，整合的绿色建筑设计可节省额外的能源以及将建筑能效提高。”

（2）注重技术的合理性和有效应用同样是值得关注的问题。比如围护结构与节能效果、可再生能源的投资与效益、水处理的经济效益、建筑自动化及运营管理的经济性等问题都值得研究。在进行绿色建筑设计的同时，不应追求各种技术的堆砌，而应因地制宜地对各技术进行可行性分析后，选用经济且有效的适用技术体系，将绿色建筑设计与成本有机结合，使绿色理念真正落到实处。在设计时，需采用成熟的绿色建筑技术方案进行基础理念设计，体现绿色建筑的“共性”；采用独特的绿色建筑技术方案进行特色理念设计，体现绿色建筑的“个性”。由于绿色建筑技术类别较多，当前重点引导推广的技术主要包括：围护结构保温、能耗模拟优化、隔声设计、智能化系统、透水地面、雨水回用、模拟优化等。在建设过程中，坚持以提高环境质量、降低建设成本为目标，以低投高效、本土化、精细化为技术选用原则。在原有的技术基础上，结合项目所在区域的特点及建筑功能，分析不同的技术组合方案的实施难度和经济性特点，确定经济技术最优化的实施策略。

2. BIM在绿色建筑的应用

在美国，50%以上绿色建筑都会使用BIM技术。因为仅仅使用二维技术去做能耗分析所得到的结果只是一份简单数据，而模型一旦调整，使用者便无法掌控能耗的实际情况，只能通过经验数据来推断，结果显然不会精确。通过BIM技术，使用者可以准确、深入和全面地对建筑进行真实能耗分析。在运维阶段，同样可以通过技术实施对能耗进行实时监控，使用者可通过分析适时调整建筑的能耗，例如光照的强度、空调的温度等细节。灵活运用BIM技术的绿色建筑设计的最大优点是能从设计阶段实时地对建筑物的能源消耗性能进行分析，可使建筑物的环境性能增加，特别是从以自然能源设计的侧面使建筑物外表面的能源性能增加。

BIM技术在居住建筑和公共建筑节能、节地、节水、节材等方面发挥了巨大作用，为绿色建筑提供了很大支持，具体如下：

（1）节能。节能是一个集成的流程，它支持在实际建造前以数字化方式探索项目中的关键物理特征和功能特征。整个流程所使用的协调一致的信息能够帮助建筑师、工程师、承包商和业主在实际施工前查看设计在真实环境中的外形乃至性能。当应用于现有建筑时，特制的解决方案能够帮助各方获取所需的建筑几何体和特性，用以进行多方面的能源性能分析。例如，可通过流程创建一个基本模型，然后将此模型用于能源和投资级审核。

（2）节地。2012 年 Autodesk 公司开发了概念设计软件 Autodesk Infrastructure Modeler，它将在土地开发领域提供服务，为提高土地利用率提供了保障。

（3）节水。在贯彻国际上提出的发展节能省地型住宅和公共建筑要求中，节水已成为最主要的内容之一，也成为绿色建筑设计的重要内容之一。利用 Revit 软件可以协调给排水工程中出现的问题，Revit 软件会提供链接模式和工作集模式这两种协同模式。在链接模式中，将整个给排水项目转换到 Navisworks，检查管线碰撞；在工作集模式中，将构件导入，统一修改构筑物信息。虽然 BIM 在节水方面的优势不是十分明显，但经过专业人员不断实践探索，已经制定了相应的工程标准模板，这将为以后在节水方面的发展提供有力保证。

（4）节材。BIM 可应用于预制件生产装配，在进行设计时，会自动生成其他所有的相关工程信息，将模型导入 Autodesk Inventor 中，通过必要的数据转换完成材料统计，材料供应商将根据结果将配件分装后送到配送中心，大大控制了材料使用数量的误差，也减少了材料运输过程中人力和物力的成本输出。

参考文献

[1] 李建成. BIM 应用・导论[M]. 上海：同济大学出版社，2015.

[2] 欧阳东，李克强，赵瑗琳. BIM 技术：第二次建筑设计革命[M]. 北京：中国建筑工业出版社，2013.

[3] 陈花军. BIM 在我国建筑行业的应用现状及发展对策研究[J]. 黑龙江科技信息，2013(23)：278-279.

[4] 何清华，钱丽丽，段运峰，等. BIM 在国内外应用的现状及障碍研究[J]. 工程管理学报，2012，26(1)：12-16.

[5] 刘占省. BIM 技术与施工项目管理[M]. 北京：中国电力出版社，2015.

[6] 丁烈云. BIM 应用・施工[M]. 上海：同济大学出版社，2015.

[7] 纪颖波，周晓茗，李晓桐. BIM 技术在新型建筑工业化中的应用[J]. 建筑经济，2013(8)：14-16.

[8] 谢宜. 基于 BIM 的北京路及周边地区城市规划微环境模拟[J]. 土木建筑工程信息技术，2011，3(2)：63-68.

[9] 程斯茉. 基于 BIM 技术的绿色建筑设计应用研究[D]. 长沙：湖南大学，2013.

第2章

BIM技术的应用解析

本章导读：本章将介绍BIM的技术特点、应用价值以及其在建筑各阶段的应用等相关内容，包括：BIM在项目设计阶段的应用，BIM在施工阶段的应用，BIM在建筑运营管理方面的应用等，使读者能对BIM的应用方向有一定的认识和了解。

本章重点：①BIM在项目设计阶段的应用；②BIM在施工阶段的应用；③BIM在建筑运营管理方面的应用。

2.1 BIM运用到建设项目的优势

BIM模型不同于简单的模型，一方面由于它是一个信息的载体，携带了大量的信息，除了在设计阶段的构造信息、功能信息外，在模型用于后期运营管理时也加入了时间信息和费用信息等。这样从概念设计到后期运维、管理乃至改造，都一直可以实时承载各种信息，运用到项目的各个阶段，这也是BIM模型不同于普通模型的另一个重要原因。

(1) BIM模型对信息的承载是多向互联的，就建筑模型来说，平面、立面、剖面、详图乃至明细表等都是一致的，一处修改处处更新。在这一点上避免了很多重复的工作，也避免了低级错误的发生。

(2) BIM模型可视化是它区别于传统制图手段的显著优势，BIM技术带来的可视化包括照片级的渲染图、漫游、日光路径研究，它可以直观地向非专业人士表达设计意图，能够把抽象的符号直接按实际建设要求展示出来，对于设计者来说也可以更直观简便地核查设计上的缺漏和错误，优化设计。

(3) BIM模型可用于工程项目的全寿命期。在方案设计阶段BIM模型可以直接用于施工图阶段。在施工阶段，BIM模型则可以提供更多的信息，以提高工程质量，保障施工顺利完成。在施工完成后，BIM模型依然用于运维、管理、改造阶段，这样就可以做到可持续深化。

(4) BIM手段可以进行参数化设计，一些异形建筑需要的投资和工作量是非常大的，施工难度也比一般的建筑大很多。与传统手段相比，BIM技术可以节省很多时间，简化复杂程度。比如绘制剖面图，异形建筑的剖面图是很复杂的，甚至难以定位，而用BIM手段产生的模型可以直接剖切，省去了绘制剖面图的时间。

(5) 很多工程单位将BIM技术应用于管道碰撞检查，而碰撞检查是二维手段难以实现的，只能通过以往的经验总结来解决一部分碰撞问题，BIM技术的碰撞检查将这种隐性的风险前置，将风险控制在设计阶段，减少了施工阶段带来的危险，减少变更和返工。

2.2 BIM在建设项目中的应用模式

目前无论国外还是国内，BIM的应用主要集中在项目设计阶段，用于项目的展示、沟通与协作，或者结合4D(3D+时间)技术进行施工阶段的进度显示。BIM在施工阶段和维护管理阶段的功能没有得到充分的发挥，究其原因，主要是在建筑业界对BIM缺乏了解及缺少相应标准的情况下，还没有形成有效的BIM应用模式，导致BIM的应用仅限于满足应用方自身的利益。BIM在建设项目的应用模式可归纳为3类：设计方主导模式、施工方主导模式和建设单位主导模式。

2.2.1 设计方主导模式

设计方主导模式是BIM在建设工程项目中应用最早的方式，应用较为广泛，其以设计方为主导，而不受建设单位和承建商的影响。在激烈竞争的市场中，各设计单位为了更好地表达自己的设计方案，通常采用3D技术进行建筑设计与展示，特别是大型复杂的建设项目，以期赢取设计投标。基于此出发点，设计方主导的BIM模式通常只应用于项目设计的早期。在设计方案得到建设单位认可后，除非应建设单位的要求，否则设计方不会对建立的3D模型进行细化，也不会用于设计的相关分析，如结构分析等。

尽管设计方主导的应用模式在一定程度上加速了BIM的发展，但是并没有将BIM的主要功能应用于建设全寿命期，只是在项目的初期阶段将2D设计图纸转换成3D模型，从而利用BIM技术的3D显示功能，这大大增加了BIM的应用成本，与BIM采用3D技术辅助设计、指导施工、辅助后期管理这一理念相违背。

2.2.2 施工方主导模式

施工方对BIM模型及技术的运用是阶段性的，施工结束后BIM模型并不能运用到管理运维当中，从而失去其价值。

施工方主导模式是随着近年来BIM技术不断成熟及应用而产生的一种应用模式，这一应用模式主要是利用BIM技术的可视化特性，对施工方案细化、优化，结合模拟技术，多次模拟后提出可行的施工方案指导施工，其应用方通常为大型承建商。

承建商采用BIM技术的两个目的：辅助投标和辅助施工管理。在竞争的压力下，承建商为了赢得建设项目投标，采用BIM技术和模拟技术来展示自己施工方案的可行性及优势，从而提高自身的竞争力。一般建设项目的可视化施工方案，包括施工工序、资源调配、进度安排等信息用于项目投标，由此建设单位可以清楚地了解整个施工过程或方法。另外，在大型复杂建筑工程施工过程中，施工工序通常比较复杂，为了保证施工的顺利进行、减少返工，承建商采用BIM技术和模拟技术进行施工方案的模拟与分析，在真实施工开始之前找出合理的施工方案，同时便于与分包商协作和沟通。

承建商基于建设单位的施工招标信息，采用BIM技术和模拟技术将初步制定的施工方案可视化，并制定投标方案、参与投标。中标后，承建商通常会与分包商协作将施工方案细化，并采用BIM技术和模拟技术进行方案模拟优化分析，经过多次模拟后提出可行的施工方案指导实际施工。

BIM技术结合模拟技术，在项目的招投标阶段和施工阶段发挥了较好的作用。然而，由于大多数承建商对BIM技术还缺乏相应的了解，故承建商驱动的BIM应用模式仍未得到广泛的应用。同时，此种应用模式主要面向建设项目的招投标阶段和施工阶段，当工程项目投标或施工结束后，所建立的BIM模型就失去价值。这对于适用于全寿命期管理的BIM技术来说，已失去其应有意义。

2.2.3 建设单位主导模式

建设单位主导模式主要是指把BIM模型和技术应用到建筑的全寿命期，在设计阶段建立三维模型，用于方案优选和深化，加入细节，深化为施工图深度模型，继续深化用于施工，可用于与施工方交流沟通，保障工期和质量，竣工后模型用于辅助物业管理。

建设单位采用BIM技术的初期，主要集中于建设项目的设计，用于项目沟通、展示与推广。随着对BIM技术认识的深入，BIM的应用已开始扩展至项目招投标、施工、物业管理等阶段。

(1) 在设计阶段，建设单位采用BIM技术进行建设项目设计的展示和分析。一方面，将BIM模型作为与设计方沟通的平台，控制设计进度；另一方面，进行设计错误的检测。在施工开始前解决所有设计问题，确保设计的可建造性，减少返工。

(2) 在招标阶段,建设单位借助于BIM的可视化功能进行投标方案的评审,可大大提高投标方案的可读性,确保投标方案的可行性。

(3) 在施工阶段,采用BIM技术和模拟技术进行施工方案模拟和优化。一方面,提供了一个与承建商沟通的平台,控制施工进度;另一方面,确保施工的顺利进行,保证工期和质量。

(4) 在物业管理阶段,前期建立的BIM模型集成了项目所有的信息,如材料型号、供应商等可用于辅助建设项目的维护与应用。设计单位基于设计方提供的二维(2D)设计图纸,采用BIM技术建立3D建筑模型,并进行设计检测分析,直至发现解决所有设计问题。然后,发布招标信息,要求承建商提供可视化的投标方案,并基于此进行评标和定标。中标的承建商将细化施工方案,并基于BIM技术和模拟技术展示和测试施工方案的可行性,以得到建设单位的认可,进而指导施工。施工结束后,建设单位将基于项目竣工图和其他相关信息,采用BIM技术更新已建立的3D模型,形成最终的BIM模型,以辅助物业管理。

尽管建设单位可采用BIM技术进行建设项目的全寿命期管理,但还仅停留在尝试阶段。事实上,目前几乎没有建设单位将BIM技术应用于一个建设项目的全寿命期管理,其应用主要集中在设计和招投标阶段。可见在BIM应用过程中还需要加大推广力度,包括加大对BIM技术的督促力度,使BIM技术的应用带来更好的效益;设计阶段直接采用三维的设计手段,促使BIM技术的应用切实贯穿整个过程。

2.3 BIM在建设项目全寿命期中的应用

2.3.1 BIM技术在设计阶段的应用

从BIM的发展历史可以知道,BIM最早的应用就是在建筑设计阶段,然后再扩展到建筑工程的其他阶段。BIM在建筑设计的应用范围很广,无论在设计方案论证,还是在设计创作、协同设计、建筑性能分析、结构分析,以及在绿色建筑评估、规范验证、工程量统计等许多方面都有广泛应用。

BIM为设计方案的论证带来了很多便利。传统的2D设计模式已经被应用BIM的3D模型所取代,3D模型所展示的设计效果十分方便评审人员、业主和用户对方案进行评估,甚至可以就当前的设计方案讨论施工问题,如何削减成本和缩短工期等问题,经过审查最终为修改设计提供可行方案。由于是用可视化方式进行设计,可获得来自最终用户和业主的积极反馈,使决策的时间大大减少,达成共识。

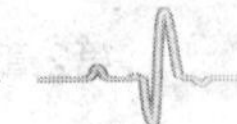

设计方案确定后就可深化设计，BIM 技术继续在后续的建筑设计发挥作用。基于 BIM 的设计软件以 3D 的墙体、门、窗、楼梯等建筑构件作为 BIM 图形的基本元素，整个设计过程就是不断确定和修改各种建筑构件的参数，全面采用可视化的参数化设计方式进行设计。而且这个 BIM 模型中的构件实现了数据关联智能互动，所有的数据都集成在 BIM 模型中，其交付的设计成果就是 BIM 模型。各种平、立、剖 2D 图纸都可以根据模型随意生成，各种 3D 效果图、3D 动画的生成也是如此。这就为生成施工图和实现设计可视化提供了方便。由于生成的各种图纸都来源于同一个建筑模型，因此所有的图纸和图表都是相互关联的，同时这种关联互动是实时的。在任何视图上对设计做出的任何更改，就等同对模型的修改，都可以马上在其他视图上关联的地方反映出来。这就从根本上避免了不同视图之间出现不一致的现象。

BIM 技术为实现协同设计开辟了广阔的前景，使不同专业甚至是身处异地的设计人员都能够通过网络在同一个 BIM 模型上展开协同设计，使设计能够协调地进行。

以往应用 2D 绘图软件进行建筑设计，平、立、剖各种视图之间不协调的事情时有发生，即使花了大量人力物力对图纸进行审查仍然未能把不协调的问题全部改正。有些问题到了施工过程中才被发现，给材料、成本、工期造成了很大的损失。应用 BIM 技术后，通过协同设计和可视化分析就可以及时解决上述设计中的不协调问题，保证了施工的顺利进行。例如，应用 BIM 技术可以检查建筑、结构、设备平面图布置有没有冲突，楼层高度是否适宜；楼梯布置与其他设计布置是否协调；建筑物空调、给排水等各种管道布置与梁柱位置有没有冲突和碰撞，所留的空间高度、宽度是否恰当。这就避免了使用 2D 的 CAD 软件做建筑设计时容易出现的不同视图、不同专业设计图不一致的现象。

除了做好设计协调之外，BIM 模型中包含的建筑构件的各种详细信息，可以为建筑性能分析（节能分析、采光分析、日照分析、通风分析……）提供条件，而且这些分析都是可视化的。这样，就为绿色建筑、低碳建筑的设计，乃至建成后进行的绿色建筑评估提供了便利。这是因为 BIM 模型中包含了用于建筑性能分析的各种数据，同时各种基于 BIM 的软件提供了良好的交换数据功能，只能将模型中的数据通过诸如 IFC、gbXML 等交换格式输入相关的分析软件中，得到分析结果，为设计方案的最后确定提供保证。

BIM 模型中信息的完备性也大大简化了设计阶段对工程量的统计工作。模型中每个构件都与 BIM 模型设计库中的成本项目相关，当设计师推敲设计时，在 BIM 模型中对构件进行变更时，成本估算会实时更新，而设计师随时可看到更新的估算信息。

以前应用 2D 的 CAD 软件做设计，由于绘制施工图的工作量很大，建筑师无法花很多的时间对设计方案进行精心推敲，否则就没有足够时间绘制施工图以及进行后期的调整。而应用 BIM 技术进行设计后，建筑师能够把主要的精力放在建筑设计的核心工作——设计构思和相关的分析上。只要完成了设计构思，确定了 BIM 模型的最后构成，马上就可以根据模型生成各种施工图，只需用很少的时间就能完成。由于 BIM 模型良好的协调性，在后期需要调整设计的工作量将会很少，使建筑设计的质量得到保证。

就目前来讲，BIM 技术在设计阶段的应用主要体现在以下几个方面。

1. 提供了全新三维状态下可视化的设计方法

BIM技术的建模设计过程以三维状态为基础，不同于CAD基于二维状态下的设计。在常规CAD状态下的设计，绘制墙体、柱等构件没有构件属性，只有由点、线、面构成的封闭图形。而在BIM技术下绘制的构件本身具有各自的属性，每一个构件在空间中都通过X、Y、Z坐标条件定义各自的属性。设计过程中设计师的构想能够通过在计算机屏幕上虚拟出三维立体图形，达到三维可视化设计。同时构建的模型具有各自的属性，如柱子，单击属性可知柱子的位置、尺寸、高度、混凝土强度等级，这些属性通过软件将数据保存为BIM信息模型，也可以由其他专业导入数据，提供了协同设计的基础。

2. 提供各个专业协同设计的数据共享平台

(1) 在传统条件下各个专业间的建筑模型设计数据不能相互导出和导入，使各个专业间缺乏相互的协作，即使设计院内部通过大量的技术把关，也只能解决建筑和结构间的构件尺寸统一问题，对于水电、暖通和建筑、结构间的构件冲突只能在施工过程中进行修改。因此各专业图纸间的矛盾众多，导致施工过程中变更加大，施工单位在施工过程中协调难度增加；设计单位不断调整设计变更，增加工作量，造成工程成本增加，达不到业主要求。

(2) 在BIM技术下的设计，各个专业通过相关的三维设计软件协同工作，能够最大程度地提高设计速度，并且建立各个专业间互享的数据平台，实现各个专业的密切合作，提高图纸质量。例如欧特克通过开发的AutoCAD Architecture、AutoCAD Revit、Revit Architecture、Autodesk Robot Structural Analysis系列软件，使建筑工程师在完成建筑选型、建筑平面、立面图形布置后，即可将数据保存为BIM信息，导入结构工程师、设备水电工程师专业数据，由结构工程师进行承重构件的设计和结构计算，设备及水电专业工程师同时进行各自的专业设计。在建筑和结构专业都完成后，将包含建筑和结构专业数据的BIM信息导入水电、暖通、电梯、智能专业进行优化。同时水电、暖通、设备等专业的BIM信息也可以导入建筑、结构专业，达到了各个专业间数据的共享和互通，真正实现在共享平台下的协同设计，在设计过程中能够进行各个专业间的有效协调，避免各个专业间的构件碰撞。

3. 提供设计阶段进行方案优化的基础

(1) 在设计阶段方便、迅速地进行方案经济技术优化。在BIM技术下进行设计，专业设计完成后则建立起工程各构件的基本数据；导入专门的工程量计算软件，可分析出拟建建筑的工程预算和经济指标，能够立即对建筑的技术、经济性进行优化设计，达到方案选择的合理性。

(2) 实现了可视化条件下的设计。第一，方便了建筑概念设计和方案设计。传统条件下，建筑概念设计基本上是依靠建筑师设想出建筑平面和立面体形，但是直观表述建筑师的设想较为困难，通常借助制作幻灯片向业主表述自己的设计概念，而业主不能直接理解设计概念的内涵。在三维可视化条件下进行设计，三维状态的建筑能够借助计算机呈现，并且能够从各个角度观察，虚拟阳光、灯光照射下建筑各部位的光线视觉，为建筑概念设计和方案设计提供方便；同时，设计过程中，通过虚拟人员在建筑内的活动，直观地再现人在真正建筑中的视觉感受；使建筑师和业主的交流变得直观和便捷。

第二，为空间建筑设计提供了有力工具。在传统的二维状态下进行设计，对于高、大、新、奇的建筑，建筑师、结构师都很难理解到各个构件在空间上的位置和变化，设备工程师、电气工程师更难在空间建筑内进行设备、管线的准确定位和布置。建筑、结构与设备、管线位置关系容易出现矛盾，会影响了设计图纸的质量。

在三维可视化条件下进行设计，建筑各构件的空间位置都能够准确定位和再现，为各个专业的协同设计提供共享平台，因此通过BIM数据的共享，设备、电气工程师等能够在建筑空间内合理布置设备和管线位置，并通过专门的碰撞检查，消除各构件相互间的矛盾。通过软件的虚拟功能，设计人员可以在虚拟建筑内各位置进行细部尺寸的观察，方便进行图纸检查和修改，从而提高图纸的质量。

4. 实现设计阶段项目参与各方的协同工作

传统的二维设计条件下，图纸中图元本身没有构件属性，都是一些点、线、面。项目业主、造价咨询单位要从各自角度对设计方案进行经济上的优化，需要造价咨询单位将二维图纸重新建模，建立算量模型，花费大量的时间和人力。同时设计方案修改后，造价单位需要重新按照二维图纸进行模型修改，导致不能及时准确地测算项目成本。

在BIM条件下，设计软件导出BIM数据，造价单位用BIM条件下的三维算量软件平台，按照不同专业导入需要的BIM数据；迅速实现了建筑模型在算量软件中的建立，及时准确地计算出工程量，并测算出项目成本；设计方案修改后，重新导入BIM数据，直接得出修改后的测算成本。

2.3.2 BIM技术在施工阶段的应用

在当前国内蓬勃发展的经济建设中，房地产是我国的支柱产业，房地产的迅速发展也给房地产企业带来丰厚利润。国务院发展研究中心在2012年出版的《中国住房市场发展趋势与政策研究》中专门论述了房地产行业利润偏高的问题。据统计，2003年前后，我国房地产行业的毛利润率大致在20%，但随房价的不断上涨，2007年之后年均毛利润达到30%左右，超出工业整体水平约10%。

对照房地产行业的高额利润，我国建筑业产值利润却低得可怜，根据有关统计，2011年我国建筑业产值利润仅为3.6%。究其原因应当是多方面的，但其中的一个重要原因就是建筑业的企业管理落后，生产方式陈旧，导致错误、浪费不断，返工、延误常见，劳动生产率低下。

在施工阶段，对设计做任何改变的成本都很高。如果不在施工开始前把设计存在的问题找出来就需要付出高昂的代价。如果没有科学、合理的施工计划和施工组织安排，也需要为造成的窝工、延误、浪费付出额外的费用。

根据以上的分析，施工企业对于应用新技术、新方法来减少错误、浪费，消除返工、延误，从而提高劳动生产率，带动利润上升的积极性是很高的。生产实践也证明，BIM在施工中的应用可以为施工企业带来巨大的价值。

事实上，伴随着BIM理念在我国建筑行业内不断地被认知和认可，BIM技术在施工实践中不断展现其优越性，使其对建筑企业的施工生产活动带来极为重要和深刻的影响，而且应用的效果也是非常显著的。BIM技术在施工阶段可以有如下多方面的应用。

1. 虚拟仿真施工BIM技术在施工阶段的应用

运用建筑信息模型(BIM)技术，建立用于进行虚拟施工和施工过程控制、成本控制的模型。该模型能够将工艺参数与影响施工的属性联系起来，以反映施工模型与设计模型间的交互作用。通过BIM技术，实现3D+2D(三维+时间+费用)条件下的施工模型，保持模型的一致性及模型的可持续性，实现虚拟施工过程各阶段和各方面的有效集成。

2. 实现项目成本的精细化管理和动态管理

通过算量软件运用BIM技术建立的施工阶段5D模型，能够实现项目成本的精细分析，准确计算出每个工序、每个工区、每个时间节点段的工程量。按照企业定额进行分析，可以及时计算出各个阶段每个构件的中标单价和施工成本的对应关系，实现了项目成本的精细化管理。同时根据施工进度进行及时统计分析，实现了成本的动态管理。避免了以前施工企业在项目完成后，无法知道项目盈利和亏损的原因和部位设计变更出来后，对模型进行调整，及时分析出设计变更前后造价变化额，实现成本动态管理。

3. 实现大型构件的虚拟拼装，节约施工成本

现代化的建筑具有高、大、重、奇的特征，建筑结构往往是以钢结构+钢筋混凝土结构组成为主，如上海中心的外筒就有极大的水平钢结构桁架。按照传统的施工方式，钢结构在加工厂焊接好后，应当进行预拼装，检查各个构件间的配合误差。在上海中心建造阶段，施工方通过三维激光测量技术，建立了制作好的每一个钢桁架的三维尺寸数据模型，在计算机上建立钢桁架模型，模拟了构件的预拼装，取消了桁架的工厂预拼装过程，节约了大量的人力和费用。

4. 各专业的碰撞检查，及时优化施工图

通过建立建筑、结构、设备、水电等各专业BIM模型，在施工前进行碰撞检查，及时优化了设备、管线位置，加快了施工进度，避免了施工中大量返工。

在上海中心项目中，施工技术人员采用传统方法，利用二维图纸将建筑结构图进行叠加，导致施工下料中出现较多管线尺寸不准确、材料计划与实际需要误差较大的情况。引入BIM技术后，建立了施工阶段的设备、机电BIM模型。通过软件对综合管线进行碰撞检测，利用Autodesk Revit系列软件进行三维管线建模，快速查找模型中的所有碰撞点，并出具碰撞检测报告。同时配合设计单位对施工图进行深化设计，在深化设计过程中选用Autodesk Navisworks系列软件，实现管线碰撞检测，从而较好地解决了传统二维设计中无法避免的错、漏、碰、撞等现象。

按照碰撞检查结果，对管线进行调整，从而满足设计施工规范、体现设计意图、符合业主要求、维护检修空间的要求，使得最终模型显示为零碰撞。同时，借由BIM技术的三维可视化功能，可以直接展现各专业的安装顺序、施工方案以及完成后的最终效果。

5. 实现项目管理的优化

通过BIM技术建立施工阶段三维模型能够实现施工组织设计的优化。例如在三维建筑模型上布置塔式起重机、施工电梯、提升脚手架，检查各种施工机械间的空间位置，优化机械运转间的配合关系，实现施工管理的优化。

香港港岛中心工程在施工中对施工设备建模，利用虚拟三维全真模型明确爬模预留孔洞和横梁的位置关系，并模拟出爬升挂靴的插入状况，以便确定预留孔洞的位置，在爬架爬升前，事前发现可能存在的问题，及时予以调整。

在施工中，还可以根据建筑模型对异形模板进行建模，准确获得异形模板的几何尺寸，用于预加工，减少了施工损耗。同样可以对设备管线进行建模，获取管线的各段下料尺寸和管件规格、数量，使得管线能够在加工厂预加工，实现了建筑生产的工厂化。

2.3.3 BIM技术在运营管理阶段的应用

建筑运营管理阶段是从项目竣工验收交付使用开始到建筑物最终报废，因此，项目运营管理是整个建筑运营阶段生产和服务的全部管理，主要包括以下几个方面：①经营管理，为项目最终的使用者、服务者以及相应建筑用途提供经营性管理，维护建筑物使用秩序；②设备管理，包括建筑内正常设备的运行维护和修理及设备的应急管理等；③物业管理，包括建筑物整体的管理、公共空间使用情况的预测和计划、部分空间的租赁管理以及建筑对外关系等。

传统建设项目运营阶段一般由原建设单位将项目移交给新的物业公司，所以建筑运营管理的信息保存度低，信息链出现严重断裂，运营管理信息化势在必行。

在相关智能化建筑设计规范中，给智能型信息集成体系下了明确的定义，其中应用到有关"建筑项目的运作、经营和管理"这一类概念的表述是：为达到建筑工程的有效运营和项目管理愿景，将众多品类的智能型信息化内容汇集于同一个整体信息平台的集成模式，进而构建成具备信息收集、资源同用、协调联动、完善管理等多功能运用体系。然而，此标准体系及目前行业上正在实行的其他同类标准体系中均未能给出清晰的划分。依照西方某一著名学者所倡导的将本行业中的人力资源、工程技术和建筑项目紧密结合的思维，把建筑项目经营管理模式的定义表述成：为达到建筑体及其配合构筑体的完整服役功能，达到其初始设计意图而实施的整套协调管理和养护过程，且依托此类的运作过程，让建筑体在预定的服役期限内一直保持高效、经济的运行功能。

BIM技术在运营管理阶段可以有如下多方面的应用。

1. 不同类型建筑的运营管理侧重

对建筑工程管理者来说，功能及结构相异的建筑体，其经营管理的关键点也自然存在很大差别：

(1) 具备商业型功能的建筑体一般都密切关注其建筑面积的详细规划、功能布置和管理，尽其所能地有效运用建筑体的内外部有效空间，利用商业出租等模式实现收益最高化，而且还要关注相关的公众气氛及人员活动信息。

(2) 工业用途型的建筑结构体其本身的建造目的自然是为工业生产提供空间支持，它是生产装备的承载结构体，所以工程管理者把工业装备可以达到正常运行，加工制作出满足社会需求的工业产品并且减少资源消耗作为工程运作的中心目标。

(3) 庞大的公益型建筑工程最为引人关注的是，如何在公共空间内为正常的公共秩序的组织和管理提供充分且必要的功能性空间和有利条件，并为其中公用设施和服务设备的维护管理提供必要的功能性支持，当发生公共秩序的紧急状态时可以便捷高效地疏导撤离人群，稳定公共场所人员活动秩序。

(4) 民用型建筑体通常转交给物业经营企业实施具体管理业务，家庭财产保管和人身安全维护是居民的基本要求，在这一功能系统中完成安全性保卫任务是头等要务。需要强调的是，住宅小区居民生活的水电供应和健身设施等平时必须具备的构件及其规范的使用维护功能，也是业主在管理过程中所要实施的重要内容之一。

2. BIM技术与建筑空间规划、管理

遵照各类业主对相异建筑功能结构的运营收益关注内容，概括归纳出建筑体系(多种结构)内的多类需求模式，重点包括建筑空间利用策略、装备设施保养维护、公益场所秩序管理、人员活动信息收集管理、安全控制与财产保护、绿化与环保功能发挥、能源消耗测验汇总分析、风险警示预报等多类项目。对当今的建筑结构体本身来说，建筑面积、功能性空间的用途安排、经营占用是具体管理环节中极为关键的环节。

当今社会，人们对现代化的庞大、繁杂型建筑体的功能空间应用这一遐想能力具有相当的局限性，然而BIM的直观型空间立体数据模型特点能够不受此条件约束，可把整个建筑体直观完整地展示在参数模型中。在空间式模型结构中对建筑体要预先实施空间模拟化利用安排，从而成功避免了目前工程实践中由于实施一次性建筑空间整体规划所导致的资源过度耗费(无效空间的设置)现象。客观而言，建筑面积的具体利用效能都已在建筑结构方案设计环节进行了具体的拟定，并且已有逐渐增多的工程项目开始利用BIM技术展开配套设计及优化过程。

在建筑工程的经营运作和管理环节中更为普遍的应用模式是依照其建筑结构设计、功能方案规划实施立体空间型的管理过程，从而可最大限度地实现科学、经济地占用和匹配空间型资源。比如，多功能型商用建筑体中的店铺出租管理业务应在模型结构中构建与生活实际紧密关联的店主信息，在模型界面展示此类店铺的相关信息，且依照店铺类型及业务范围拟定组合式运营方式，让其业务充分汇聚且显示出规模性效果，进而有效地加大商业型建筑的增值幅度。倘若还需要后续的整治和扩建，也具备了符合实际需求的建筑体模型作为选择对象。

3. BIM技术与设备检测维护

建筑工程作业装备的检修养护工作占去了平时经营管理业务的多半内容。传统的检修模式因为不具备稳定简洁的监测方法，主要依靠人工进行反复的巡检，因为二维平面图纸所具有的功能欠缺性，在发生工程问题时也不太容易对出现问题部位实施精准定位和快捷处置。而设置有智能测试体系的功能装备，可以在其结构模型上直观显示出运作的相关参数，发生异常问题时可以依照问题设备的定位信号、功能参数等信息快速抵达发生问题区域实施应急妥善处置。倘若出现现场作业人员不能够妥善处理的问题，应依照BIM上所关联的信息联系设备制作商，且给予设备生产企业对应的远程操控权限，让其可以依照BIM云信息服务平台实施远程操控和运作性能监测，配合问题的妥善解决。

4. BIM技术与建筑安保管理

火灾的发生对人们的生命财产安全来说都是一种巨大的灾难，它是人们安全生活中危害极大的事故之一。建筑工程运营管理部门要充分做好消防管理工作，不但要排除火灾隐患，同时要在火灾发生时可以快捷稳妥地控制火势变化状态，积极有序地组织人员从现场撤离。所以，为在最大程度上保障人民的生命财产安全，必须积极于事前编制完备有效的防控预案。此外，要具备稳妥精准的现场空间温度及烟雾弥漫颗粒的高效监测设备，最终把此类实地信息传送汇集到BIM信息集成控制中心，让企业管理人员可以对灾情变化有一个清晰的了解，进而有序疏导现场人员并撤离到安全地带。当前，各大中型城市中高层或是超高层建筑不断增多，在这些建筑中出现火灾时救援及逃生均相当困难，消防救援者所面临的困难越来越严重。

5. BIM技术与能耗监管

一般情况下，建筑物的服役周期较长，基本占据了建筑工程能够存活生命的80%，从费用上来讲也不例外。公益型建筑的正常服役运作和管理成本大致占其全寿命周期总管理成本的86%。其中，能源耗费总值达到了建筑工程全寿命期总管理成本的28%，而其一次性的初始建设成本只占16%。所以，实施好建筑体服役期间的能量消耗监测工作和管理，对减小运营消耗可发挥出无可替代的功能。

如今，我国正在倡导绿色无污染的和平发展模式，节能减排已成为一项社会共识逐步推广。在政府积极推行绿色智能建筑建设的宏观背景下，建筑工程运营管理部门应积极转变观念，兼顾建筑工程的建设和运用，引进BIM技术，根据其提供的多样信息，全方位、系统性地监控建筑工程能源消耗。

参考文献

[1] 肖良丽，方婉蓉，吴子昊，等．浅析BIM技术在建筑工程设计中的应用优势[J]．工程建设与设计，2013(1)：74-77.

[2] 李恒，郭红领，黄霆，等．BIM在建设项目中应用模式研究[J]．工程管理学报，2010，24(5)：

525-529.
[3] 杜慧强，王艳彪. BIM技术在施工阶段的应用[J]. 天津建设科技，2015，25(S1)：9-10.
[4] 纪博雅，戚振强，金占勇. BIM技术在建筑运营管理中的应用研究——以北京奥运会奥运村项目为例[J]. 北京建筑工程学院学报，2014，30(1)：68-72.
[5] 吕书斌. 基于BIM技术的建筑全寿命期的成本管理与应用[J]. 建材技术与应用，2014(2)：63-64.
[6] 鲍学英. BIM基础及实践教程[M]. 北京：化学工业出版社，2016.
[7] 何关培. BIM总论[M]. 北京：中国建筑工业出版社，2011.
[8] 李建成. BIM应用·导论[M]. 上海：同济大学出版社，2015.

第3章

BIM应用的相关软硬件介绍

本章导读：本章将介绍目前建筑行业BIM应用的相关软硬件所涉及的知识，包括广联达BIM软件介绍及特点，斯维尔BIM软件介绍及特点，Autodesk Revit软件介绍及特点，BIM软件各阶段应用，BIM应用相关硬件及技术等，使读者能掌握BIM主流软硬件的特点，便于在实际工程中运用，并对BIM的各种软件和如何更好地应用有宏观的认识和了解。

本章重点：①BIM软件分类及特点；②BIM应用的相关硬件要求。

3.1 BIM常用应用软件

3.1.1 广联达BIM软件

广联达股份有限公司从1998年成立以来就开始了计价软件的开发，引领了国内计价软件的发展方向。随着科技的发展，广联达软件在激烈的市场竞争中不断创新，在计价功能逐渐强大的基础上融入了管理元素，广联达软件以其强大的功能优势走在了国内同行业的前列，软件发展至今形成了广联达图形算量软件、钢筋抽样软件和工程计价软件三个模块，应用时首先通过图形算量软件和钢筋抽样软件统计得到工程量，然后将工程量文件导入计价软件当中，最后通过数字网站询价即可生成工程造价文件。

目前广联达BIM应用软件包括广联达BIM钢筋算量软件、施工现场布置软件、土建算量软件。

1. 广联达 GCL 软件

广联达土建 BIM 算量软件 GCL，是广联达自主图形平台开发的一款基于 BIM 技术的算量软件，无需安装 CAD 即可运行。软件内置《房屋建筑与装饰工程工程量计算规范》(GB 50584—2013)及全国各地现行定额计算规则，可以通过三维绘图导入 BIM 设计模型(支持主流的 CAD、天正 CAD 图纸识别、ArchiCAD、Revit 三维设计文件识别)，智能化程度更高。模型整体考虑构件之间的扣减关系，提供表格输入辅助算量显示三维状态自由绘图、编辑高效且直观、简单运用三维布尔技术轻松处理跨层构件计算。报表功能强大，提供做法及构件报表量，满足招标方、投标方各种报表需求。新增图纸管理功能，自动拆分图纸、定位图纸，实现图纸与楼层、构件的自动关联，一次导入，轻松无忧。

2. 广联达 GCJ 软件

广联达钢筋 BIM 算量软件 GCJ 是公司自主图形平台研发的基于 BIM 技术的算量软件，它无需安装 CAD 即可运行。软件通过三维绘图导入 BIM 结构设计模型、二维入口图纸识别等多种方式建立 BIM 钢筋算量模型，整体考虑构件之间的钢筋内部扣减关系及竖向构件上下层钢筋的搭接情况，同时提供表格输入辅助钢筋工程量计算，替代手工钢筋预算，解决客户手工预算时遇到的平法规则不熟悉、时间紧、易出错、效率低、变更多、统计烦等问题。

3. 广联达 GQI 软件

广联达安装 BIM 算量软件 GQI 是针对民用建筑工程中安装专业所研发的一款工程量计算软件。GQI 2017 目前满足行业中所有图纸类型和算量模式，包括 CAD 图纸、PDF 图纸、表格算量、Revit 模型等。通过智能化的识别，可视化的三维显示、专业化的计算规则、灵活化的工程量统计、无缝化的计价导入，全面解决工程造价和技术人员在招投标、过程提量、结算对量等阶段手工计算效率低、审核难度大等问题。

4. 广联达 GDQ 软件

广联达精装算量软件 GDQ 是专业的装饰工程员计算软件，软件内置全国统一现行清单、定额计算规则，兼顾各地特殊规则，确保满足使用者需求。通过批量识别 CAD 图、描图算量、三维造型、表格输入等方式，满足各种算量要求。软件报表功能强大，可以按房间、材料等类别分类汇总出报表，满足招标方、投标方各种报表需求，它把使用者从繁杂的手工算量工作中解放出来，提升效率达 60%以上。

3.1.2 斯维尔软件

斯维尔作为国内 BIM 软件的引领者和实践者，提供涵盖设计院、房地产企业、施工企业、造价咨询企业、电子政务等领域的全寿命期 BIM 解决方案，帮助建筑设计师、造价师、建造师共享数据信息，减少错误和重复劳动，降低工程成本。

目前斯维尔BIM应用软件包括三维算量2016 For Revit，安装算量2016 For Revit，BIM5D平台等。

1. 三维算量2016 For Revit

三维算量2016 For Revit软件突破了传统算量软件，它能够提取CAD图纸后按楼层、分构件、分类别转化和调整的瓶颈，轻松实现全部楼层、全部构件类别一键转化、批量修改。软件具有专业化、易用化、人性化、智能化、参数化、可视化、动态性于一体，设计模型即为算量模型的特性，真正做到所建即所得。主要功能如下：

（1）设计与预算无缝对接。直接将设计文件转换为算量文件，无需二次建模，避免传统算量软件由于转化失败出现的构件转换丢失现象，和对模型是否准确的质疑。

（2）一模多用。模型基础数据共享，实现快速、准确、灵活输出按清单、定额、构件实物量和进度输出工程量。对构件实例根据需求添加私有属性灵活输出。

（3）操作易用。系统功能高度集成，操作统一，流水性的工作流程。

（4）系统智能。国内首创基于Revit平台直接转化模型算量，并针对Revit的特性及本土化算量和施工的需要，增加了用户想创建却不能灵活创建的构件，比如过梁、构造柱、土方等构件。

（5）人性化操作。使用方便、简洁、流程清晰，实现无师自通。

（6）计算准确。根据用户选定计算规则，分析相交构件三维实体，实现准确扣减。

（7）输出规范。报表设计灵活，提供各地常用报表格式，按需导出计价格式或Excel文件。

2. 安装算量2016 For Revit

斯维尔安装算量软件是国内首创基于AutoCAD平台的安装工程量计算软件。软件以CAD电子图纸为基础，识别为主、布置为辅，通过建立真实的三维图形模型，辅以灵活的计算规则设置，完美解决给排水、通风空调、电气、采暖等专业安装工程量计算需求。主要特点如下：

（1）智能判定回路，识别快速准确。软件可根据任意一根管线自动判定其回路并亮显，用户也可对单回路的管线进行编辑和转化。

（2）喷淋管径，一键调整不同管径。一键解决消防专业的焦点问题，根据设置的喷头数量对应不同管径，自动进行管道直径的调整。

（3）自动布置功能丰富，设置随心所欲。自动布置风管、管道等构件的支吊架，可根据规范规定值进行自动布置，也可指定间距进行布置。

（4）桥架配线功能，轻松搞定手算难点。自动搜索出电缆从引入设备到引出设备的多个路径供用户选择，软件还可根据指定桥架判定路径。

（5）回路核查功能，轻松对量。能清晰查看出某一回路所包含的设备、管道（线）工程量，并可自动定位到该回路，核量非常直观方便。

3. BIM 5D 平台

BIM 5D是在3D建筑信息模型基础上，融入“时间进度信息”与“成本造价信息”，形成由3D模型+1D进度+1D造价构成的五维建筑信息模型。BIM 5D集成了工程量信息、工程进度信息、工程造价信息，不仅能统计工程量，还能将建筑构件的3D模型与施工进度的各种工作相链接，动态模拟施工变化过程，实现进度控制和成本造价的实时监控。主要特点如下：

（1）实现BIM模型浏览及基于模型的工程动态数据管理。

（2）导入项目管理软件的施工计划数据，实现基于模型的可视化进度管理，利用BIM的三维模型结果任务安排，可精确计算模型各构件的计划进度和实际进度，以不同颜色来区分构件所处的状态，可用于延期预警分析、降低建造成本。

（3）导入工程造价文件，实现构件级的模型数据关联，实现动态造价（成本）管理，以模型为基础，基于进度视图中的时间信息，可以查看任意时间段内的计划和实际的清单量以及计划和实际的资金量。

（4）支持PC端、移动端用户，可采集现场施工情况、阶段完工量、质量安全检查情况，在系统中集中管理。

（5）物资查阅通过计划任务表可模拟模型的施工，从而得到物资的用量，指导物资管理和采购。

（6）完工量填报得到的物资用量表也可用于对比实际用量，分析进度延期的原因。利用BIM做到分区域或按任务统计材料用量，材料运输一次到位，减少材料的二次搬运，加快施工进度。

（7）报表输出类似于施工模拟，报表功能可以统计任意时间段内发生的造价数据、清单量、物资量，并生成图表，可用于项目周例会。

3.1.3 Autodesk Revit 软件

Autodesk Revit软件是美国数字化设计软件供应商Autodesk公司针对建筑行业的三维参数化设计软件平台。Revit最早是一家名为Revit Technology公司于1997年开发的三维参数化建筑设计软件。2002年，美国Autodesk公司以2亿美元收购了Revit Technology，将Revit正式纳入Autodesk BIM解决方案中。Revit为BIM这种理念的实践和部署提供了工具和方法，是目前最为主流的BIM设计和建模软件之一。

目前Revit软件包括Revit Architecture（Revit建筑模块）、Revit Structure（Revit结构模块）和Revit MEP（Revit机电模块）三个专业工具模块，以满足各专业任务的应用需求。用户在使用Revit的时候可以自由安装、切换和使用不同的模块，从而减少对设计协同、数据交换的影响，帮助用户在Revit平台内简化工作流，并与其他使用方展开更有效的协作。

Revit是三维参数化BIM工具，不同于大家熟悉的AutoCAD绘图系统。参数化是

Revit 的一个重要特征，它包括参数化族和参数化修改引擎两个特征，Revit 中对象都是以族构件的形式出现，这些构件是通过一系列参数定义的，参数保存了图元作为数字化建筑构件的所有信息。

参数化修改引擎则确保用户对模型任何部分的任何改动都可以自动修改其他相关联的部分。在 Revit 模型中，所有的图纸、二维视图和三维视图以及明细表都是同一个基本建筑模型数据库的信息表现形式。在图纸视图和明细表视图中操作时，Revit 将收集有关建筑项目的信息，并在项目的其他所有表现形式中协调该信息，Revit 参数化修改引擎可自动协调任何位置(模型视图、图纸、明细表剖面和平面中)进行的修改。

Revit 的主要特点包括：

(1) 三维参数化的建模功能，能自动生成平立剖面图纸、室内外透视漫游动画等，避免图纸间对不上的常见错误。

(2) 对模型的任意修改。自动地体现在建筑的平立剖面图，以及构件明细表等相关图中。

(3) 在统一的环境中，完成从方案的推敲到施工图设计，直至生成室内外透视效果图和三维漫游动画全部工作，避免了数据流失和重复工作。

(4) 建筑结构工程师利用 Revit 软件作为结构建模工具，提供给链接分析和计算软件所用，这样结构工程师就节约了学习多种建模工具的时间，而把更多的时间用在结构设计上。在建模的过程中它还可以提供给用户出色的工程洞察力。如 Revit 软件在把模型发送到分析工具之前，可以自动检测到分析工具中不支持的结构元素、模型的局部不稳定性及结构框架的一些反常等。

(5) Revit Structure 软件支持多工种工作方式。首先，建筑结构设计师和绘图师都可以在此软件中创建模型；其次，建筑结构工程师可以在此模型中加入荷载、荷载组合、约束条件以及一些材料属性来具体完善模型；最后，再对整个模型进行分析和更改，更深层次地完成模型的建立。

(6) Revit 软件提供了建筑结构模型中所需的大部分建筑图元，这类构件以结构构件的形式出现。此软件也允许用户自己通过自定义“族(family)”(族就是类似于几何图形的一个编组)设计结构构件，可以使结构设计师灵活地发挥创作要求。

(7) Revit 软件中实现协同设计的前期准备主要包括：多工种专业间协同模式的选择方式；准备一些适应多工种的视图环境和模板文件；设计适合多工种协同的族库。

3.1.4 鲁班软件

鲁班软件是国内领先的 BIM 软件厂商和解决方案供应商，从个人岗位级应用到项目级应用及企业级应用，形成了一套完整的基于 BIM 技术的软件系统和解决方案，并且实现与上下游的开放共享。

作为首家在 AutoCAD 平台上开发的软件，鲁班算量软件受到业界广泛关注。由于其本身在 CAD 平台上开发，所以可以直接利用复制粘贴的形式进行导图。此外，借助 CAD

的图形计算功能，鲁班软件拥有强大的定位和编辑功能，能够灵活布置和修改构件；鲁班的钢筋CAD转化在框架剪力墙结构中以暗柱为支柱，能够通过生成暗柱边线的方式来识别暗柱；在钢筋翻样软件中，内置了现行的钢筋相关的规范，对于不熟悉钢筋计算的预算人员来说非常有用，可以通过软件更直观地学习规范，可以直接调整规范设置，适应各类工程情况。

鲁班BIM软件的主要特点如下：

(1) 通过鲁班BIM建模软件创建完成的各专业BIM模型，进入基于互联网的鲁班BIM管理协同系统，形成BIM数据库。

(2) 可通过鲁班BIM各应用客户端实现模型、数据的按需共享，提高协同效率，轻松实现BIM从岗位级到项目级及企业级的应用。

(3) 鲁班BIM技术可以更快捷、更方便地帮助项目参与方进行协调管理，定位企业级的BIM系统方案，专业化技术优势，高效快速地建立BIM模型。

(4) 基于云的BIM系统平台，有效实现多部门间的协同，企业级的基础数据平台构成了企业的大后台，可以随时随地了解项目上的真实数据与情况，提升对项目的管控能力，数据开放、合作广泛，在多个项目上获得成功验证。

3.2　BIM软件在各阶段的应用

3.2.1　设计阶段BIM软件

设计类软件是BIM应用的前提，设计人员在设计时即可以将设计构件的相关信息以参数化的形式录入数据库，并与构件相关联，例如在设计墙体时，墙体的尺寸、材料、保温隔热要求等都可以在模型中体现出来，这样建筑便可以通过具有特定属性的对象表达出来。设计阶段时，应用BIM 3D技术与详细的信息进行空间设计、结构分析、体积分析、传热分析、干涉试验等设计与分析，另外在3D模型中加入时间，仿真施工顺序，纳入成本预算而成为5D模型进行成本概算，使业主了解整个项目需求及预算。

建好后的BIM模型可以无缝传递给结构专业，采用结构分析软件对模型进行结构分析和设计，还可以将分析结果反馈到建模软件中，重新调整结构；调整后的模型再传递给设备安装专业进行水、暖、电等的设计，最终的模型可以使用BIM模型检查软件对空间重叠、构件冲突、管道碰撞等问题进行检查。项目设计阶段需要进行参数化设计、日照能耗分析、交通线规划、管线优化、结构分析、风向分析、环境分析等，所涉及的软件主要包括基于CAD平台的天正系列、中国建筑科学研究院出品的PKPM、Autodesk公司的核心建模软件Revit等。

设计阶段的BIM软件主要包括如下软件：

(1) PKPM。由中国建筑科学研究院出品，主要用于结构设计，目前占据结构设计市场的95%以上。

(2) Revit。它是最先进的建筑设计和文档系统，是专门为BIM开发的，可以实现建筑设计整个生命周期的相互衔接和信息传递。在建筑行业，Revit在一定程度上实现了BIM，它通过应用关系数据库来创建三维建筑模型，可以生成二维图形和管理大量相关的非图形的工程项目数据。

(3) Archi CAD。它是欧洲应用较广的三维建筑设计软件，简化了建筑的建模和文档过程，即使模型达到前所未有的详细程度。Archi CAD自始至终的BIM工作流程，使得模型可以一直使用到项目结束。

(4) Architecture系列三维建筑设计软件。它是面向建筑信息模型(BIM)而构建，支持可持续设计、冲突检测、施工规划和建造，同时可以使工程师、承包商与业主更好地沟通协作。设计过程中的所有变更都会在相关设计与文档中自动更新，实现更加协调一致的流程，获得更加可靠的设计文档。

(5) Naviswork Revit。各专业三维建模工作完成后，利用全工程总装模型或部分专业总装模型进行漫游、动画模拟、碰撞检查等分析。

3.2.2 施工阶段BIM软件

施工阶段主要包含施工模拟、方案优化、施工安全、进度控制、实时反馈、工程自动化、供应链管理、场地布局规划、建筑垃圾处理等工序。在施工阶段，直接运用BIM 3D模型，导入4D概念，建立施工排程顺序，可协助施工流程管理，包括施工动员、采购、工程排程及排序、成本控制与现金使用分析、材料订购和交付，以及构件制造与装设等，BIM模型也包含了详细的对象信息，可供承包商施工时对材料信息及数量进行校对。

BIM施工管理软件的使用能够在施工前发现潜在问题，以便及时调整施工方案，优化施工进度。施工阶段所涉及的BIM软件特点如下：

(1) 鲁班软件，主要是鲁班钢筋、图形、计价软件可进行造价算量、套价，完成招标控制价、投标报价的编制，并能够实现对施工工程有效的进度管理。

(2) Navisworks软件。软件很大，功能操作却很简单。它能将很多种不同格式的模型文件合并在一起。基于这个能力，它主要应用于碰撞检查、漫游制作、施工模拟。

(3) Microsoft Project，由微软开发销售的项目管理软件程序，软件设计目的在于协助项目经理发展计划、为任务分配资源、跟踪进度、管理预算和分析工作量。

(4) 建筑业软件。FuZor软件，它是一款将BIMVR技术与4D施工模拟技术深度结合的综合性平台级软件，它能够让BIM模型和数据瞬间转化成带数据的生动BIMVR场景，让所有的项目参与方都能在这个场景中进行深度的信息互动。

(5) 广联达BIM 5D软件。是以BIM平台为核心，集成全专业模型，并以集成模型为载体，关联施工过程中的进度合同、成本、质量、安全、图纸、物料等信息，为项目提供数据支撑，实现有效决策和精细管理，从而达到减少施工变量，缩短工期、控制成本、提升质量的目的。

（6）比目云。基于 Revit 平台的二次开发插件，直接把各地清单定额做到 Revit 里面，扣减规则也是通过各地清单定额规则来内置的，不用再通过插件导出到传统算量软件里面，直接在 Revit 里面套清单，查看报表，而且报表比 Revit 自带明细表好很多，也能输出计算式。

施工阶段是项目全寿命期过程中涉及成本、质量的关键阶段，采用 BIM 软件进行进度工期控制、造价控制、质量管理、安全管理、施工管理、合同管理、物资管理、三维技术交底、施工模拟等工程管理控制，在精确施工、精确计划、提升效益方面发挥了巨大作用，这为绿色设计和环保施工提供了强大的数据支持，确保了设计和安装的准确性，提高了安装一次成功的概率，减少了返工，降低了损耗，并节约了工程造价。

3.2.3 运营管理阶段 BIM 软件

在运营管理阶段，建筑物中各项设备的模型建立于建筑物模型中，并将各项维护作业的细部数据输入，以备后期进行建筑物设备维护管理作业时，维护管理部门可利用已建成的 BIM 模型了解相关维护管理作业的进度及责任安排，维护作业人员亦可通过模型了解进度规划及责任分配等信息。

在传统建筑设施维护管理系统中，多半还是以文字的形式列表展现各类信息，但文字报表有其局限性，尤其是无法展现设备之间的空间关系；另外在建筑设施的全寿命期中，运营维护阶段所占的时间最长，花费最高。美国一份研究资料表明，一个建筑的运营维护成本占其全寿命期的 75%，远大于建设期成本，目前在美国最有影响力的运营管理软件是 Archi BUS。

BIM 技术的应用让建筑运营管理阶段有了新的技术支持，我们可以利用 BIM 工具实现智能建筑设施、大数据分析、物流管理、智慧城市、云平台存储等，大大提高了管理效率。当 BIM 导入到运营维护后，除可以利用 BIM 模型对项目整体做了解之外，模型中各个设施的空间关系，建筑物内设备的尺寸、型号、口径等具体数据，也都可以从模型中完美展现出来，这些都可以作为运营维护的依据，并且合理、有效地应用在建筑设施维护与管理上。

运营管理阶段的 BIM 软件主要包括如下几类：

（1）WINSTONE 空间设施管理系统可直接读取 Navisworks 文件，并集成数据库，用起来方便实用。

（2）Archi BUS 为企业各项不动产与设施管理信息沟通的图形化整合工具。它是从建筑物业主、管理者和使用者的角度出发，对所有的设施与环境进行规划、管理的经营活动，是为使用者提供服务，为管理人员提供创造性的工作条件，为建筑业主提供一个安全舒适的工作场所，并保证其投资的有效回报不断得到资产升值。

(3) Facility ONE 通过一个集中化的方式管理运维工作。它可以进行管理和集成内部的和外包的运行与维护管理,通过实施运维管理入口规范来保持数据的完整性,监控运维工作的绩效,支持流程优化和最佳实践的集成,与建筑信息模型(BIM)进行对接。Facility ONE 针对不同服务请求类型的工作流程的标准化处理程序,根据预定义好的计划和服务水准协议(SLA)自动处理工单,减少设备待机时间,降低运营成本,防止备品备件零件库存不够导致不必要的损失,实现建筑全寿命期的数据管理。

3.3 BIM 应用相关硬件及技术

通常来说,BIM 系统都是基于 3D 模型的,相比建筑行业传统的设计软件,无论是模型大小还是复杂程度都超过 2D 设计软件,因此 BIM 应用对于计算机的计算能力和图形处理能力都要求较高。BIM 是 3D 模型所形成的数据库,包含建筑全寿命期中大量的重要信息数据,这些数据库信息在建筑全过程中动态变化调整,可以及时准确地调用系统数据库中包含的相关数据,所以必须要充分考虑 BIM 系统对于硬件资源的需求,配置更高性能的计算机硬件以满足 BIM 软件应用。

BIM 的一个核心功能是在创建和管理建筑过程中产生的一系列 BIM 模型作为共享知识资源,为全寿命期过程中决策提供支持,因此 BIM 系统必须具备共享功能。共享可分为 3 个层面:①BIM 系统共享;②应用软件共享;③模型数据共享。

第一层级 BIM 系统共享是构建一个全新的系统,由该系统解决全过程中所有问题,目前难度较大,尚难以实现。第二层级是应用软件共享,是在数据共享的基础上同时将 BIM 涉及的所有相关软件集中进行部署供各方共享使用,可基于云计算的技术实现。第三层级的模型数据共享则相对较容易实现,配置一个共享存储系统,将所有数据存放在共享存储系统中,供所有相关方进行查阅参考,该系统还需考虑数据版本和使用者的权限问题。

BIM 以 3D 数字技术为基础,集成了建筑工程项目各种相关信息的数据模型,可以使建筑工程在全寿命期内提高效率、降低风险。传统 CAD 一般是平面的、静态的,而 BIM 是多维的、动态的。因此构建 BIM 系统对硬件的要求相比传统 CAD 将有较大的提高。BIM 信息系统随着应用的深入,精度和复杂度越来越大,建筑模型文件容量为 10MB～2GB。工作站的图形处理能力是第一要素,其次是 CPU 和内存的性能,还有虚拟内存以及硬盘读写速度也是十分重要的。

相比于 AutoCAD 等平面设计软件,BIM 软件对于图形的处理能力要求有较大的提高。对于较复杂的 BIM 应用项目需配置专业图形显示卡,例如,Quadro K2000 以上的图形显示卡,在模型文件读取到内存后,设计者不断对模型进行修改和移动、变换等操作,以及通过显示器即时显现出最新模型样式,图形处理器(GPU)承担着用户对模型文件操作结果的每一个过程显示，这体现了 GPU 对图形数据与图形的显示速度。BIM 基于三维的工作方式，对硬件的计算能力和图形处理能力提出了很高的要求。就最基本的项目建模来说，BIM 建模软件相比于传统的 CAD 软件，在计算机配置方面，需要着重考虑 CPU、内存和显卡的配置。

1. 强劲的处理器

由于 BIM 模型是多维的，在操作过程中通常会涉及大量计算，CPU 交互设计过程中承担更多的关联运算，因此需配置多核处理器以满足高性能要求。另外，模型在 3D 图像生成过程中需要渲染，大多数 BIM 软件支持多 CPU 多核架构的计算渲染，所以随着模型复杂度的增加，对 CPU 频率要求越高、核数越多越好。CPU 推荐以主流价格的 4 核 Xeon E5 系列。CPU 和内存关系，通常是 1 个 CPU 配 4GB 内存，同时还要兼顾使用模型的容量来配置。

以基于 Bentley 软件的 BIM 图形工作站为例，可配置 4 核至 8 核的处理器，内存 16GB 以上为佳。再以 Revit 为例，当模型达到 100MB 时，至少应配置 4 核处理器，主频应不低于 2.4GHz，4GB 内存；当模型达到 300MB 时，至少应配置 6 核处理器，主频应不低于 2.6GHz，8GB 内存；当模型达到 700MB 时，至少应配置 4 个 4 核处理器，主频应不低于 3.0GHz，16GB 内存(32～64GB 为最佳)。

2. 共享的存储

项目中的 BIM 模型希望能贯穿于整个设计、施工、运营过程中，即贯穿于建筑全寿命期内，必须保证模型共享，实现不同人员和不用阶段数据共享。因此 BIM 系统的基本构成是多个高端图形工作站和一个共享的存储。

硬盘的重要性经常被使用者忽视，大多数使用者认为硬盘就是用于数据存储，但是很多用于处理复杂模型的高端模型工作站，在编辑过程中移动、缩放非常迟钝，原因是硬盘上虚拟内存在数据编辑过程中数据减缓明显迟滞，严重影响正常的编辑操作，所以要充分了解硬盘的读写性能，这对高端应用非常重要。如果是非常大的复杂模型由于数据量大，从硬盘读取和虚拟内存数据交换的时间长短，显得非常重要。推荐使用转速 1000r/min 或以上的硬盘。可考虑阵列方式提升硬盘读写性能，也可以考虑使用企业级 SSD 硬盘阵列，建议系统盘采用 SSD 固态硬盘。

3. 内存

它是与 CPU 沟通的桥梁，关乎着一台计算机的运行速度。越大越复杂的项目越占内存，一般所需内存的大小最小应是项目文件大小的 20 倍。由于目前所用 BIM 的项目都比较大，一般推荐用 4GB 或 4GB 以上的内存。

4. 显卡

对模型表现和图形处理来说很重要，越高端的显卡，三维效果越逼真，画面切换越流畅。应避免集成式显卡，集成式显卡要占用系统内存来运行，而独立显卡有自己的显存，显示效果和运行性能要更好些，一般显存容量不应小于 512MB。

关于各软件对硬件的要求，软件厂商会有推荐的硬件配置要求，但从项目应用 BIM 的角度出发，需要考虑的不仅仅是单个软件产品的要求，还需考虑项目的大小、复杂程度、BIM的应用目标、团队应用程度、工作方式等。

参考文献

[1] 王轶群. BIM技术应用基础[M]. 北京：中国建筑工业出版社，2015.

[2] 王美华，高路，侯翀，等. 国内主流BIM软件特性的应用与比较分析[J]. 土木建筑工程信息技术，2017(1)：69-75.

[3] 王珺. BIM理念及BIM软件在建设项目中的应用研究[D]. 成都：西南交通大学，2011.

[4] 金永超，张宇帆. BIM与建模[M]. 成都：西南交通大学出版社，2016.

[5] 张玉生. BIM技术在结构设计软件中的应用分析[J]. 电子测试，2014(6)：108-110.

[6] 张成方，李超. BIM软件及理念在工程应用方面的现状综述与分析[J]. 科技创新与应用，2013(19)：82.

[7] 蒋佳宁，吴雄，黄义雄. 基于BIM技术常用软件的应用分析及展望[J]. 福建建筑，2015(1)：92-94.

第4章

Revit 软件操作实训

本章导读：本章将介绍 Revit 软件的实际操作，包括 Revit 基本操作；Revit 建筑、结构设计模块；Revit 2017 实操实练；Revit 2017 设计方向应用等，使读者能对 Revit 软件各种操作方法及小技巧有基本了解。

本章重点：①Revit 建筑、结构设计模块；②标高、轴网、墙体、门窗、楼板、幕墙、屋顶等建筑元素的创建。

4.1 Revit 基本操作

Revit 是 Autodesk 公司专门针对工程结构设计行业推出的以 BIM 为重点的建筑结构设计软件。本章主要以 Revit 2017 为例，介绍 Revit 的基本操作方法。

4.1.1 Revit 软件安装

1. Revit 2017 软件的安装

首先，在官方网站上下载 Revit 2017 试用版或者购买正版软件，之后，双击安装文件选择空余目录后解压，释放文件。

完成后，自动运行安装程序，亦可手动双击"Setup. exe"进行安装，安装初始界面如图 4-1 所示。

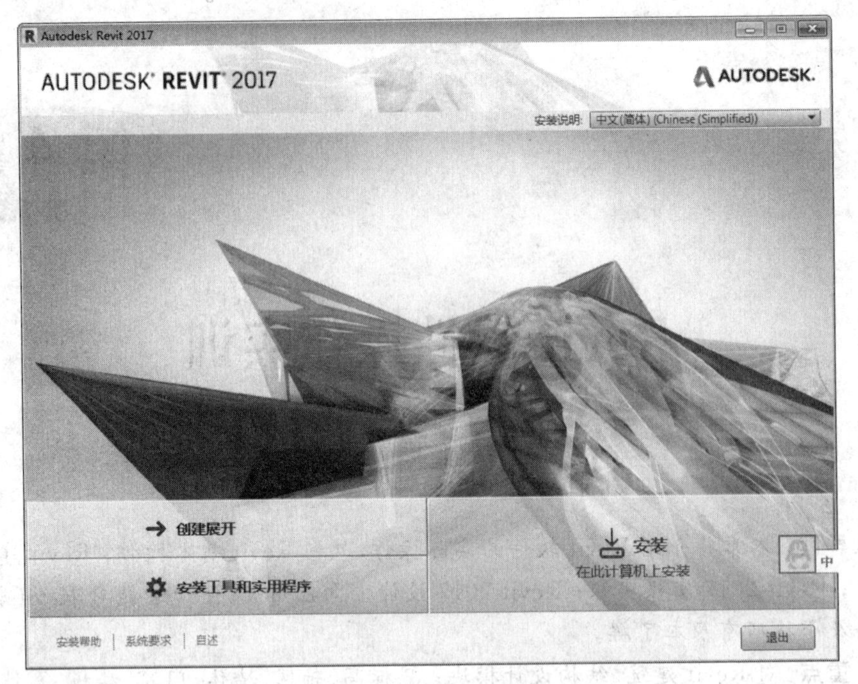

图 4-1 Revit 2017 初始界面

鼠标左键单击右下角的“安装”按钮,即可安装 Revit 2017,单击“退出”则退出程序安装。单击“安装”后转入安装许可协议界面,如图 4-2 所示。

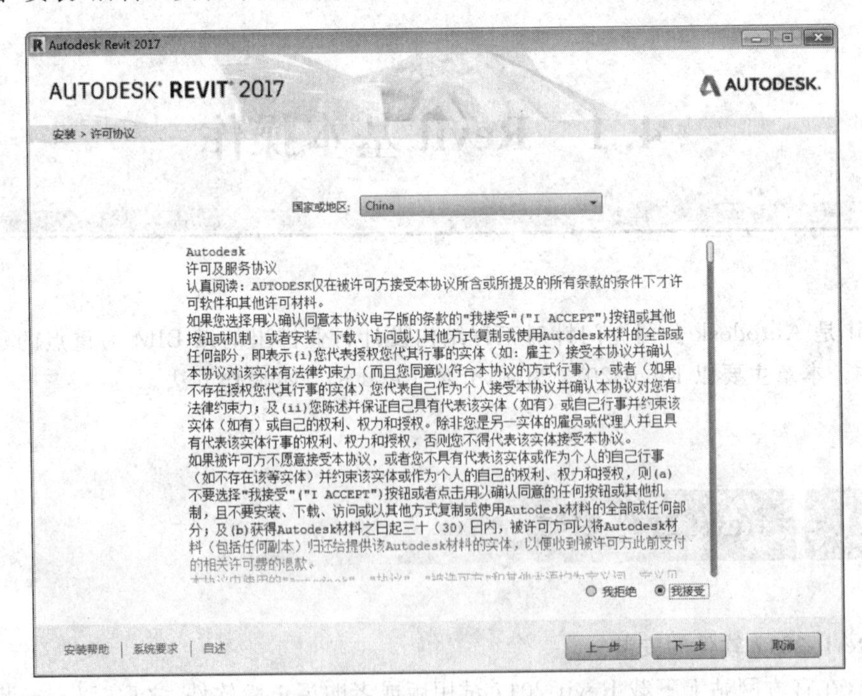

图 4-2 Revit 2017 安装许可协议界面

选择“我接受”,单击“下一步”进入安装界面,如图 4-3 所示。

选择需要的安装组件,单击黑色向下箭头可以对各组件进行配置,修改安装路径或者直

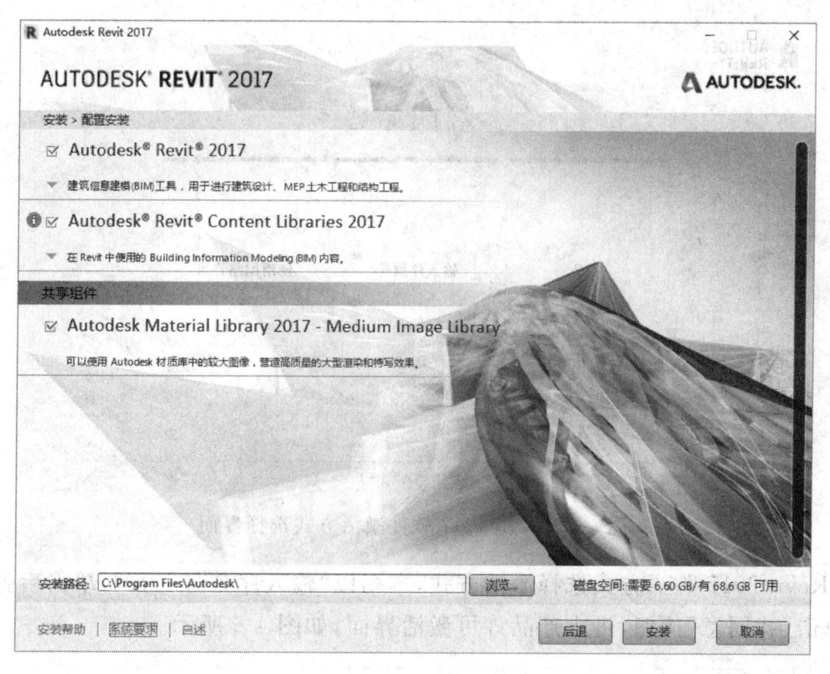

图 4-3　Revit 2017 安装界面

接按默认路径进行 Revit 2017 的软件安装。单击“安装”后开始安装，如图 4-4 所示，等待安装结束后单击“完成”完成安装。此处需注意修改的安装路径不能包含中文字符。

图 4-4　Revit 2017 安装进度界面

2. Revit 2017 软件的激活

双击 Revit 2017 桌面图标“R”，第一次启动进入软件激活方式选择界面，如图 4-5 所示。

图 4-5　Revit 2017 软件激活方式选择界面

依据 Revit 2017 购买方式选择激活方式，本书以“输入序列号”为例，单击后弹出隐私声明界面，单击“我同意”按钮，进入产品许可激活界面，如图 4-6 所示。

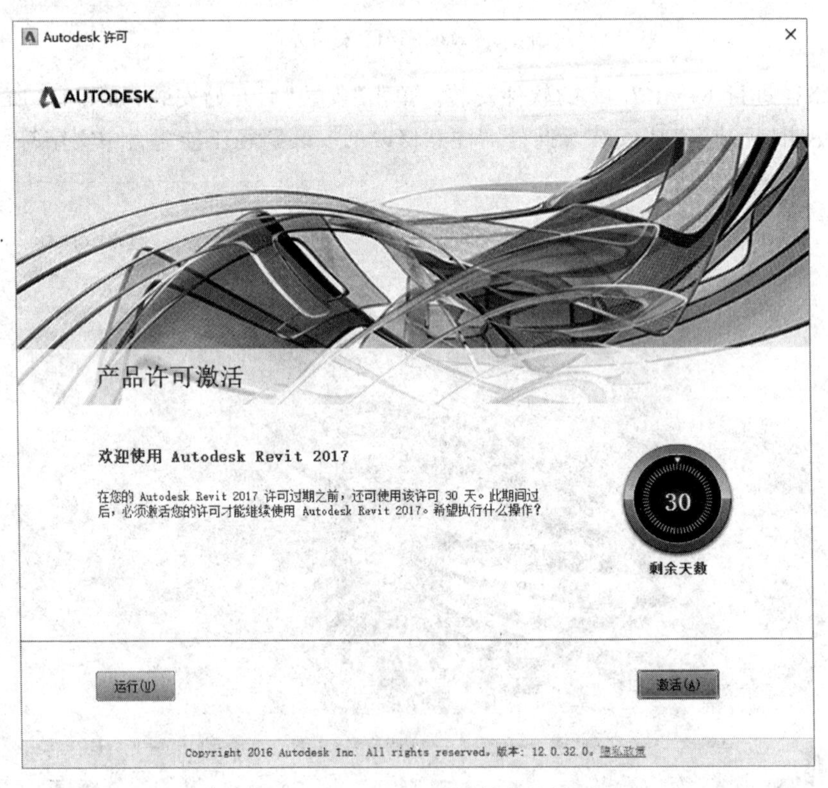

图 4-6　Revit 2017 试用与激活界面

单击“运行”将试用 Revit 2017，共可试用 30 天。单击“激活”则进入软件激活界面，如图 4-7 所示。

输入购买时得到的序列号和产品密钥，单击“下一步”，输入激活码进行激活，单击“下一步”转入如图 4-8 所示界面，单击“完成”完成 Revit 2017 的软件激活，即可进入操作界面。

Autodesk 许可 - 激活选项

AUTODESK.

请输入序列号和产品密钥

若要激活 Autodesk Revit 2017，请在以下字段中输入您在购买时得到的序列号和产品密钥。该信息可在产品包装上、您的“Autodesk 升级和许可信息”(Autodesk Upgrade and Licensing Information)电子邮件中，或者来自购买点(例如联机商店)的类似确认电子邮件中找到。

序列号:

产品密钥:

上一步　关闭　下一步

图 4-7　Revit 2017 激活界面

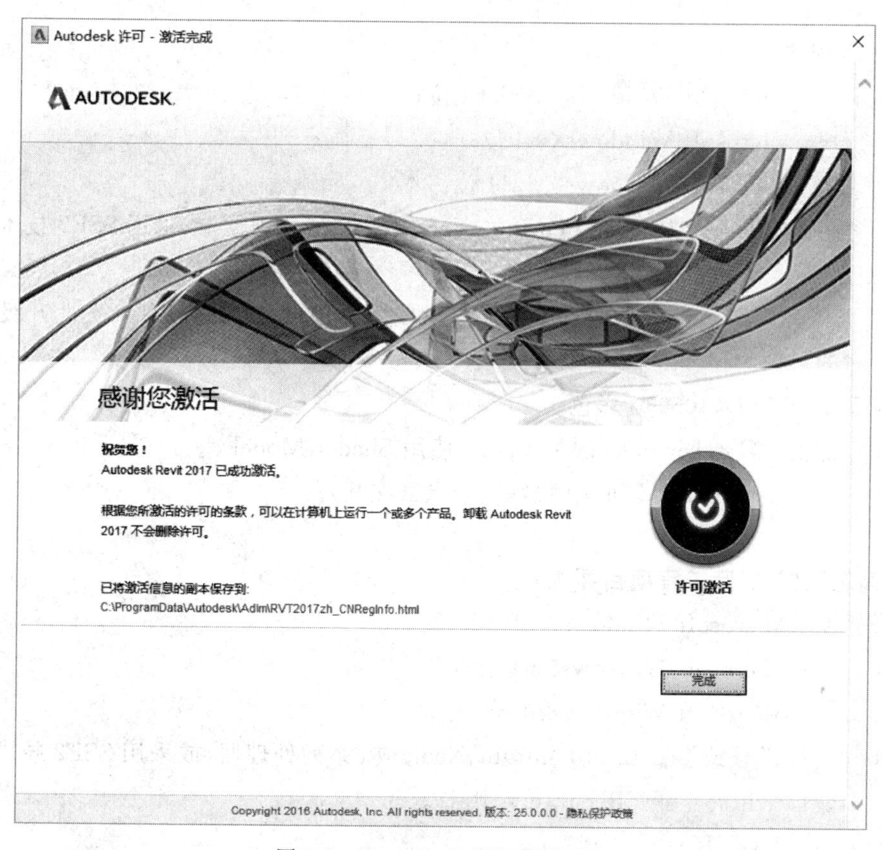

图 4-8　Revit 2017 激活完成界面

4.1.2 软件运行环境

1. 入门配置

操作系统：Microsoft Windows7 SP1 64 位；
Microsoft Windows8 64 位；
Microsoft Windows8.1 64 位。

CPU 类型：单核或多核 Intel Pentium、Xeon 或 i 系列处理器，或采用 SSE2 技术的同等 AMDCPU，建议采用高主频 CPU。

内存：4GB RAM。在旧版 Revit 软件的早期版本中创建的模型在一次性升级过程可能需要更多的可用内存。

视频显示：1280×1024 真彩色。

DPI 设置显示：150%或更少。

视频适配器：基本图形可选择支持 24 位色的显示适配器；高级图形需要 DirectX11 的图形卡，使用 Shader Model 3。

磁盘空间：5GB 可用磁盘空间。

2. 推荐配置

操作系统：Microsoft Windows7 SP1 64 位；
Microsoft Windows8 64 位；
Microsoft Windows8.1 64 位。

CPU 类型：单核或多核 Intel Pentium、Xeon 或 i 系列处理器，或采用 SSE2 技术的同等 AMDCPU，建议采用高主频 CPU Intel 4 代 I5。

内存：8GB RAM。在旧版 Revit 软件的早期版本中创建的模型在一次性升级过程可能需要更多的可用内存。

视频显示：1680×1050 真彩色。

视频适配器：需要 DirectX11 的图形卡，使用 Shader Model 3。

磁盘空间：10000+RPM 机械硬盘(用于点云交互)。

3. 高级配置(实际工程项目要求)

操作系统：Microsoft Windows7 SP1 64 位；
Microsoft Windows8 64 位；
Microsoft Windows8.1 64 位。

CPU 类型：单核或多核 Intcl Pentium、Xeon 或 i 系列处理器，或采用 SSE2 技术的同等 AMDCPU，建议采用高主频 CPU Intel 4 代 I7。

内存：16～32GB RAM。

视频显示：1920×1200 真彩色，可配双显示器。

视频适配器：需要 DirectX11 的图形卡，使用 Shader Model 3。

磁盘空间：固态驱动器 128GB 或 256GB 加机械硬盘。

4.1.3 Revit 样板文件的建立

安装并激活软件后，双击桌面图标，进入图 4-9 所示 Revit 初始界面。

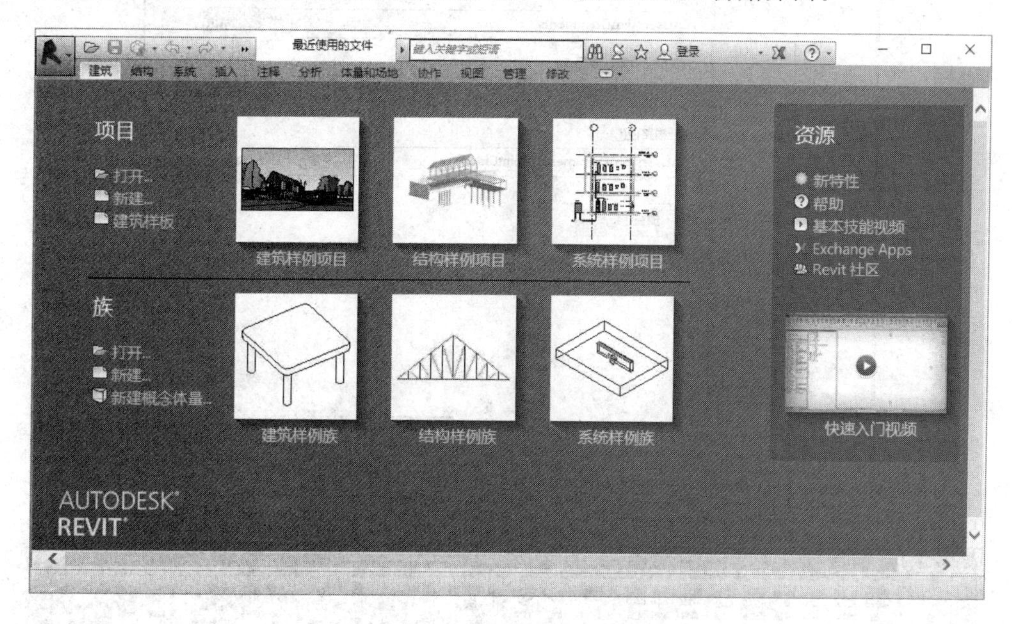

图 4-9 Revit 初始界面

首先建立项目样板文件，单击左上角图标“”，弹出窗口，单击右下角“选项”按钮，进入如图 4-10 所示选项界面。

单击图标“”，在弹出的路径中选择“C：\ProgramData\Autodesk\RVT 2016\Templates\Generic\Default_M_CHS. rte”文件，然后单击样板列表中名称列的“Default_M_CHS. rte”处，将样板名称改为自己喜欢的名字如“建筑样板”，然后单击“确定”即可完成项目样板的创建。

4.1.4 Revit 软件常用操作命令

单击 Revit 初始界面中“项目”-“新建”下方的“建筑样板”(此处为 4.1.3 节中自定义名字)，进入软件操作界面，如图 4-11 所示。

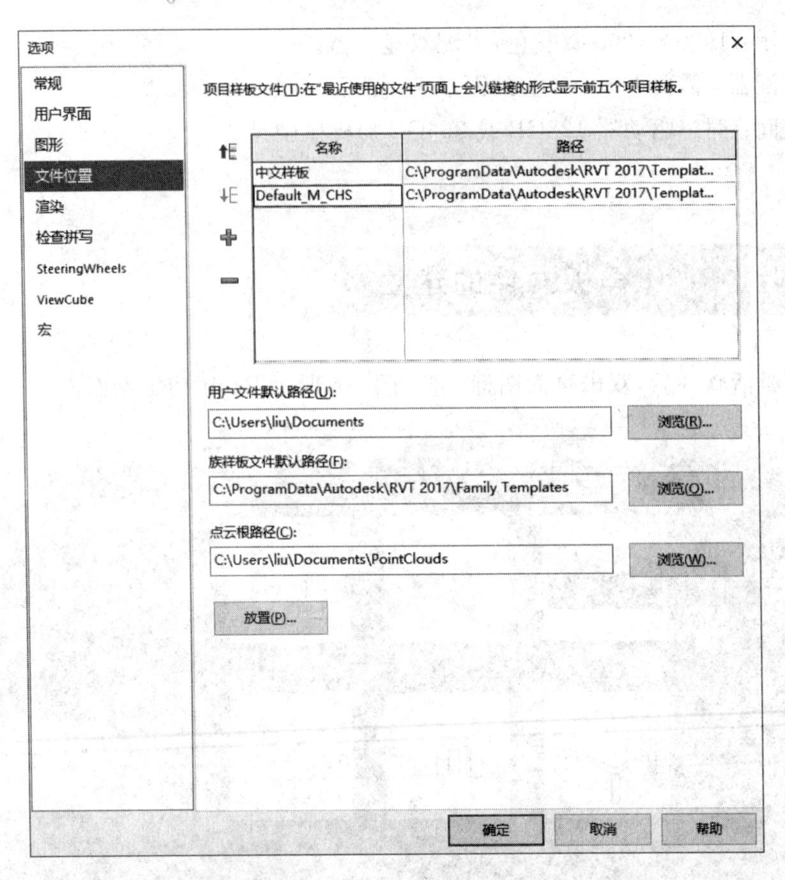

图 4-10　Revit 选项界面

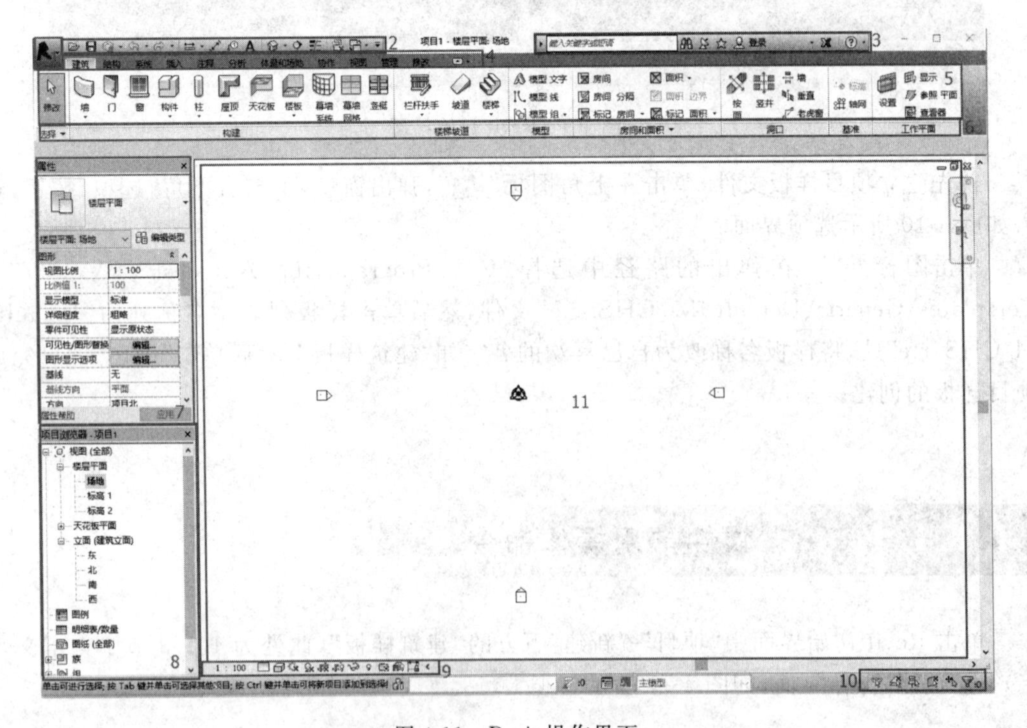

图 4-11　Revit 操作界面

1. R图标应用程序菜单

单击R图标,弹出应用程序选项命令,包括“新建”“打开”“保存”“另存为”“导出”“Suite工作流”“发布”“打印”“关闭”,与其他常规软件的操作基本一致,如图4-12所示。另外还包括上文介绍过的“选项”按钮,单击进入选项窗口,包括常规、用户界面、图形、文件位置、渲染、检查拼写、SteeringWheels、Viewcube、宏等项目设置。本书不再详细介绍。

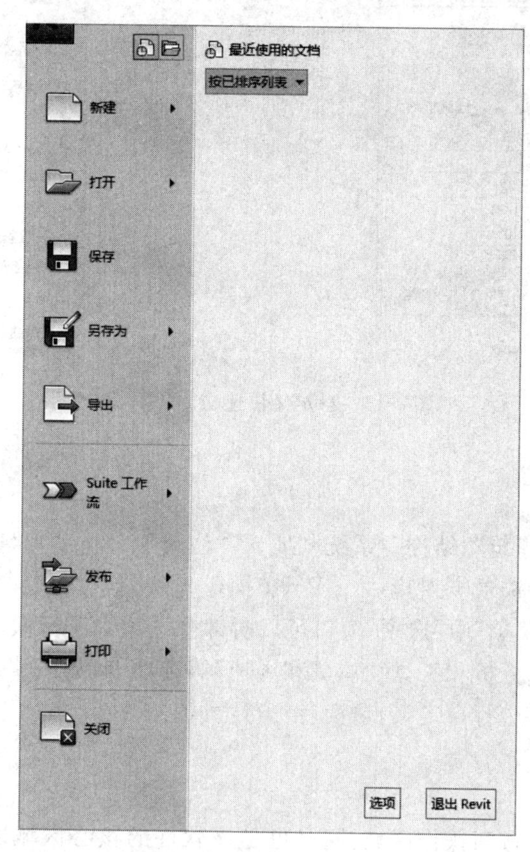

图4-12 R图标应用程序菜单

2. 快速访问栏

快速访问栏包括“新建”“打开”“保存”“与中心文件同步”“放弃”“重做”“测量”“对齐尺寸标注”“按类别标记”“文字”“默认三维视图”“剖面”“细线”“关闭隐藏窗口”“切换窗口”等命令。单击最右侧的向下三角箭头可以打开自定义菜单,通过单击“保留”或“取消”对应命令,亦可通过最下侧的自定义快速访问工具栏来进行自定义,如图4-13所示。

3. 信息中心

信息中心包括“搜索”“通讯中心”“收藏夹”“登录”“Exchang Apps”“帮助”等命令,它可以帮助读者查找有关Revit的信息。

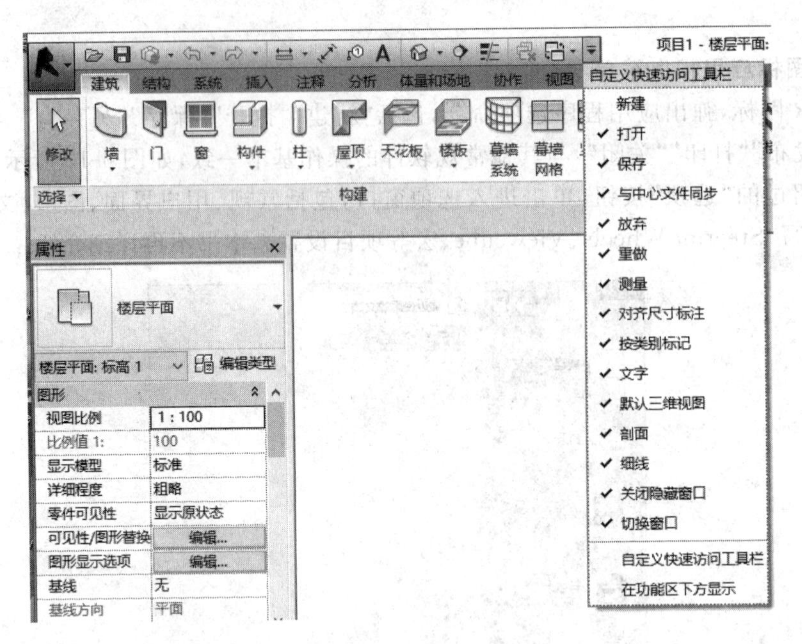

图 4-13 自定义快速访问工具栏

4. 选项卡

默认选项卡包括“建筑”“结构”“系统”“插入”“注释”“分析”“体量和场地”“协作”“视图”“管理”及“修改”。每个选项卡对应一个 Revit 操作模块,包含对应的一系列命令。在上文所述“R 图标应用程序菜单”中“选项”窗口可以对部分选项卡进行激活和取消的设定,如“建筑”“结构”“系统”“能量分析和工具”“体量和场地”等选项卡,如图 4-14 所示。同时,在该界面可以对命令的快捷键进行自定义,请读者自行尝试。

5. 命令按钮

该区域是各个命令按钮操作区域,同时也是该软件的核心区域之一。每个选项卡都包括若干个子工具栏,各个工具栏都集成若干个命令。其中最左侧的选择工具栏是不随选项卡的改变而改变的,如图 4-15 所示,其他均与选项卡有关。单击选择工具栏下方的下三角箭头,可以对图元的选择进行筛选,以方便实际绘图中进行各项命令操作。

6. 工具栏

(1)“建筑”选项卡下的工具栏及命令,如图 4-16 所示。

构建工具栏:墙(下拉箭头包括建筑墙、结构墙、面墙)、门、窗、构件(下拉箭头包括放置构件、内建模型)、柱(下拉箭头包括结构柱、柱-建筑)、屋顶(下拉箭头包括迹线屋顶、拉伸屋顶、面屋顶、屋檐-底板、屋顶-封檐板、屋顶-檐槽)、天花板、楼板(下拉箭头包括楼板-建筑、楼板-结构、面楼板、楼板-楼板边)、幕墙系统、幕墙网格、竖梃。

楼梯坡道工具栏:栏杆扶手(下拉箭头包括绘制路径、放置在主体上)、坡道、楼梯(下拉箭头包括楼梯-按构件、楼梯-按草图)。

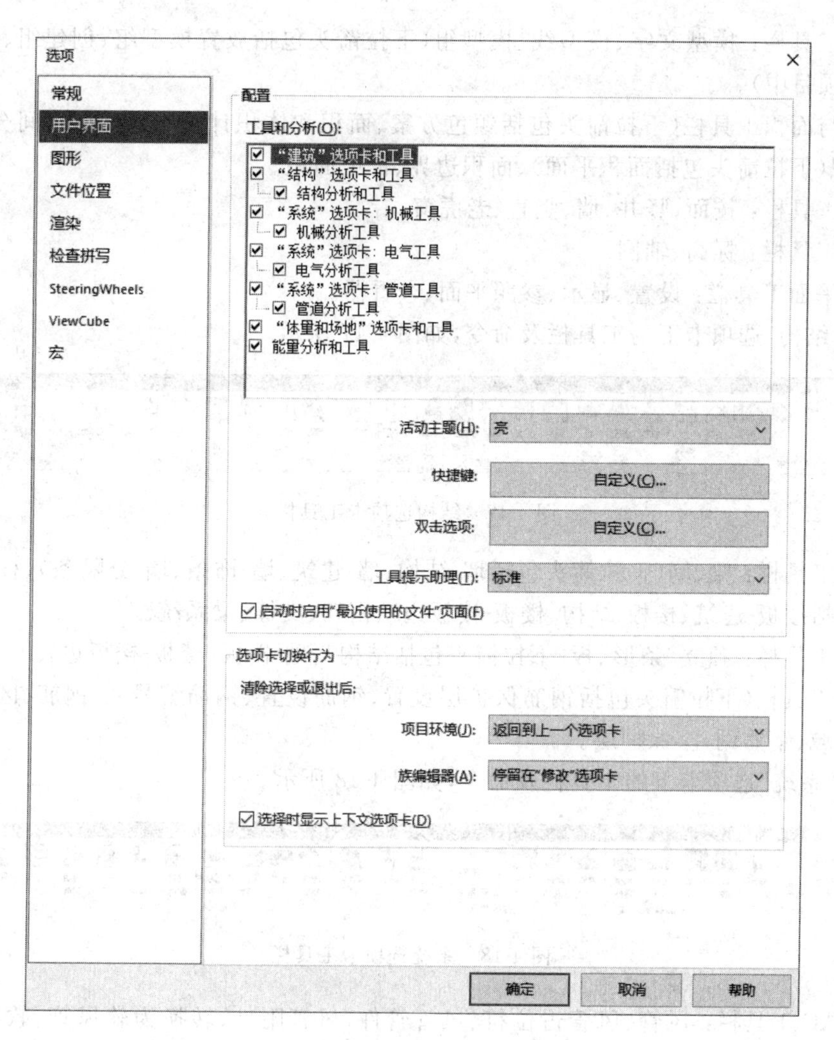

图 4-14　自定义选项卡

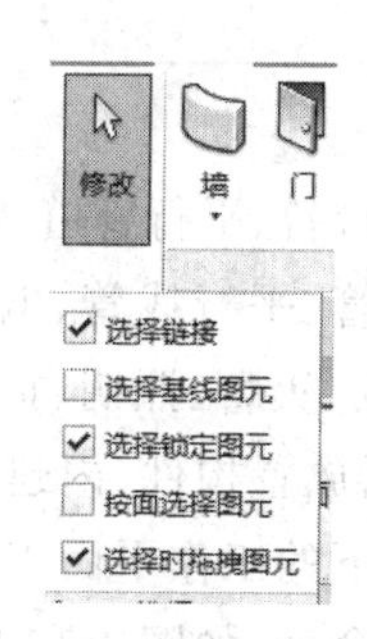

图 4-15　选择工具栏

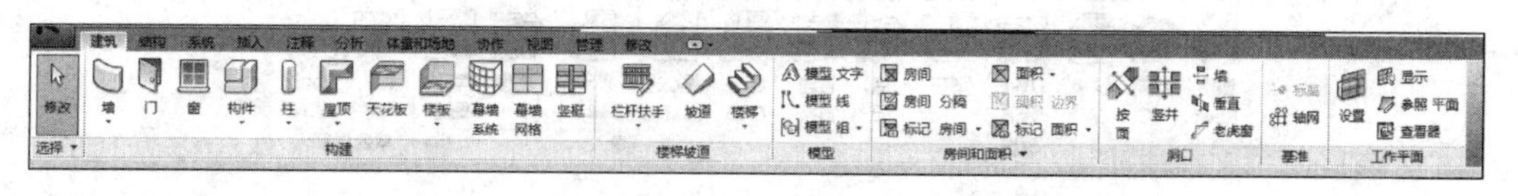

图 4-16　建筑选项卡工具栏

模型工具栏：模型文字、模型线、模型组（下拉箭头包括放置模型组、创建组、作为组载入打开的项目中）。

房间与面积工具栏（下拉箭头包括颜色方案、面积和体积计算）：房间、房间分隔、标记房间、面积（下拉箭头包括面积平面）、面积边界、标记面积。

洞口工具栏：按面、竖井、墙、竖直、老虎窗。

基准工具栏：标高、轴网。

工作平面工具栏：设置、显示、参照平面、查看器。

（2）"结构"选项卡下的工具栏及命令，如图 4-17 所示。

图 4-17　结构选项卡工具栏

结构工具栏：梁、墙（下拉箭头包括墙-结构、墙-建筑、墙-饰条、墙-分隔条）、柱、楼板（下拉箭头包括楼板-建筑、楼板-结构、楼板-楼板边）、桁架、支撑、梁系统。

基础工具栏：独立、条形、板（下拉箭头包括结构基础-楼板、楼板-楼板边）。

钢筋工具栏（下拉箭头包括钢筋保护层设置、钢筋设置、钢筋编号）：钢筋、区域、路径、钢筋网区域、钢筋网片、保护层。

（3）"系统"选项卡下的工具栏及命令，如图 4-18 所示。

图 4-18　系统选项卡工具栏

HVAC 工具栏：风管、风管占位符、风管管件、风管附件、转换为软风管、软风管、风道末端。

预制工具栏：预制零件。

机械工具栏：机械设备。

卫浴和管道工具栏：管道、管道占位符、平行管道、管件、管路附件、软管；卫浴装置、喷头。

电气工具栏：导线、电缆桥架、线管、平行线管、电缆桥架配件、线管配件、电气设备、设备（下拉箭头包括电气装置、通讯、数据、火警、照明、护理呼叫、安全、电话）、照明设备。

模型工具栏：构件（下拉箭头包括放置构件、内建模型）。

工作平面工具栏：同建筑选项卡下的工作平面工具栏。

（4）"插入"选项卡下的工具栏及命令，如图 4-19 所示。

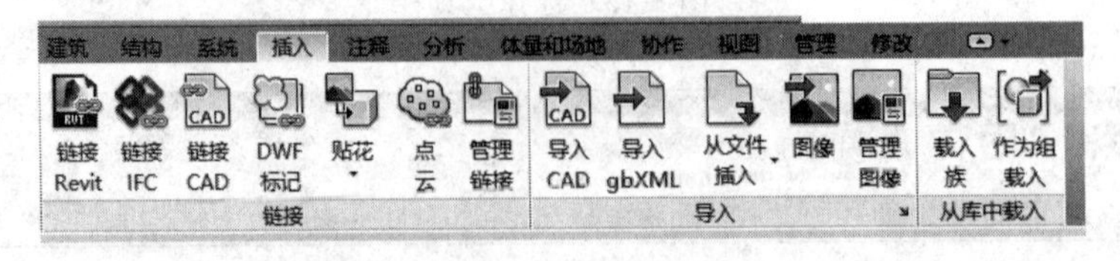

图 4-19　插入选项卡工具栏

链接工具栏：链接 Revit、链接 IFC、链接 CAD、DWF 标记、贴花（下拉箭头包括放置贴花、贴花类型）、点云、管理链接。

导入工具栏：导入 CAD、导入 gbXML、从文件插入、图像、管理图像。

从库中载入工具栏：载入族、作为组载入。

(5)“注释”选项卡下的工具栏及命令，如图 4-20 所示。

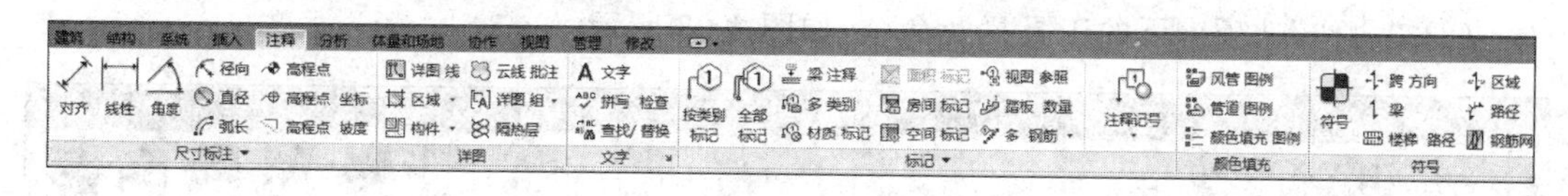

图 4-20 注释选项卡工具栏

尺寸标注工具栏：对齐、线性、角度、径向、直径、弧长、高程点、高程点坐标、高程点坡度。

详图工具栏：详图线、区域（下拉箭头包括填充区域、遮罩区域）、构件（下拉箭头包括详图构件、重复详图构件、图例构件）、云线批注、详图组（下拉箭头包括放置详图组、创建组）、隔热层。

文字工具栏：文字、拼写检查、查找/替换。

标记工具栏：按类别标记、全部标记、梁注释、多类别、材质标记、面积标记、房间标记、空间标记、视图参照、踏板数量、多钢筋（下拉箭头包括对齐的多钢筋注释、线性多钢筋注释）、注释记号（下拉箭头包括图元注释记号、材质注释记号、用户注释记号、注释记号设置）。

颜色填充工具栏：风管图例、管道图例、颜色填充图例。

符号工具栏：符号、跨方向、梁、楼梯路径、区域、路径、钢筋网。

(6)“分析”选项卡下的工具栏及命令，如图 4-21 所示。

图 4-21 分析选项卡工具栏

分析模型工具栏：边界条件、荷载、荷载工况、荷载组合。

分析模型工具栏：调整、重设、支座、一致性。

空间和分区工具栏：空间、空间分隔符、空间标记、分区。

报告和明细表工具栏：热负荷和冷负荷、配电盘明细表、明细表/数量、风管压力损失报告、管道压力损失报告。

检查系统工具栏：检查风管系统、检查管道系统、检查线路、显示隔离开关。

颜色填充工具栏：风管图例、管道图例、颜色填充图例。

能量分析工具栏：能量设置、显示能量模型、运行能量仿真、结果和比较。

(7)“体量和场地”选项卡下的工具栏及命令，如图 4-22 所示。

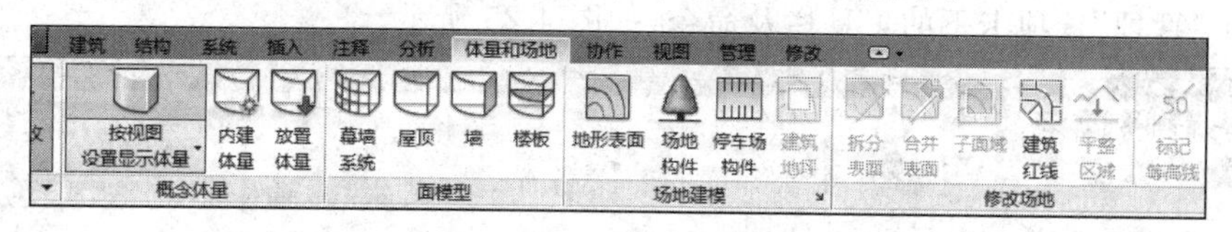

图 4-22 体量和场地选项卡工具栏

概念体量工具栏：按视图设置显示体量（下拉箭头包括按视图设置显示体量、显示体量-形状和楼层、显示体量-表面类型、显示体量-分区和着色）、内建体量、放置体量。

面模型工具栏：幕墙系统、屋顶、墙、楼板。

场地建模工具栏：地形表面、场地构件、停车场构件、建筑地坪。

修改场地工具栏：拆分表面、合并表面、子面域、建筑红线、平整区域、标记等高线。

(8)"协作"选项卡下的工具栏及命令，如图 4-23 所示。

图 4-23　协作选项卡工具栏

通信工具栏：正在编辑请求。

管理协作工具栏：工作集、活动工作集。

同步工具栏：与中心文件同步、重新载入最新工作集、放弃全部请求。

管理模型工具栏：显示历史记录、恢复备份。

坐标工具栏：复制/监视、协调查阅、坐标设置、协调主体、碰撞检查（下拉箭头包括按运行碰撞检查、显示上一个报告）。

(9)"视图"选项卡下的工具栏及命令，如图 4-24 所示。

图 4-24　视图选项卡工具栏

图形工具栏：视图样板（下拉箭头包括按将样板属性应用于当前视图、从当前视图创建样板、管理视图样板）、可见性/图形、过滤器、细线、显示隐藏线、删除隐藏线、剖切面轮廓、渲染、Cloud 渲染、渲染库。

创建工具栏：三维视图（下拉箭头包括默认三维视图、相机、漫游）、剖面、详图索引（下拉箭头包括矩形、草图）、平面视图（下拉箭头包括楼层平米、天花板投影平面、结构平面、平面区域、面积平面）、立面（下拉箭头包括立面、框架立面）、绘制视图、复制视图、图例（下拉箭头包括图例、注释记号图例）、明细表（下拉箭头包括明细表/数量、圆形柱明细表、材质提取、图纸列表、注释块、视图列表）、范围框。

图纸组合工具栏：图纸、视图、标题栏、修订、导向轴网、拼接线、视图参照、视口。

窗口工具栏：切换窗口、关闭隐藏对象、复制、层叠、平铺、用户界面。

(10)"管理"选项卡下的工具栏及命令，如图 4-25 所示。

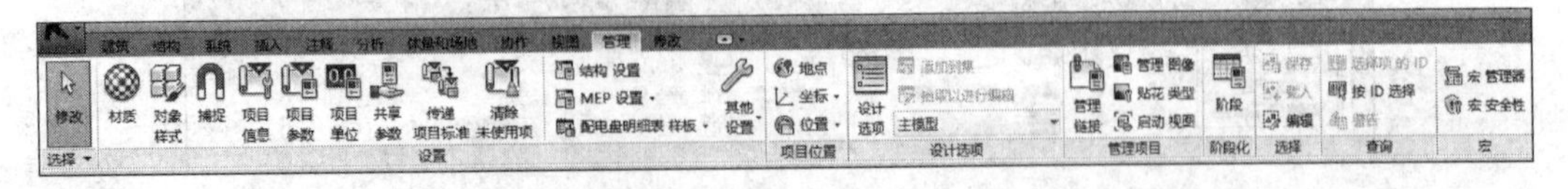

图 4-25　管理选项卡工具栏

设置工具栏：材质、对象样式、捕捉、项目信息、项目参数、项目单位、共享参数、传递项目标准、清除未使用项、结构设置、MEP设置（下拉箭头包括按机械设置、电气设置、预制设置、负荷设置、需求系数、建筑/空间类型设置）、配电盘明细表样板（下拉箭头包括按管理样板、编辑样板）、其他设置（下拉箭头包括按填充样式、材质资源、分析显示样式、图纸发布/修订、线样式、线宽、线型图案、半色调/基线、日光设置、详图索引标记、立面标记、剖面标记、箭头、临时尺寸标注、详细程度、部件代码）。

项目位置工具栏：地点、坐标（下拉箭头包括获取坐标、发布坐标、在点上指定坐标、报告共享坐标）、位置（下拉箭头包括重新定位项目、旋转正北、镜像项目、旋转项目北）。

设计选项工具栏：设计选项、添加到集、拾取以进行编辑。

管理项目工具栏：管理链接、管理图像、贴花类型、启动视图。

阶段化工具栏：阶段。

选择工具栏：保存、载入、编辑。

查询工具栏：选择项的ID、按ID选择、警告。

宏工具栏：宏管理器、宏安全性。

(11)“修改”选项卡下的工具栏及命令，如图4-26所示。

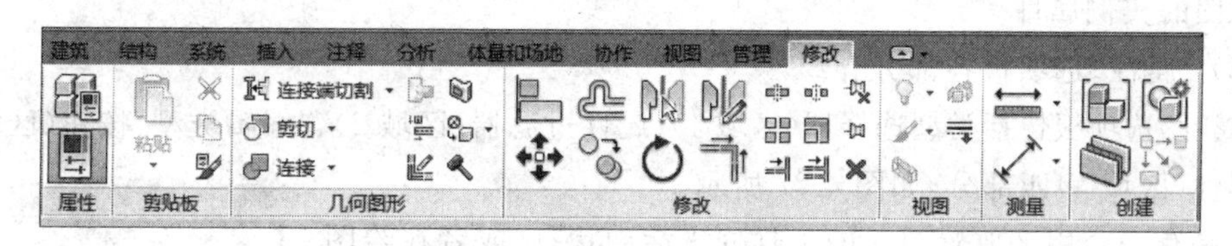

图4-26 修改选项卡工具栏

属性工具栏：类型属性、属性。

剪切板工具栏：粘贴、剪切、复制、匹配类型属性。

几何图形工具栏：连接端切割（下拉箭头包括应用连接端切割、删除连接端切割）、剪切（下拉箭头包括剪切几何图形、取消剪切几何图形）、连接（下拉箭头包括连接几何图形、取消连接几何图形、切换连接顺序）、连接/取消连接屋顶、梁/柱连接、墙连接、拆分面、着色（下拉箭头包括着色、删除着色）、拆除。

修改工具栏：对齐、移动、偏移、复制、镜像-拾取轴、旋转、镜像-绘制轴、修剪/延伸为角、拆分图元、用间隙拆分、阵列、缩放、修剪/延伸单个图元、修剪/延伸多个图元、解锁、锁定、删除。

视图工具栏：在视图中隐藏、替换视图中的图形、选择框、置换图元、线处理。

测量工具栏：测量两个参照之间的距离（下拉箭头包括测量两个参照之间的距离、沿图元测量）、对齐尺寸标注（下拉箭头包括对齐尺寸标注、线性尺寸标注、角度尺寸标注、径向尺寸标注、直径尺寸标注、弧长尺寸标注、高程点、高程点坐标、高程点坡度）。

创建工具栏：创建部件、创建零件、创建组、创建类似。

7. “属性”选项板

“属性”选项板是一个随选择图元而变化的对话框，通过该对话框，可以查看和修改用来定义图元属性的参数。

(1) 打开“属性”选项板

第一次启动 Revit 时,“属性”选项板处于打开状态并固定在绘图区域左侧“项目浏览器”的上方。如果关闭“属性”选项板,则可以使用下列任一方法重新打开它:①单击“修改”选项卡“属性”面板(属性)。②单击“视图”选项卡“窗口”面板“用户界面”下拉列表“属性”。③在绘图区域中按鼠标右键并在弹出的菜单下侧单击“属性”即可。

可以将该选项板固定到 Revit 窗口的任一侧,并在水平方向上调整其大小。在取消对选项板的固定后,可以在水平方向和垂直方向上调整其大小。同一个用户从一个任务切换到下一个任务时,选项板的显示和位置将保持不变。

(2) 使用“属性”选项板

通常,在执行 Revit 任务期间应使“属性”选项板保持打开状态,以便执行下列操作:①通过使用“类型选择器”,选择要放置在绘图区域中的图元类型,或者修改已经放置的图元类型。②查看和修改要放置的或者已经在绘图区域中选择的图元属性。③查看和修改活动视图的属性。④访问适用于某个图元类型的所有实例的类型属性。

如果用来放置图元的工具均未处于活动状态,而且未选择任何图元,则选项板上将显示活动视图的实例属性。

(3) “属性”选项板各部分介绍

“属性”选项板包括类型选择器(区域 1)、属性过滤器(区域 2)、“编辑类型”按钮(区域 3)、实例属性(区域 4)四部分,如图 4-27 所示。

如果有一个用来放置图元的工具处于活动状态,或者在绘图区域中选择了同一类型的多个图元,则“属性”选项板的顶部将显示“类型选择器”。“类型选择器”标识当前选择的族类型,并提供一个可从中选择其他类型的下拉列表。单击“类型选择器”时,会显示搜索字段。在搜索字段中输入关键字来快速查找所需的内容类型。为使“类型选择器”在“属性”选项板关闭时可用,请在“类型选择器”中单击鼠标右键,然后选择“添加到快速访问工具栏”。要使类型选择器在“修改”选项卡上可用,请在“属性”选项板中单击鼠标右键,然后选择“添加到功能区修改选项卡”。每次选择一个图元,都将反映在“修改”选项卡。

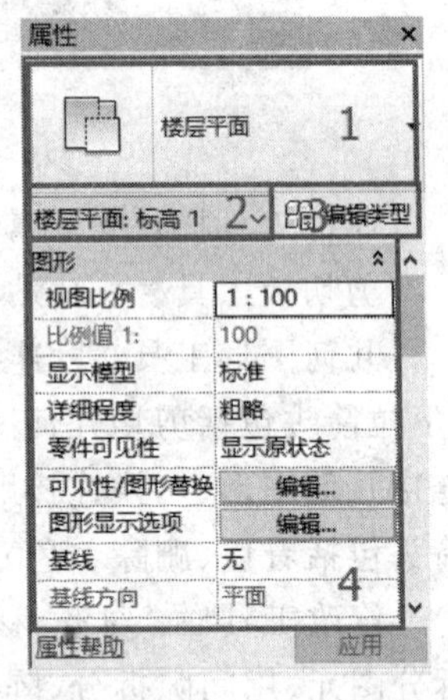

图 4-27 “属性”选项卡

① 属性过滤器:类型选择器的正下方是一个过滤器,该过滤器用来标识将由工具放置的图元类别,或者标识绘图区域中所选图元的类别和数量。如果选择了多个类别或类型,则选项板上仅显示所有类别或类型共有的实例属性。当选择了多个类别时,使用过滤器的下拉列表可以仅查看特定类别或视图本身的属性。选择特定类别不会影响整个选择集。

② “编辑类型”按钮:除非选择了不同类型的图元,否则单击“编辑类型”按钮将访问一个对话框,该对话框用来查看和修改选定图元或视图的类型属性(具体取决于属性过滤器的设置方式)。

注:也可以通过单击“修改|<图元>”选项卡“属性”面板(类型属性)来访问活动工具

或当前选定图元的类型属性。如果可用,该按钮将始终访问选定图元或在“项目浏览器”中选择的族类型的类型属性。而选项板上的“编辑类型”按钮用于访问当前显示了实例属性的实体的类型属性,该实体可以是活动视图、活动工具或当前选定的图元类型。

③ 实例属性:在大多数情况下(请参见下面注释中的例外情况),“属性”选项板既显示可由用户编辑的实例属性,又显示只读(灰显)实例属性。当某属性的值由软件自动计算或赋值,或者取决于其他属性的设置时,该属性可能是只读属性。例如,只有当墙的“墙顶定位标高”属性值为“未连接”时,其“无连接高度”属性才可以编辑。具体的相关性情况请参见各图元类型的实例属性说明。

注:选择项目浏览器中的顶层节点(视图)或者单个族类型时,“属性”选项板将显示关联的只读类型属性。要修改类型属性,请单击“修改”选项卡“属性”面板(类型属性)。打开族编辑器时,默认情况下选项板会显示族参数。

8. 项目浏览器

“项目浏览器”用于显示当前项目中所有视图、明细表、图纸、组和其他部分的逻辑层次。展开和折叠各分支时,将显示下一层项目。

若要打开“项目浏览器”,请单击“视图”选项卡“窗口”面板“用户界面”下拉列表“项目浏览器”,或在应用程序窗口中的任意位置单击鼠标右键,然后单击“浏览器”“项目浏览器”。

可以使用“项目浏览器”对话框中的“搜索”功能,在项目浏览器中搜索条目。在项目浏览器中单击鼠标右键,然后选择“搜索”打开此对话框。

若要更改“项目浏览器”的位置,请拖动其标题栏。若要更改其尺寸,请拖动边。对项目浏览器的大小和位置所做的修改将被保存,并在重新启动应用程序时得到恢复。

打开一个视图:双击视图的名称,或在视图名称上单击鼠标右键,然后从上下文菜单中单击“打开”。活动视图的名称以粗体形式显示。

打开放置视图的图纸:在视图名称上单击鼠标右键,然后单击“打开图纸”。如果“打开图纸”选项在上下文菜单中处于禁用状态,可能是视图未放置在图纸上,要么视图是明细表或可放置在多个图纸上的图例视图。

将视图添加到图纸中:将视图名称拖拽到图纸名称上或拖拽到绘图区域中的图纸上。还可以在图纸名称上单击鼠标右键,然后单击菜单上的“添加视图”。在“视图”对话框中,选择要添加的视图,然后单击“在图纸中添加视图”。执行上述操作之一后,此图纸在绘图区域中将处于活动状态,并且添加的视图会作为视口显示。移动光标时,此视口将随之移动。当视口位于图纸上的所需位置时,可单击以放置它。

从图纸中删除视图:在对应图纸名称分支下的视图名称上单击鼠标右键,然后单击“从图纸中删除”。

创建新图纸:在“图纸”分支上单击鼠标右键,然后单击“新建图纸”。

复制视图:在视图名称上单击鼠标右键,然后单击“复制视图”复制视图。

同时复制视图与视图专有图元:在视图名称上单击鼠标右键,然后单击“复制视图”“带细节复制”，视图专有图元（例如详图构件和尺寸标注）将复制到视图中。平面视图、详图索引视图、绘图视图和剖面视图都可以使用该工具，但不能从平面视图复制详图索引。

重命名视图、明细表：在视图名称上单击鼠标右键，然后单击“重命名”，或选择视图并按 F2 键。

重命名图纸：在图纸名称上单击鼠标右键，然后单击“重命名”，或选择图纸并按F2 键。

关闭视图：在视图名称上单击鼠标右键，然后单击“关闭”。

删除视图：在视图名称上单击鼠标右键，然后单击“删除”。

修改属性：单击视图名称，然后在“属性”选项板中修改其属性。

展开或折叠项目浏览器中的各个分支：单击“＋”图标展开，或者单击“－”图标折叠。使用箭头键可在分支间定位。

查找相关视图：在视图名称上单击鼠标右键，然后单击“查找相关视图”。

9. 视图控制栏

视图控制栏可以快速访问影响当前视图的功能，包括比例、详细程度、视觉样式、打开/关闭日光路径、打开/关闭阴影、显示/隐藏渲染对话框（仅当绘图区域显示三维视图时才可用）、裁剪视图（不适用于三维透视视图）、显示/隐藏裁剪区域、解锁/锁定的三维视图、临时隐藏/隔离、显示隐藏的图元、工作共享显示（仅当为项目启用了工作共享时才适用）、临时视图属性、显示或隐藏分析模型（仅用于 Revit Structure）、高亮显示置换组、显示限制条件及预览可见性。

10. 选择相关快速命令栏

选择相关快速命令栏可以对选择集的选择进行快捷辅助操作，包括选择链接、选择基线图元、选择锁定图元、选择时拖拽图元等。

11. 绘图区域

绘图区域显示当前项目的视图（以及图纸和明细表）。每次打开项目中的某一视图时，此视图会显示在绘图区域中其他打开的视图上面。其他视图仍处于打开状态，但是这些视图在当前视图的下面。使用“视图”选项卡“窗口”面板中的工具可排列项目视图，使其适合于您的工作方式。

绘图区域背景的默认颜色是白色，可通过“R 图标应用程序菜单”—“选项”—“图形”—“背景颜色”将该颜色设为黑色或其他颜色。

（1）全导航控制盘

全导航控制盘包括全导航控制盘（见图 4-28 左侧）、全导航控制盘（小）、查看对象控制盘（小）、巡视建筑控制盘（小）、查看对象控制盘（基本型）、巡视建筑控制盘（基本型）、二位控制盘。用户可以查看各个对象以及围绕模型进行漫游和导航。同时每个控制盘单击鼠标右键都有一系列操作命令，通过鼠标左键单击选择来对视图进行控制。

图 4-28　全导航控制盘

(2) ViewCube

ViewCube 是一个三维导航工具，可指示模型的当前方向，并可调整视点。主视图是随模型一同存储的特殊视图，可以方便地返回已知视图或熟悉的视图。在 ViewCube 上单击鼠标右键，可以进行“将当前视图设定为主视图”等辅助操作（见图 4-29）。

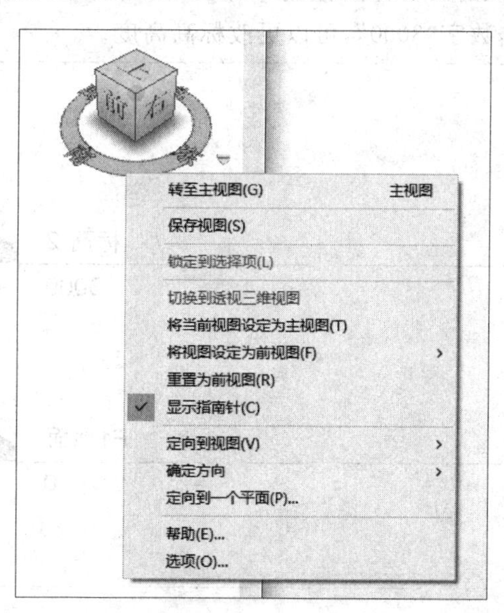

图 4-29　ViewCube

4.2 Revit建筑、结构设计模块

本章主要以Revit 2017为例，详细介绍Revit的建筑、结构设计模块常用命令操作方法。

4.2.1 标高和轴网的绘制

1. 标高的绘制

激活剖面视图或立面视图，然后就可以使用“标高”工具，可定义垂直高度或建筑内的楼层标高，为每个已知楼层或其他必须的建筑参照(例如，第二层、墙顶或基础底端)创建标高。添加标高后，同时会创建一个关联的平面视图。

(1) 首先使用官方项目样板新建项目，单击项目浏览器立面目录树中的“南立面”，激活南立面，绘图区域已有默认的两个标高样式，如图4-30所示。双击F1地面“标高2”，可以更改标高文字标识。双击数字“3000”，可以更改标高高度。

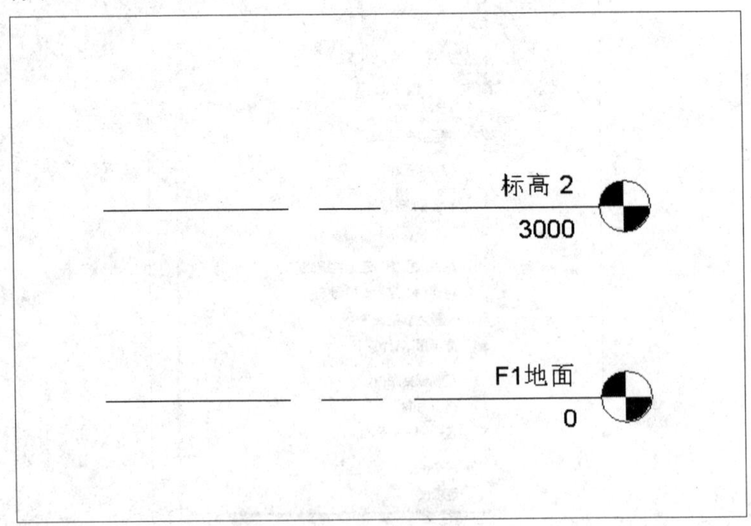

图4-30 默认标高

（2）单击“建筑”选项卡中基准工具栏的“标高命令”，将鼠标拖动到绘图区域，移动光标到现有标高的一侧端点正上方，出现一条蓝色虚线表示端点对齐，此时再往上移动，出现标高高度提示，输入“3000”，如图 4-31 所示。

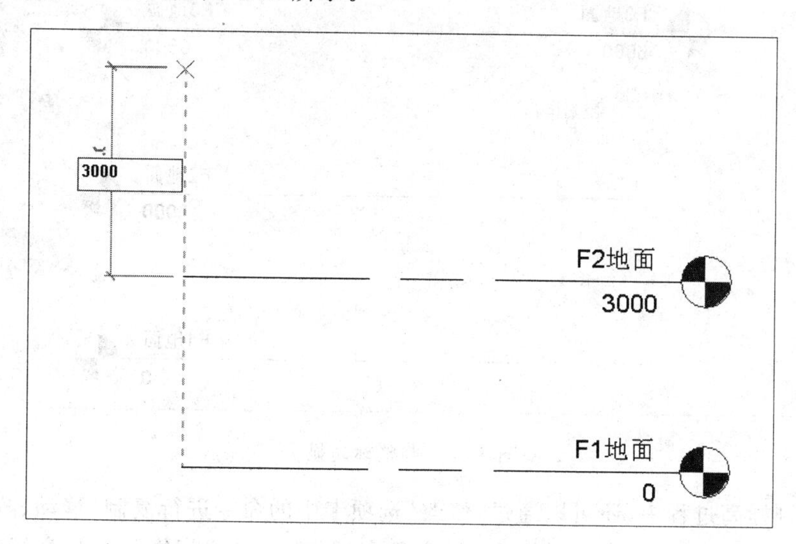

图 4-31　新建标高

（3）鼠标指针往右移，出现一条蓝色虚线表示端点对齐，表示与“F2 地面”的右侧对齐，单击鼠标左键完成该标高绘制，如图 4-32 所示。此时可以对该标高进行编辑，也可继续绘制下一个标高。按 Esc 键退出该标高编辑模式，再按一次 Esc 键退出标高绘制。标高绘制过程亦可随意单击鼠标左键，捕捉标高起点及终点，将来绘制完成可以对高度进行修改。

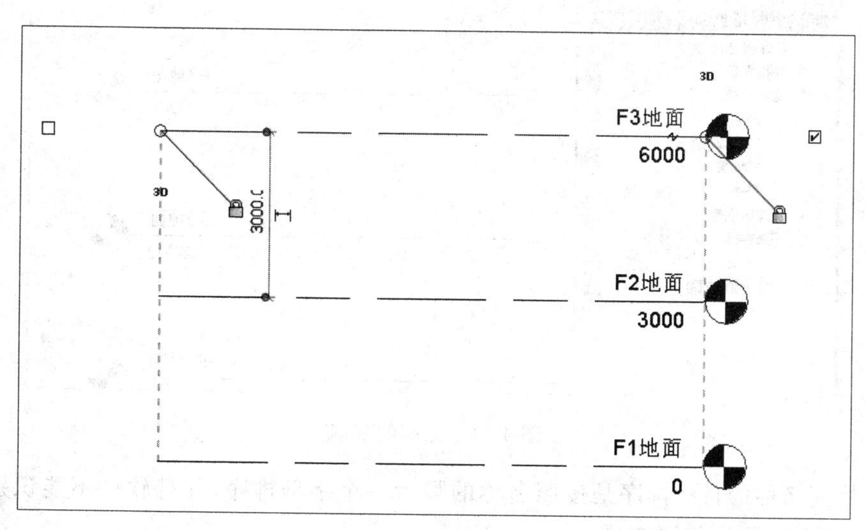

图 4-32　标高建立与调整

（4）选中标高，可以对标高的显示进行调整。“🔒”可以对标高线左侧端点进行对齐约束，此时移动标高线左侧端点，其他标高线将一同移动，保持对齐，单击锁头表示后变为“🔓”，移动标高线左侧端点，其他标高线将不再同步移动。单击标高线左侧的方框“□”，可以控制标高符号的显示与隐藏，如图 4-33 所示。

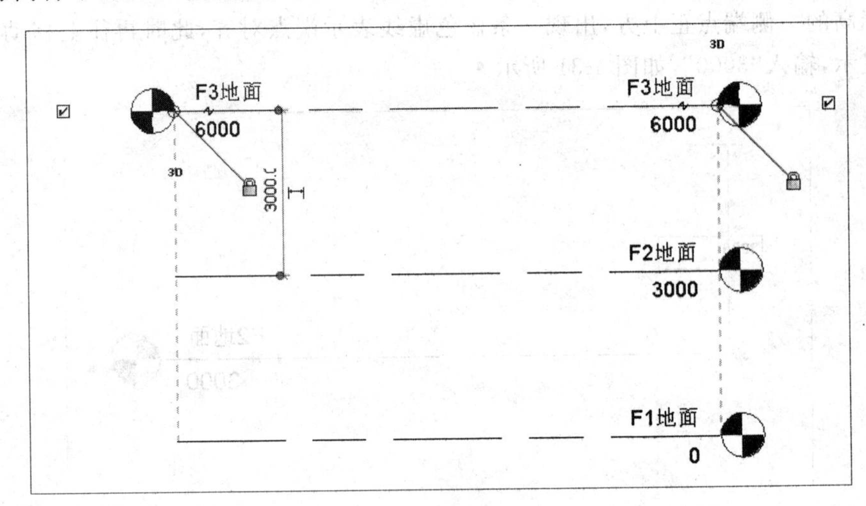

图 4-33 调整标高显示

（5）绘制标高过程中，还可以通过“修改”选项卡中的命令进行复制、移动、阵列等操作，快捷绘制。需要注意的是，复制、阵列的标高是参照标高，因此新复制的标高标头都是黑色显示，而且在项目浏览器中的“楼层平面”项下也没有创建新的平面视图，而且标高标头之间可能会有干涉，如图 4-34 所示。

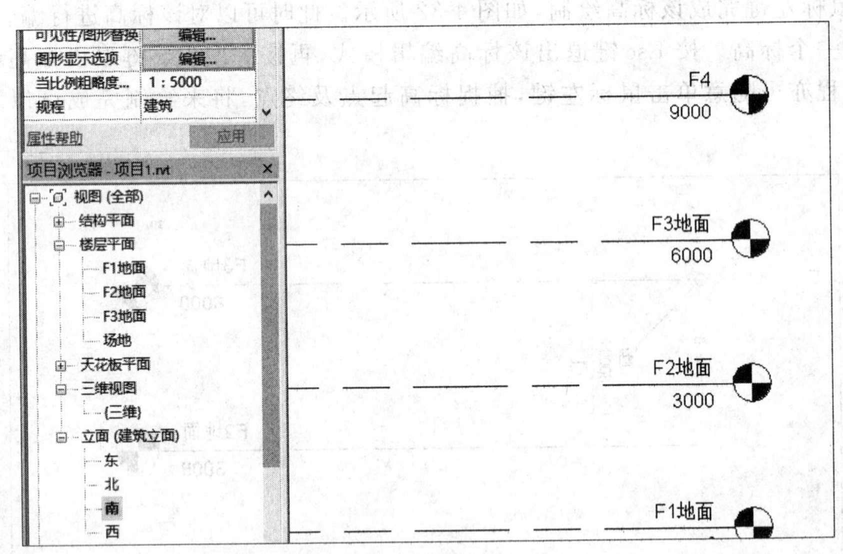

图 4-34 标高的复制

（6）标高名称的自动排序是按照名称的最后一个字母排序，并且软件不能识别中文的一、二、三、四……汉字排序方式。

（7）单击标高绘制命令时，不勾选“创建平面视图”时，创建的为参照标高，即（5）中的黑色标高，如图 4-35 所示。

（8）对于没有创建平面视图的黑色标高，可通过“视图”选项卡中的创建工具栏，单击“平面视图”中的楼层平面，为该黑色标高创建平面视图。在弹出的“新建楼层平面”对话框

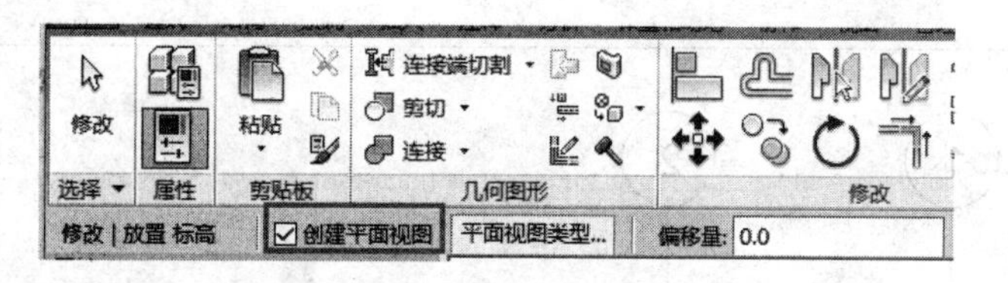

图 4-35 创建参照标高

中全选所有标高，单击“确定”按钮，如图 4-36 所示。再次观察“项目浏览器”，所有复制和阵列生成的标高已创建了相应的平面视图。

2. 轴网的绘制

激活平面视图、剖面视图或立面视图，然后就可以使用“轴网”工具，可定义建筑内的轴线，为每个建筑构件添加必需的建筑参照创建轴网。

(1) 首先激活南立面，单击“建筑”选项卡中“基准”工具栏的“轴网命令”，将鼠标拖动到绘图区域，通过鼠标左键单击，在适当的位置确定第一条轴网，如图 4-37 所示。此时可以对该轴线进行编辑，也可继续绘制下一个轴线。按 Esc 键退出该轴线编辑模式，再按一次 Esc 键退出轴线绘制。

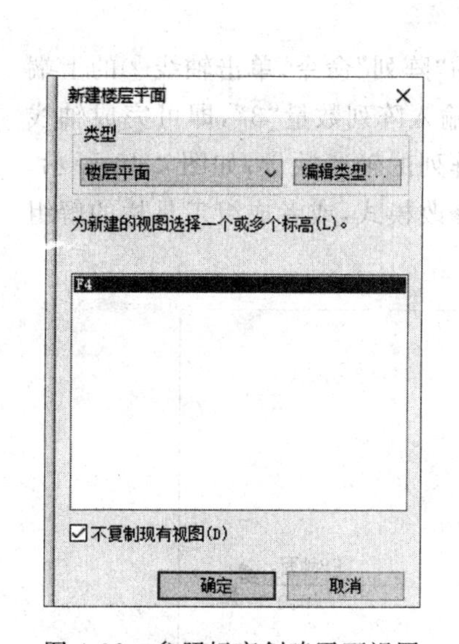

图 4-36 参照标高创建平面视图

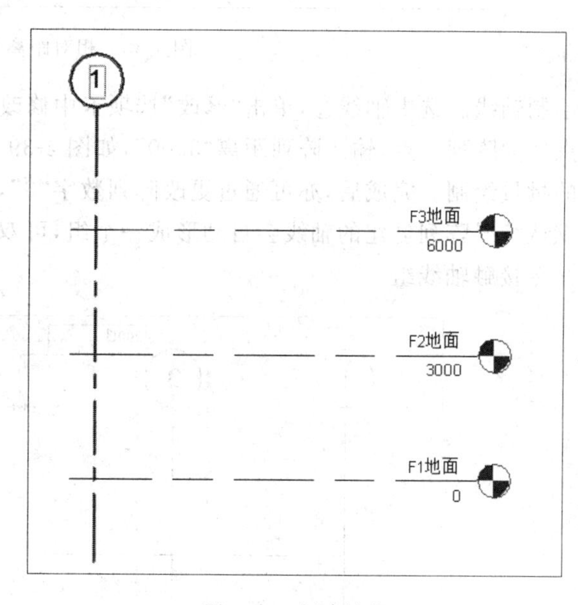

图 4-37 创建轴线

(2) 鼠标指针先移动到“轴线①”的上侧端点，然后往右移，输入“4000”确定轴线的上端点，然后鼠标指针下移到对齐位置，单击完成轴线②的创建，如图 4-38 所示。

(3) 选中轴线，可以对轴线的显示进行调整。通过“🔒”按钮可以对标高线左侧端点进行对齐约束，此时移动标高线左侧端点，其他标高线将一同移动，保持对齐，单击锁头表示后变为“🔓”，移动标高线左侧端点，其他标高线将不再同步移动。单击标高线左侧的方框“□”，可以控制标高符号的显示与隐藏。

(4) 轴线绘制过程中，还可以通过“修改”选项卡中的命令进行复制、阵列等操作，快捷

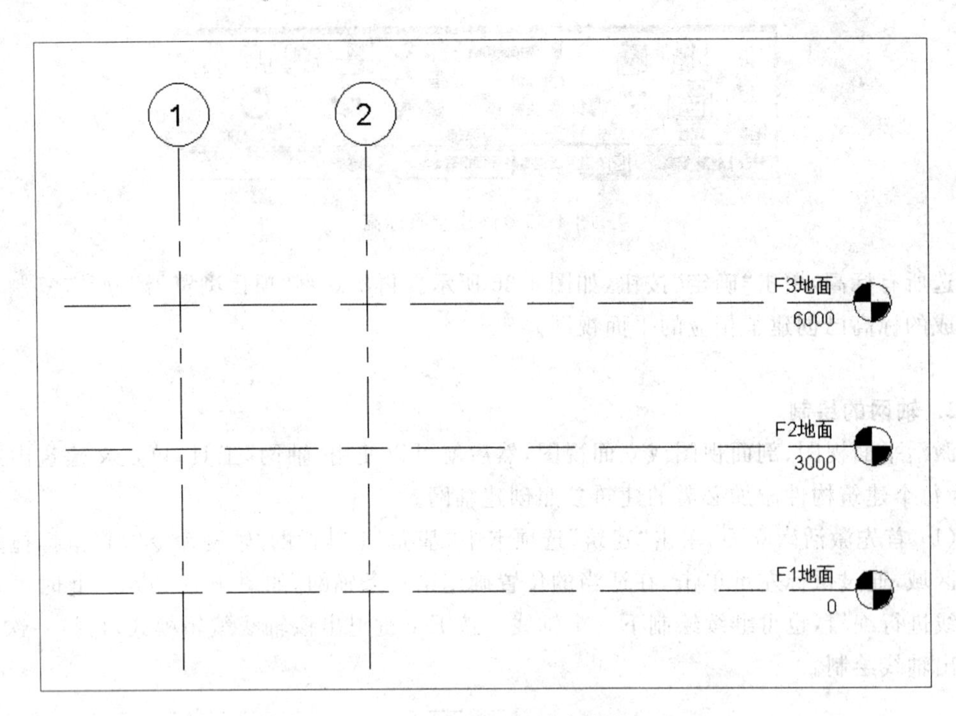

图 4-38 相对距离创建轴线

绘制轴线。选中轴线②，单击“修改”选项卡中修改工具栏的“阵列”命令，单击轴线②的上端点作为阵列基点，输入阵列距离“3000”，如图 4-39 所示，再输入阵列数量“3”，即可完成轴线的批量绘制。完成后，亦可通过更改阵列数字“3”，来增加阵列的轴线数量，如图 4-40 所示。默认情况阵列创建的轴线会自动形成一个组，可双击进入修改模式，或者成组工具栏的解组命令接触轴线组。

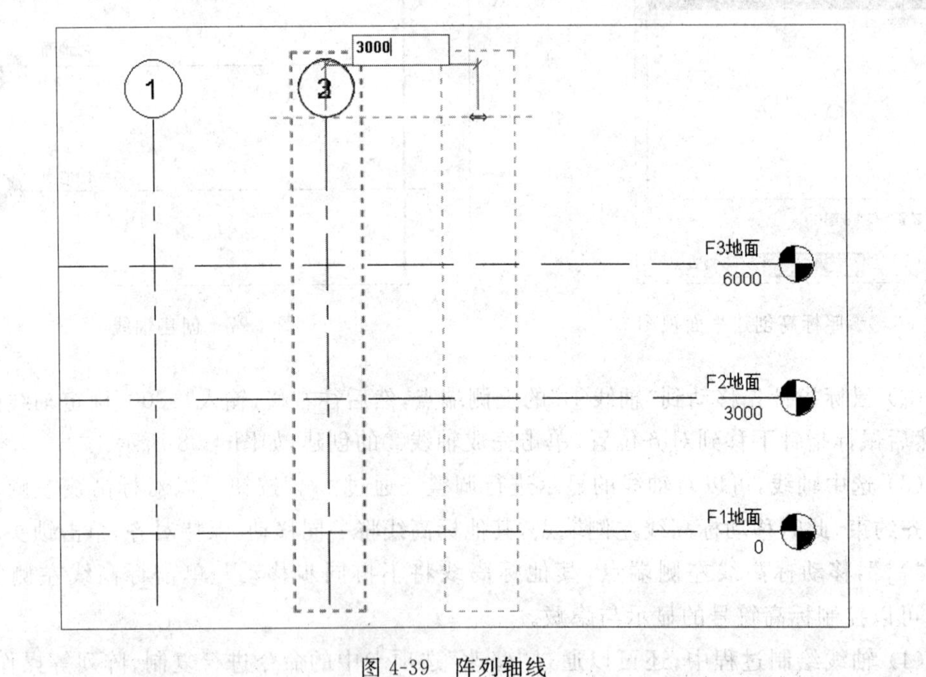

图 4-39 阵列轴线

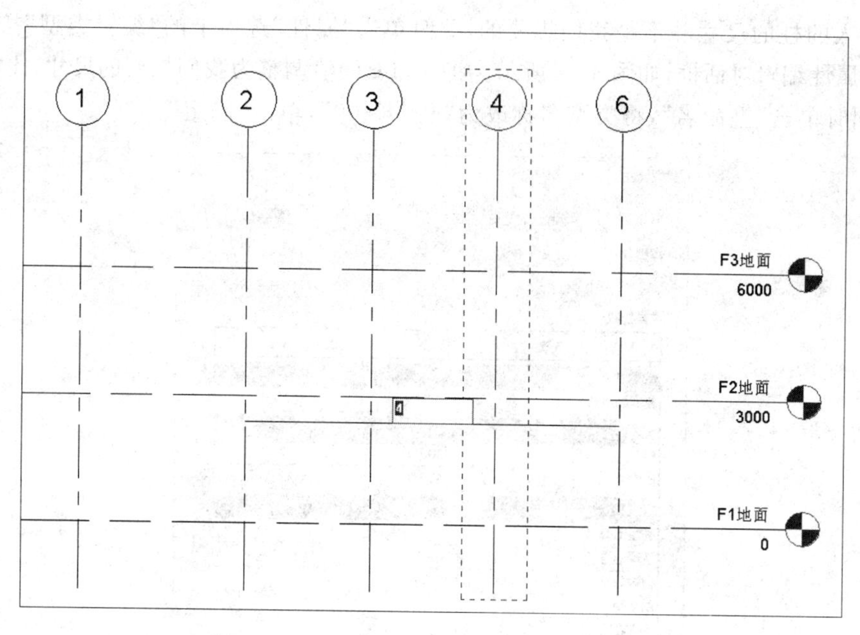

图 4-40 调整阵列轴线

(5) 轴线绘制完成后,亦可在各轴线的平面视图进行修改及绘制。

(6) 推荐制图流程为先绘制标高,再绘制轴网。这样在立面图中,轴号将显示于最上层的标高上方,可以使轴网在每一个标高的平面视图都可见,不需要二次调整。

4.2.2 柱的创建

Revit 中柱分为结构柱和建筑柱,分别在"建筑"选项卡中和"结构"选项卡中。建筑柱主要为建筑师提供柱子示意使用,有时候能有比较复杂的造型,但是功能比较单薄。结构柱是结构工程师的重要构件,除了建模之外,结构柱还带有分析线,可直接导入分析软件进行分析。结构柱可以是竖直的也可以是倾斜的。混凝土的结构柱里面可以放钢筋,以满足施工图需要。结构柱计入统计数据库,建筑柱不计入。因为建筑中柱子是由结构工程师设计和布置的,在明细表里面结构师一定会对结构柱统计,所以建筑中不需要再次统计。建筑柱能方便地与相连墙体统一材质,结构柱需要单独设置。建筑柱与墙连接后,会与墙融合并继承墙的材质,结构柱只可以单击放置,但结构柱可以捕捉轴网交点放置。结构柱可以通过建筑柱转换,反之则不行。以下将分别介绍创建方法。

1. 结构柱的创建

(1) 先进入平面图中,单击"插入"选项卡中的从库中载入工具栏的"载入族",依次选择"结构""柱""混凝土""混凝土-矩形-柱.rfa",载入将要创建的结构柱。

(2) 单击"建筑"选项卡中的构建工具栏的"结构柱",或者"结构"选项卡中的结构工具栏的"柱",此时会有一个矩形柱的边框随着鼠标指针移动,可以单击轴线交点处放置柱。但是往往载入的柱的尺寸并不是我们想要的,此时单击“属性”选项卡的“编辑类型”按钮,弹出柱的类型属性编辑对话框,如图 4-41 所示。将 b 和 h 的值调整为我们想要的尺寸,比如 400×400 柱,同时单击“重命名”,将类型名称改为“400×400”,单击“确定”。

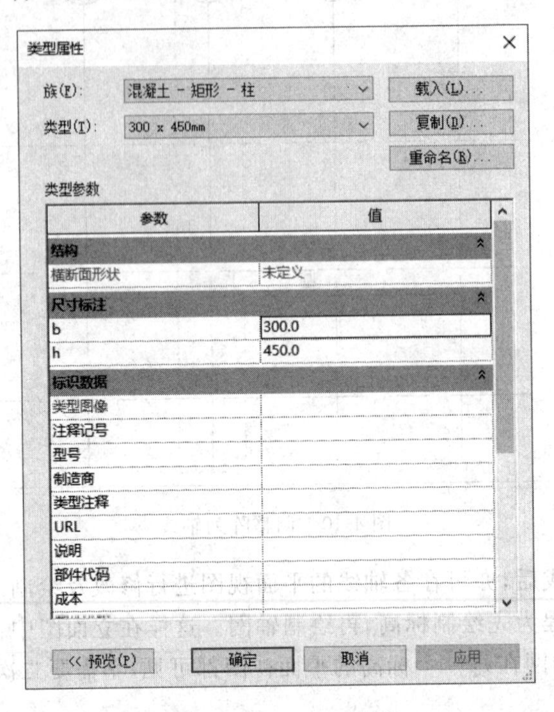

图 4-41　柱的类型属性

(3) 然后调整工具栏下侧的选项栏,调整柱的创建属性,如图 4-42 所示。将“深度”改为“高度”,此时对柱的高度限定有两种方式,一种是将高度数值“-2500”改为柱实际高度“4000”,另一种将“未连接”改为“标高 2”关联到相应的标高。推荐采用后一种方案,这样若调整标高,柱会跟着自动调整高度。设定完柱的高度后,然后在轴线处单击鼠标左键,创建结构柱。最后按 Esc 键结束结构柱的创建。

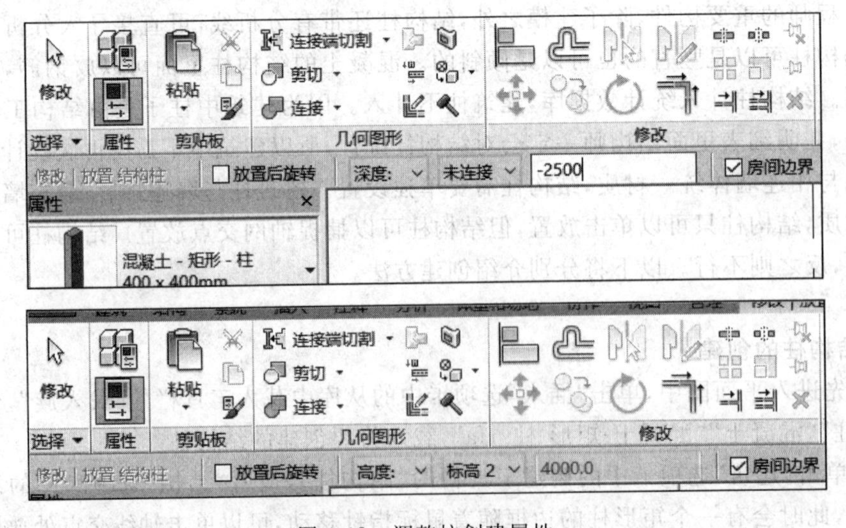

图 4-42　调整柱创建属性

(4) 柱的创建过程中,还可以通过"修改"选项卡中的命令进行复制、阵列等操作,快捷绘制柱。如图 4-43 所示,选择最下侧一排结构柱后,单击"修改"工具栏的"复制"命令,单击轴线交点为基准点。然后依次单击轴ⓑ、轴ⓐ与轴①的交点完成复制操作,完成后如图 4-44 所示。

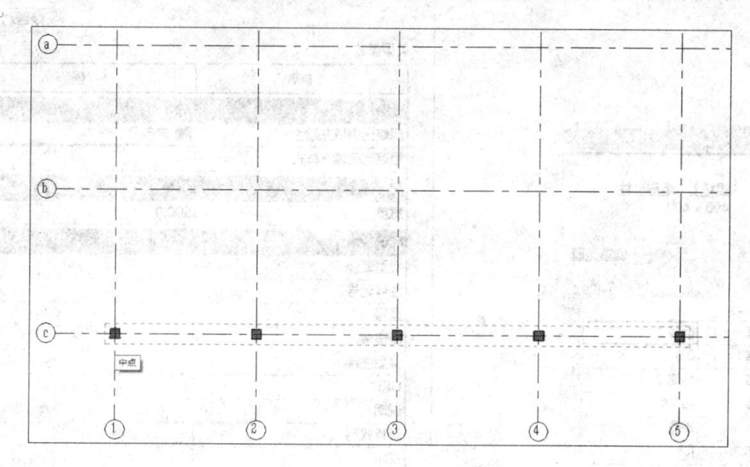

图 4-43　柱的复制

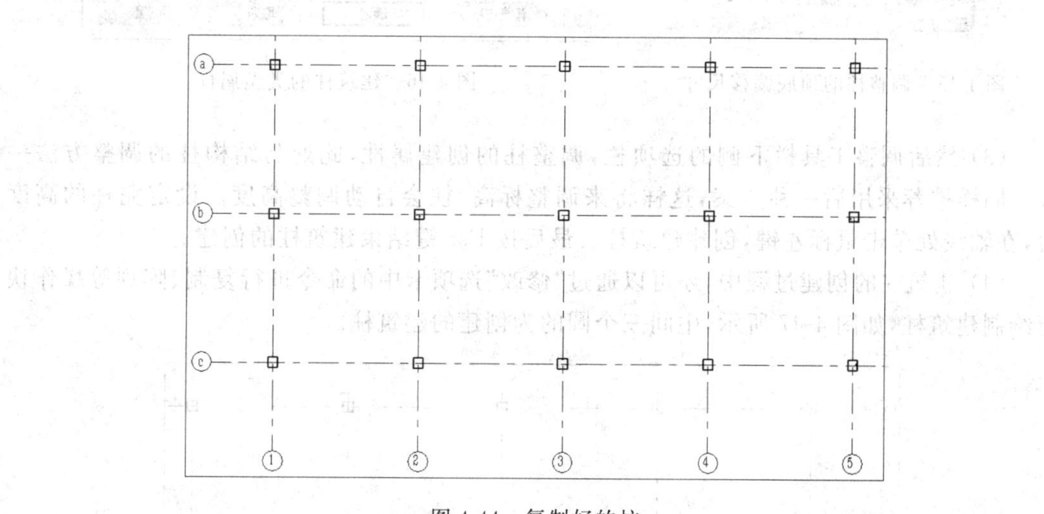

图 4-44　复制好的柱

(5) 实际结构柱有时可能不能完全与标高高度一致。此时可以通过"属性"选项卡,调整顶部偏移及底部偏移的数值,本次调整按结构高度比标高低 50mm 进行调整,如图 4-45 所示。

2. 建筑柱的创建

(1) 先进入平面图中,单击"插入"选项卡中的从库中载入工具栏的"载入族",依次选择"建筑""柱""柱 2. rfa",载入将要创建的建筑柱。

(2) 单击"建筑"选项卡中的构建工具栏的"柱-建筑",此时会有一个圆形柱的边框随着鼠标指针移动,此时可以单击轴线交点处放置建筑柱。但是往往载入的柱的尺寸并不是我们想要的,此时单击"属性"选项卡的"编辑类型"按钮,弹出柱的类型属性编辑对话框,如图 4-46 所示。将宽度"500"调整为我们想要的尺寸"400"mm,同时单击"重命名",将类型名称改为"柱 2-400",单击"确定"。

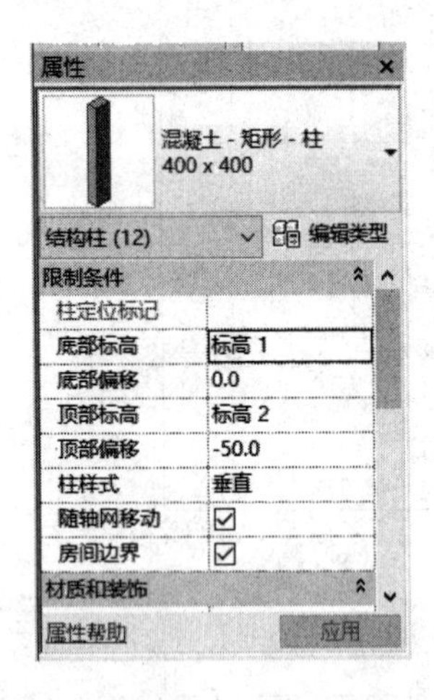

图 4-45　调整柱的顶底偏移尺寸

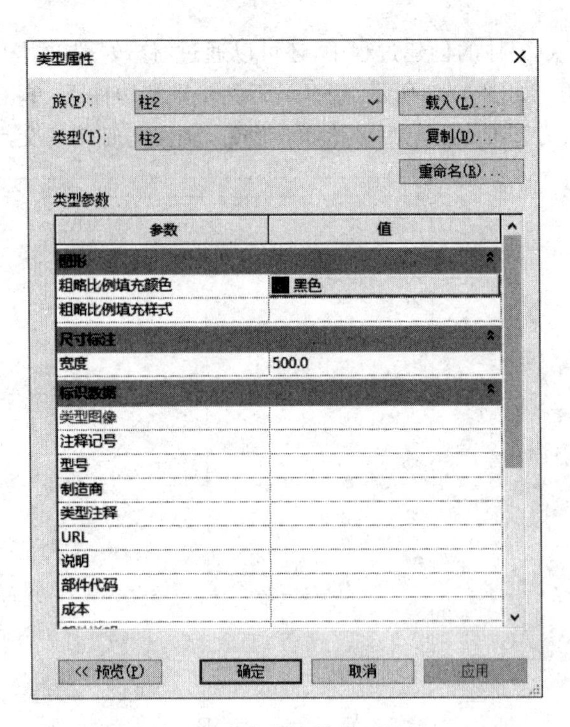

图 4-46　建筑柱的类型属性

(3) 然后调整工具栏下侧的选项栏，调整柱的创建属性，此处与结构柱的调整方法一致。同样推荐采用后一种方案，这样将来调整标高，柱会自动调整高度。设定完柱的高度后，在轴线处单击鼠标左键，创建建筑柱。最后按 Esc 键结束建筑柱的创建。

(4) 建筑柱的创建过程中，还可以通过“修改”选项卡中的命令进行复制、阵列等操作快捷绘制建筑柱，如图 4-47 所示，中间三个圆的为创建的建筑柱。

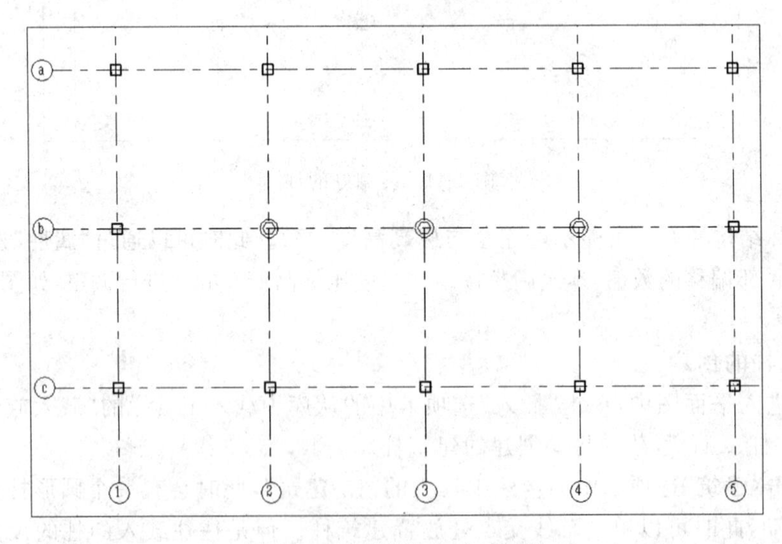

图 4-47　完成结构柱和建筑柱

本次操作最终创建的结构柱和建筑柱可以在项目浏览器中的三维视图查看效果，如图 4-48 所示。按住 Shift 键＋鼠标，可以对视图进行三维旋转观察。

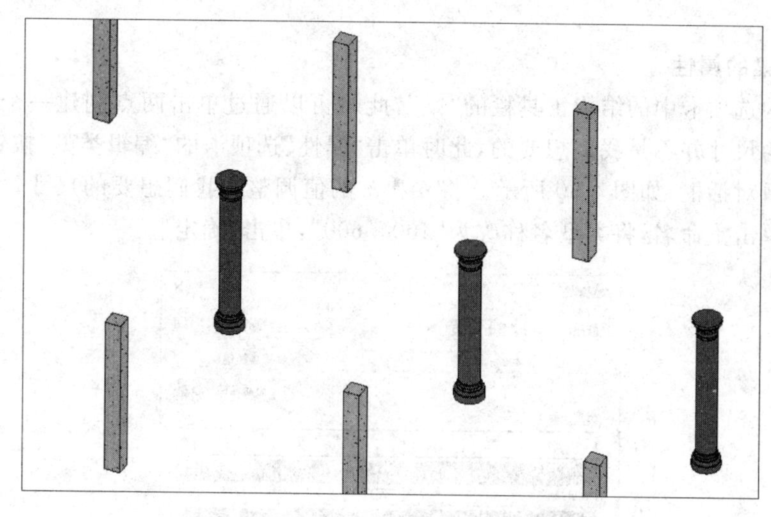

图 4-48 结构柱和建筑柱立体视图

（5）实际建筑柱有时亦可能不能与标高高度完全一致。此时可以通过“属性”选项卡。调整顶部偏移及底部偏移的数值，本次调整按结构高度比标高低 650mm 进行调整，如图 4-49 所示。

图 4-49 建筑柱顶底偏移尺寸的调整

4.2.3 梁的创建

1. 梁族的载入

先进入标高 2 视图平面中，单击插入选项卡中的从库中载入工具栏的“载入族”，依次选择“结构”“框架”“混凝土”“混凝土-矩形梁.rfa”，载入将要创建的梁。

2. 调整梁的属性

单击结构选项卡中的结构工具栏的“梁”，此时可以通过单击两点创建一个梁。但是往往载入的梁的尺寸并不是我们想要的，此时单击“属性”选项卡的“编辑类型”按钮，弹出梁的类型属性编辑对话框，如图 4-50 所示。将 b 和 h 的值调整为我们想要的尺寸，“800”调整为“600”，同时单击重命名，将类型名称改为“400×600”，单击“确定”。

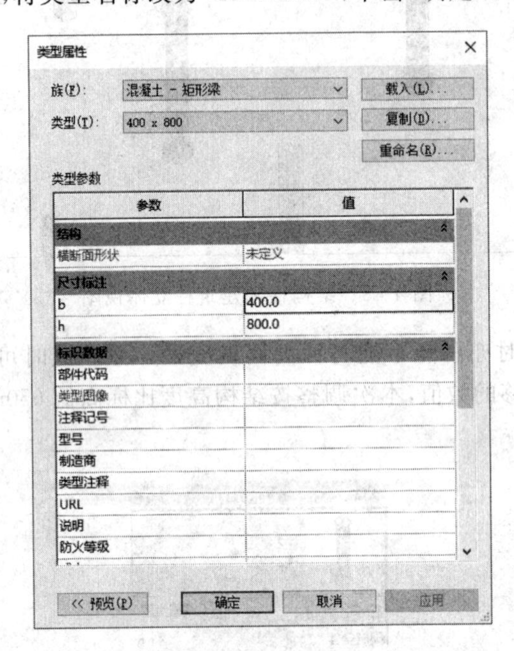

图 4-50　梁的类型属性

3. 调整梁的创建选项

选择工具栏下侧的选项栏调整柱的创建属性，如图 4-51 所示。由于本次在标高 2 的高度创建梁，满足要求，不需要调整，若要在标高 1 创建梁，则需修改。在梁创建过程中，勾选选项栏最右侧“链”，可以创建多段连续梁。勾选使用“三维捕捉”选项，通过捕捉任何视图中的其他结构图元可以创建新梁。这表示可以在当前工作平面之外绘制梁和支撑。例如，在启用三维捕捉后，不论高程如何，屋顶梁都将捕捉到柱的顶部。

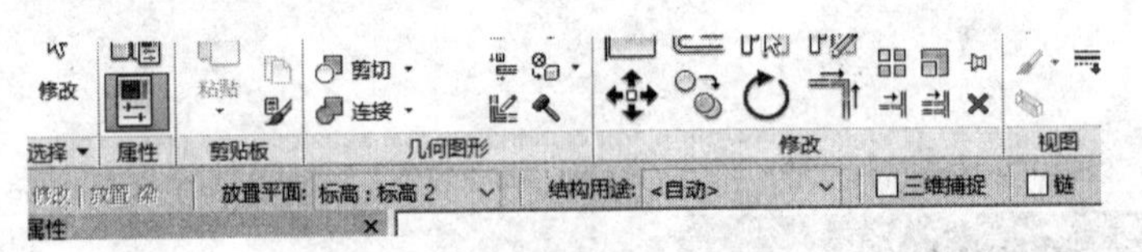

图 4-51　调整梁的创建选项

4. 创建梁

本次示例已勾选“链”，故依次单击轴①和轴ⓒ的交点、轴①和轴ⓐ的交点、轴⑤和轴ⓒ的交点、轴⑤和轴ⓒ的交点、最后再单击轴①和轴ⓒ的交点形成一圈封闭的梁。按 Esc 键结束梁的创建。然后分别单击内部各梁的起点和终点，依次创建轴②、轴③、轴④、轴ⓑ上的梁。梁创建后遇到柱的位置会自动断开。

5. 修改梁

梁的创建过程中，还可以通过“修改”选项卡中的命令进行复制、延伸、修改、删除、阵列等修改操作，进行梁的调整。本次最终创建的梁如图 4-52 所示。

6. 调整梁的高度

实际建筑柱有时亦可能不能完全与标高高度一致。此时可以通过“属性”选项卡调整起点标高偏移及终点标高偏移的数值，本次调整按结构高度比标高低 50mm 进行调整，如图 4-53 所示。

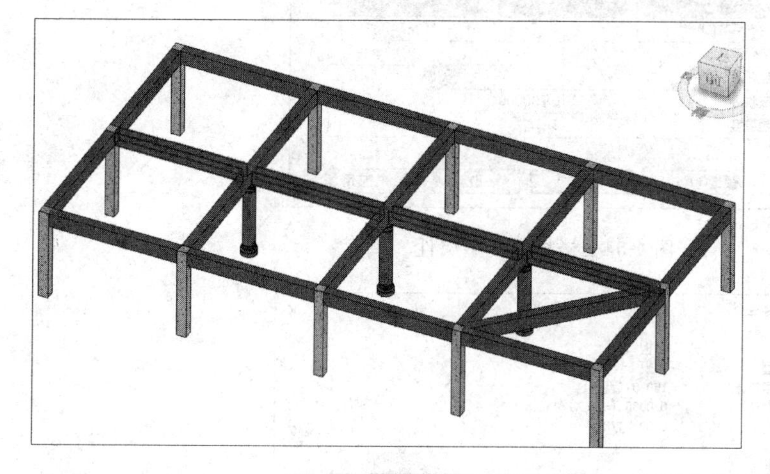

图 4-52 梁的创建

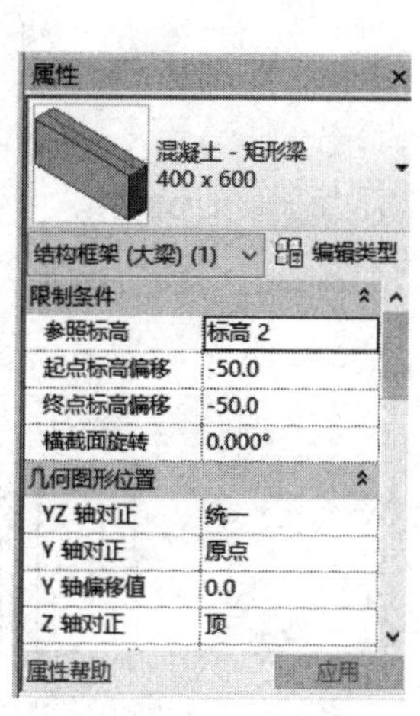

图 4-53 梁的调整

4.2.4 楼板的创建

1. 调整楼板的属性

单击“结构”选项卡中结构工具栏的“楼板”“楼板：结构”，此时先单击“属性”选项卡的“编辑类型”按钮，弹出楼板的类型属性编辑对话框，如图 4-54 所示。单击结构栏的“值”列对应的“编辑”二字，弹出楼板部件对话框，如图 4-55 所示。依据实际情况进行调整后，单击确定。

2. 调整梁的创建选项

选择工具栏下侧的选项栏，调整楼板的创建属性，如图 4-56 所示。本次不需要调整。偏移量为楼板边缘与实际边缘线选择点的偏移值。

3. 创建楼板

此时“修改”选项卡已变为“修改/创建楼层边界”选项卡，同时增加了一个绘制工具栏，

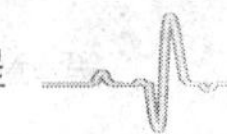

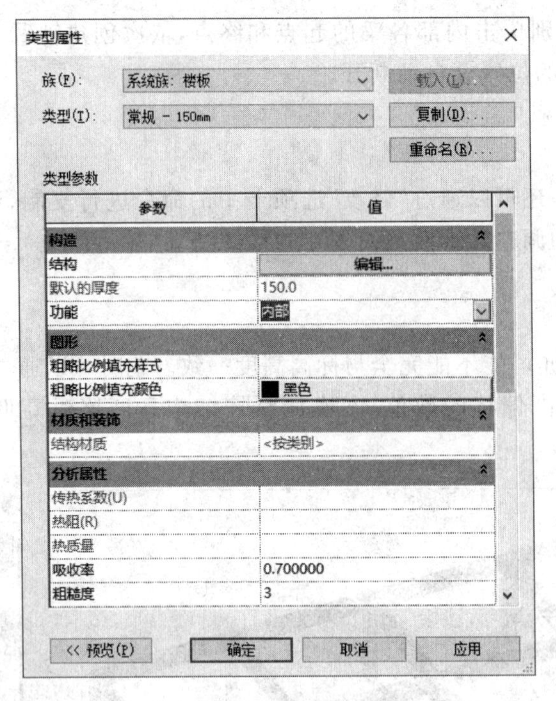

图 4-54　楼板的类型属性

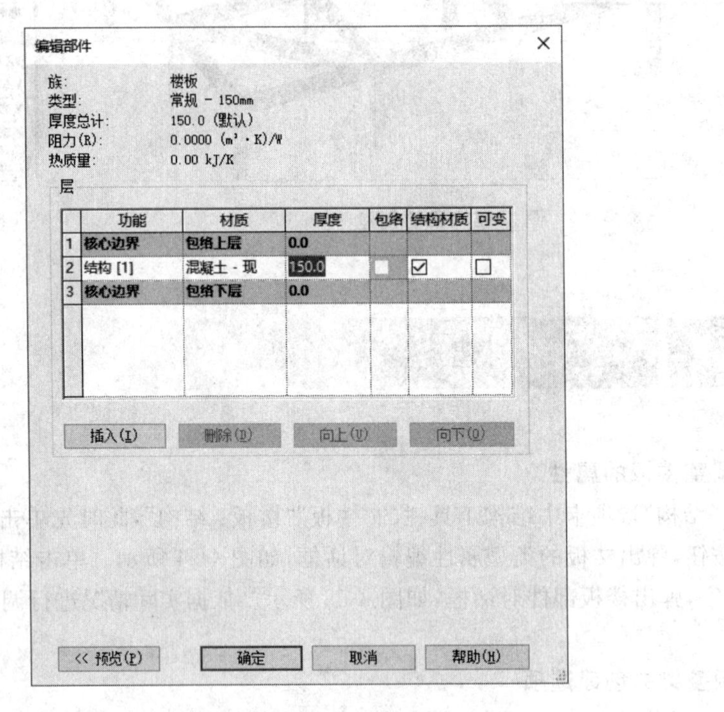

图 4-55　编辑楼板属性

图 4-56　调整楼板创建属性

用来绘制楼板。本次采用边界线的方式来创建(见图 4-57)。绘制工具栏的右侧,有 15 种创建边界线的命令,依次为:直线、矩形、内接多边形、外接多边形、圆形、起点-终点-半径弧、圆心-端点弧、相切-端点弧、圆角弧、样条取消、椭圆、半椭圆、拾取线、拾取墙、拾取支座。本次采用矩形来创建,依次单击对角两个柱最外侧的边缘点,创建边界线,如图 4-58 所示。单击模式工具栏的“✔”完成楼板创建。

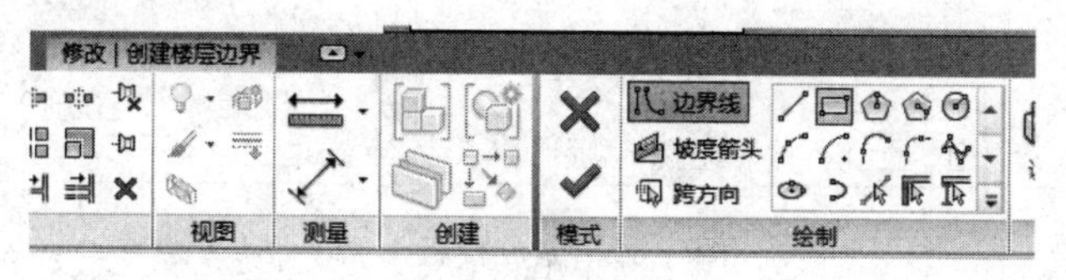

图 4-57　边界线创建楼板

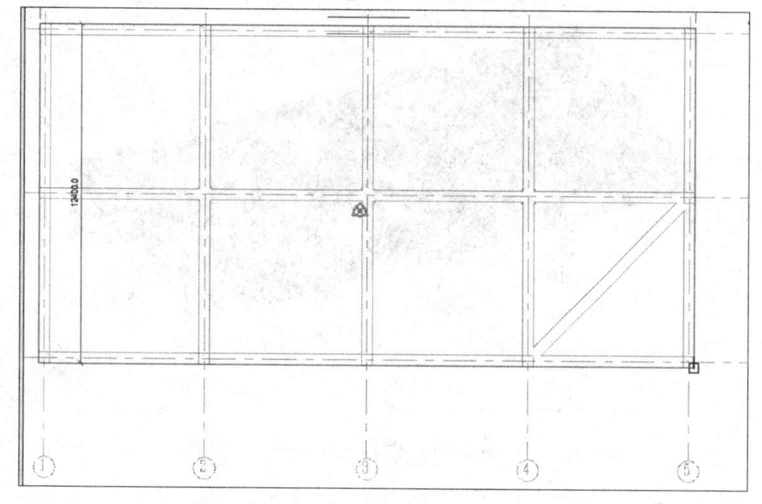

图 4-58　创建楼板

4. 修改楼板

楼板的创建后同样需要依据实际需要调整楼板的高度。本次调整按结构高度比标高低 50mm 进行调整,如图 4-59 所示,完成后如图 4-60 所示,三维视图如图 4-61 所示。

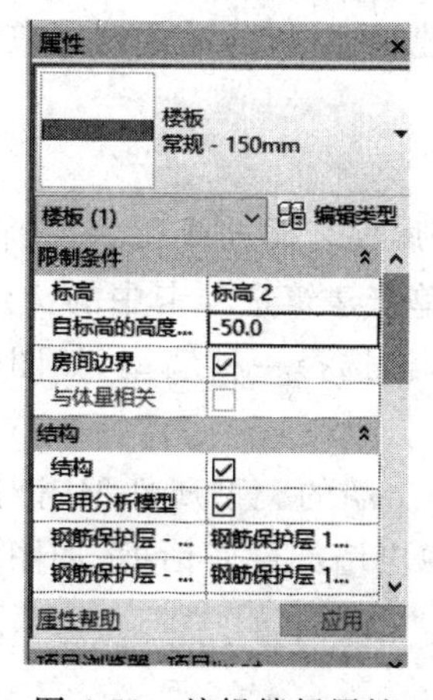

图 4-59　编辑楼板属性

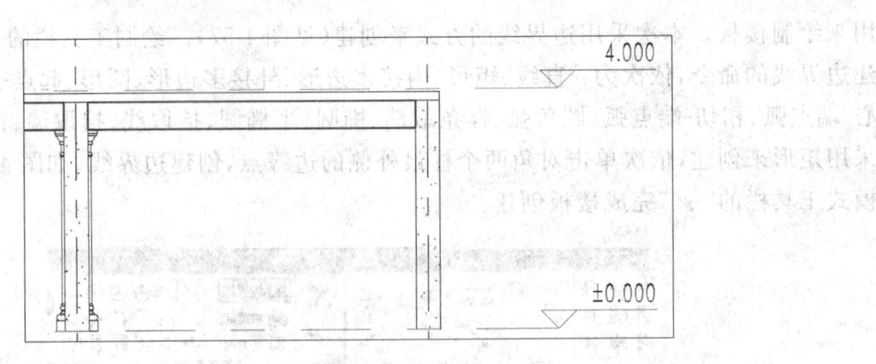

图 4-60 完成楼板编辑

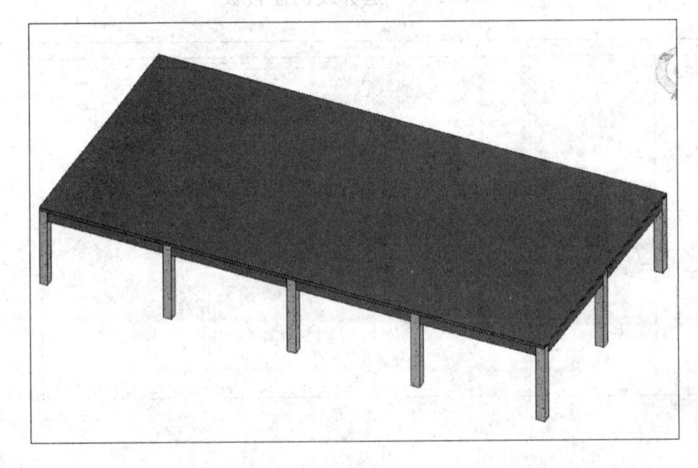

图 4-61 楼板三维视图

4.2.5 墙的创建

墙也是Revit预定义系统族类型的实例,表示墙功能、组合和厚度的标准变化形式。墙分为结构墙、建筑墙和幕墙。在图纸中放置墙后,可以添加墙饰条、分隔缝、洞口,以及插入门和窗等主体构件。本次主要以建筑墙为例,结构墙比较简单不再介绍。

1. 调整墙的属性

首先,需要通过修改墙的类型属性来添加或删除层、将层分割为多个区域,也可以修改层的厚度或指定的材质等特性。单击建筑选项卡中的构建工具栏的"墙"-"墙:建筑",此时先单击"属性"选项卡的类型选择器,选择一种墙型,如图4-62所示。本次以"外部-砌块勒脚砖墙"作为示例。

然后单击"编辑类型"按钮,弹出墙的类型属性编辑对话框,如图4-63所示。单击结构栏的"值"列对应的"编辑"二字,弹出墙部件对话框,如图4-64所示。依据实际情况进行调整后,单击确定。

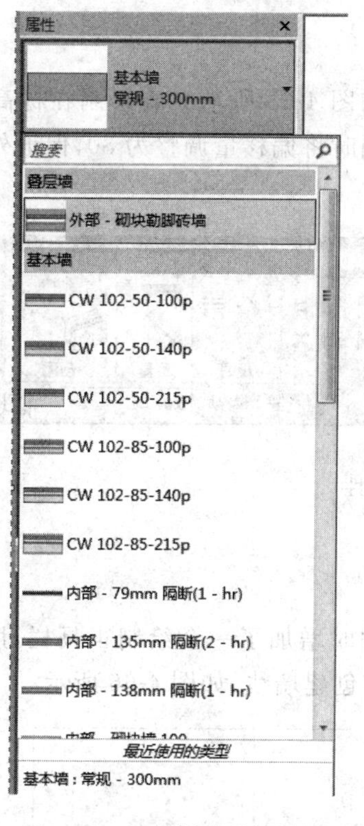

图 4-62　选择创建的建筑墙

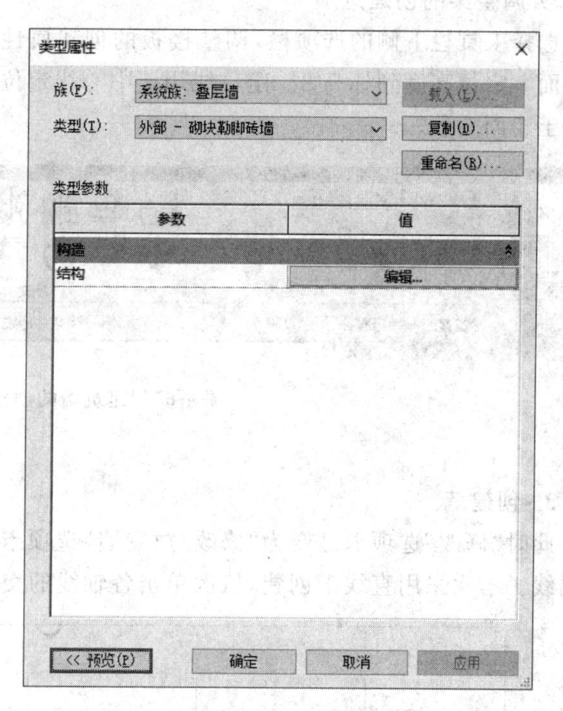

图 4-63　外部-砌块勒脚砖墙

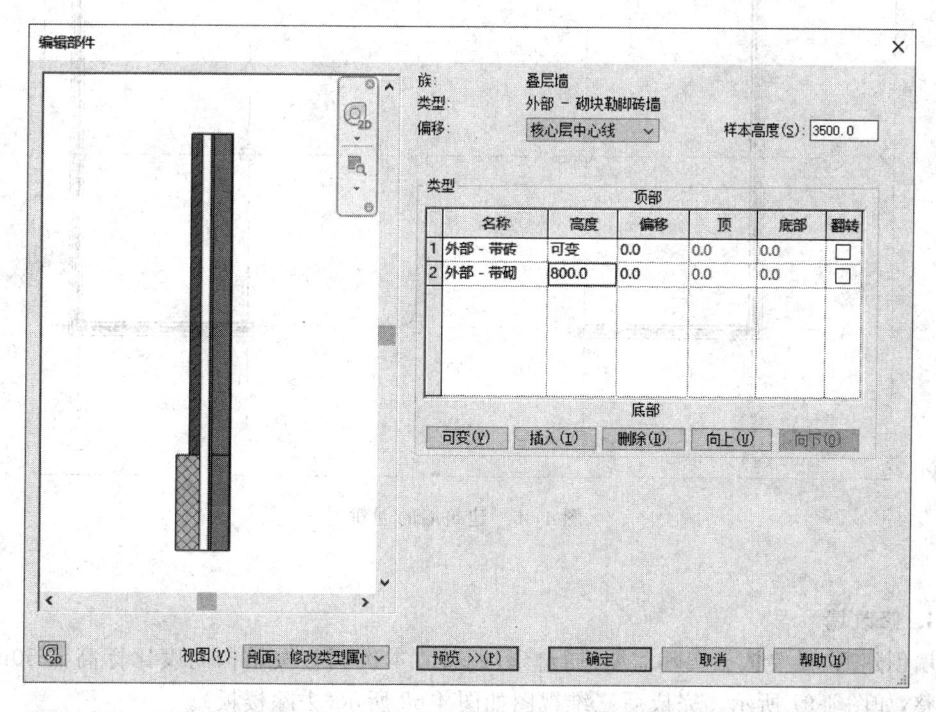

图 4-64　外部-砌块勒脚砖墙属性及预览

2. 调整梁的创建选项

选择工具栏下侧的选项栏,调整楼板的创建属性,如图 4-65 所示。墙绘制在标高 1 视图平面上定位高度到标高 2。定位线用墙中心线定位,同时将偏移量调整为 80,保证外墙砖面与土建面一致。

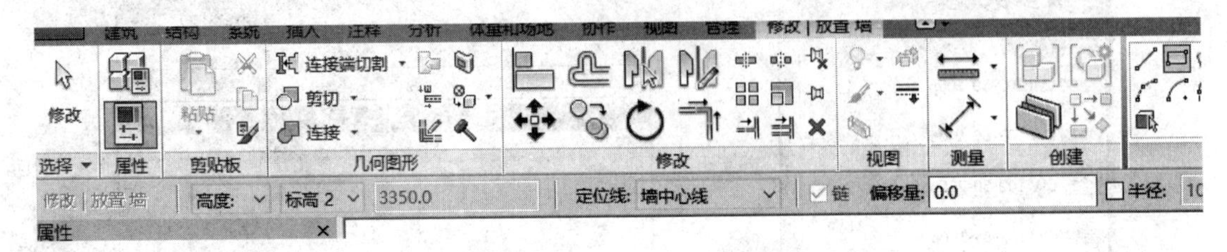

图 4-65 建筑墙的创建属性

3. 创建墙

此时"修改"选项卡已变为"修改/放置墙"选项卡,同时增加了一个绘制工具栏,用来绘制墙线。本次采用直线来创建,依次单击各轴线的交点,创建墙线,如图 4-66 所示。

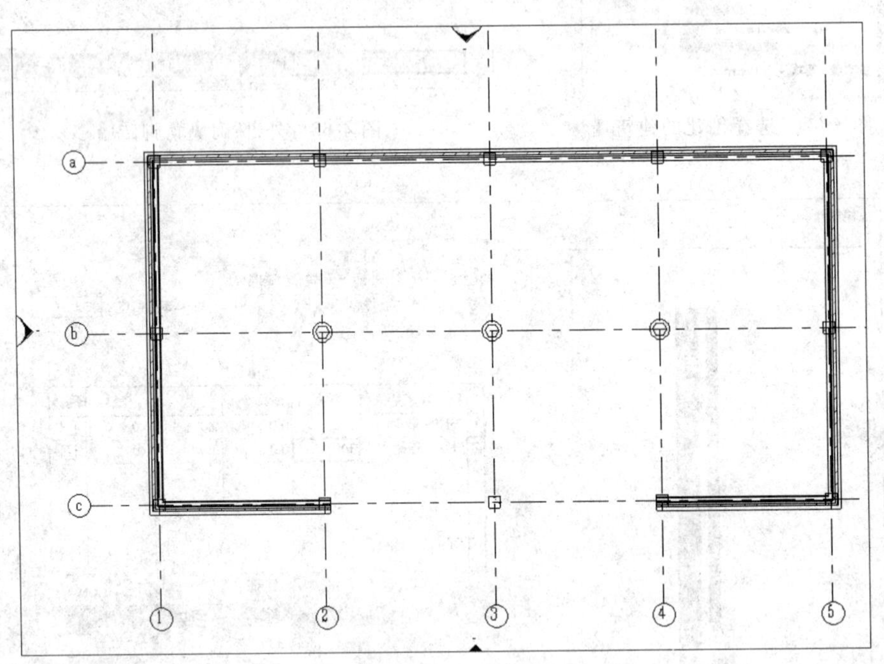

图 4-66 建筑墙的创建

4. 修改墙

墙创建后,需要依据实际需要进行修剪调整。本次调整按结构高度比标高低 50mm 进行调整,如图 4-67 所示。完成后三维视图如图 4-68 所示(去除楼板)。

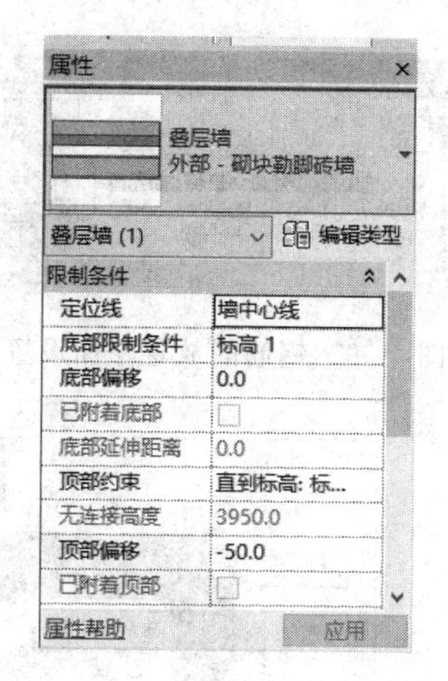

图 4-67　建筑墙的属性调整

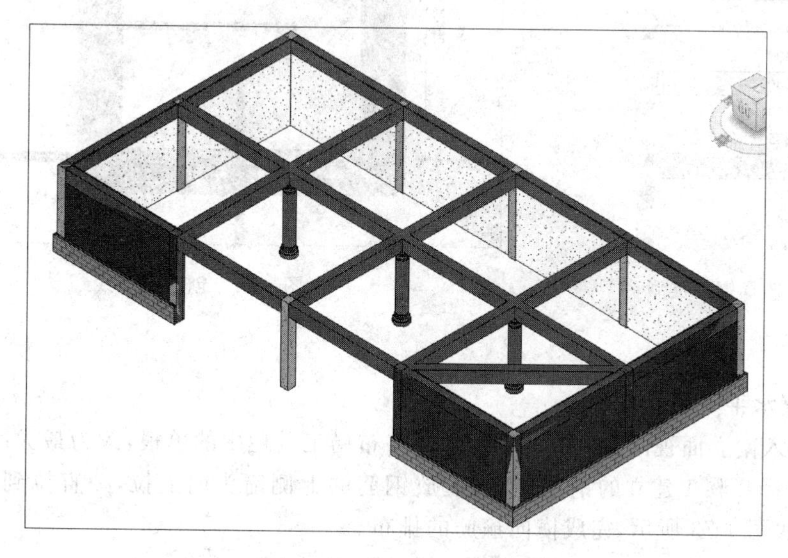

图 4-68　建筑墙三维视图

4.2.6　钢筋的创建

本小节主要以柱的钢筋插入为例，简单介绍钢筋的布置方法。

1. 布置水平面钢筋

首先，进入标高 1 平面中，单击“结构”选项卡中的钢筋工具栏的“钢筋命令”，自动切换到“修改/放置钢筋”选项卡，如图 4-69 所示。设置放置平面和放置方向后单击绘制钢筋命令，然后选择要绘制钢筋结构的柱。

然后此时先单击“属性”选项卡的类型选择器，选择对应的钢筋类型，本次以“12 HRB400”为例，如图 4-70 所示。然后按直线在保护层内部绘制钢筋线，如图 4-71 所示。绘制完成后单击模式工具栏的“✔”完成钢筋界面创建。

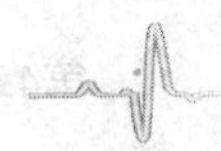

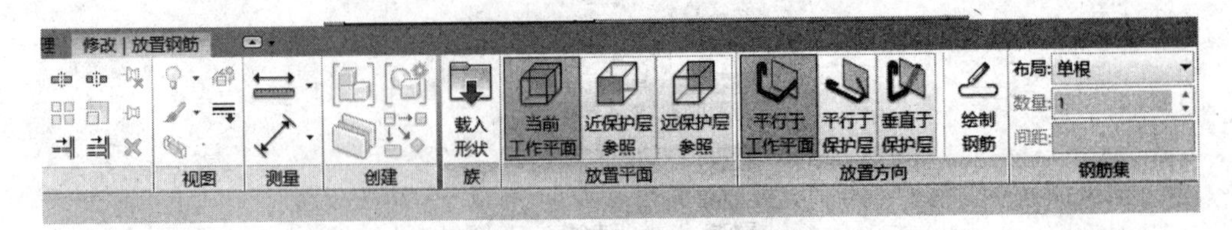

图 4-69 钢筋的放置平面设置

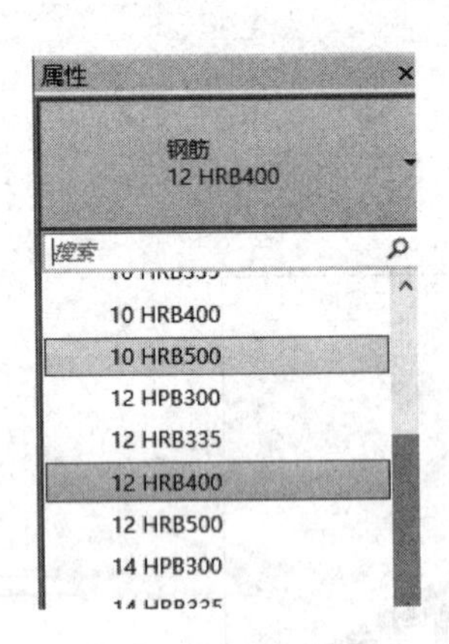

图 4-70 选择钢筋类型

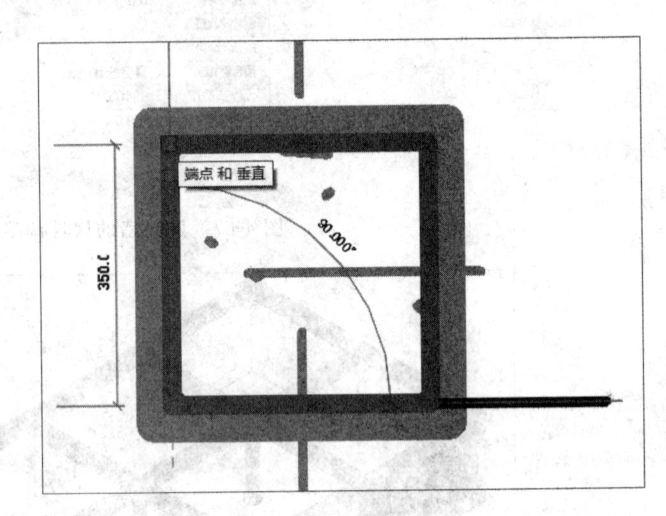

图 4-71 创建钢筋线

2. 调整水平面钢筋排布

单击进入南立面视图，如图 4-72 所示。将布局工具栏中的单根，改为最大间距，间距值 300mm。选择步骤 1 建立的钢筋，单击上放钢筋的上侧箭头向上拉，一直拉到结构柱的上侧保护面，如图 4-73 所示，完成横向箍筋的排布。

3. 布置侧向钢筋

在南立面视图中，单击“结构”选项卡中的钢筋工具栏的“钢筋命令”，自动切换到“修改/放置钢筋”选项卡，如图 4-69 所示。设置放置平面和放置方向后单击绘制钢筋命令，然后选择要绘制钢筋结构柱的侧面。

然后先单击“属性”选项卡的类型选择器，选择对应的钢筋类型，本次选择“20HRB400”钢筋。同时将偏移量调整为“22”，保证主钢筋在箍筋内侧。然后按直线在保护层内部绘制钢筋线，如图 4-74 所示。绘制完成后单击模式工具栏的绿色对号完成钢筋界面创建。

4. 调整侧向钢筋排布

选择步骤 3 绘制的钢筋，将布局工具栏中的单根改为固定数量，数值为 4，钢筋的上侧箭头向上拉，一直拉到结构柱的上侧保护面，调整钢筋位置如图 4-75 所示，完成主钢筋的排布。

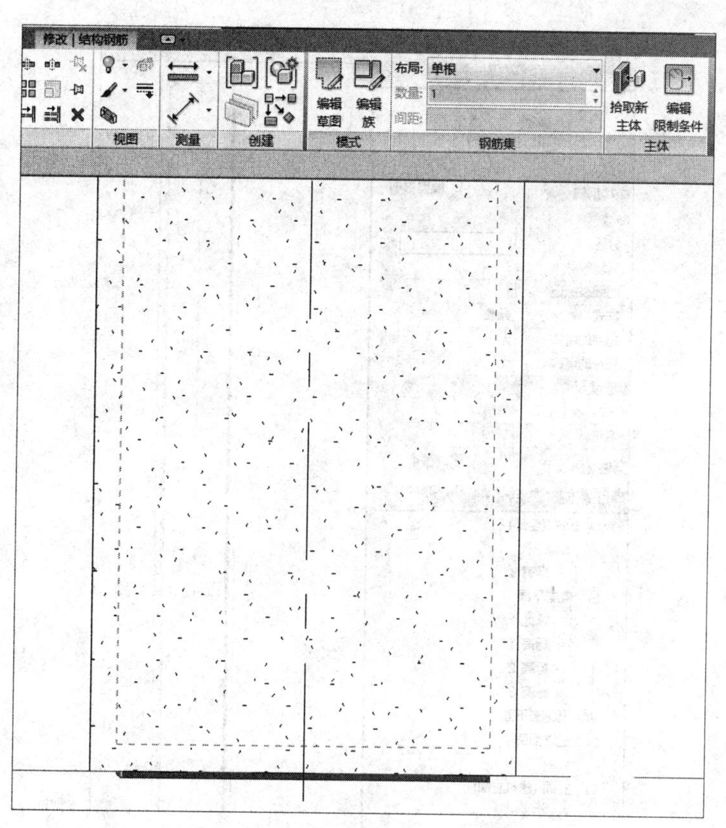

图 4-72　创建横向钢筋前的转换视图

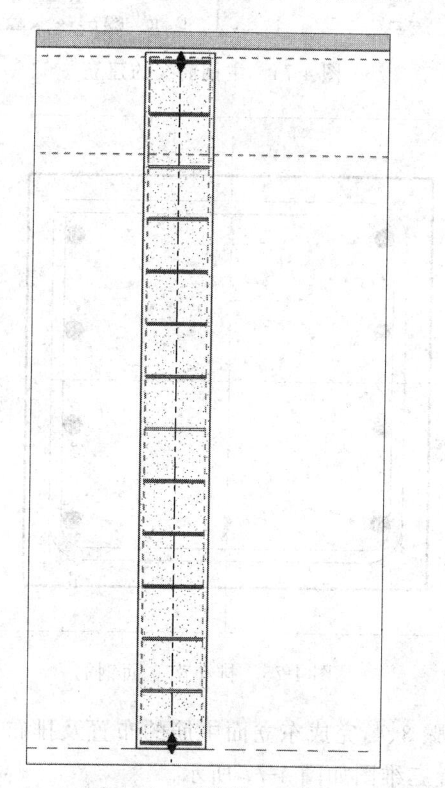

图 4-73　创建横向钢筋

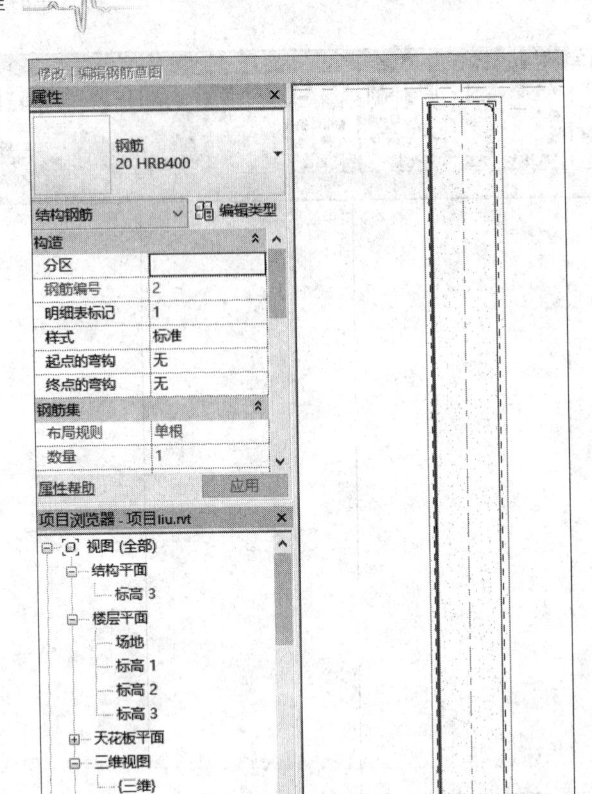

图 4-74　主钢筋线的建立

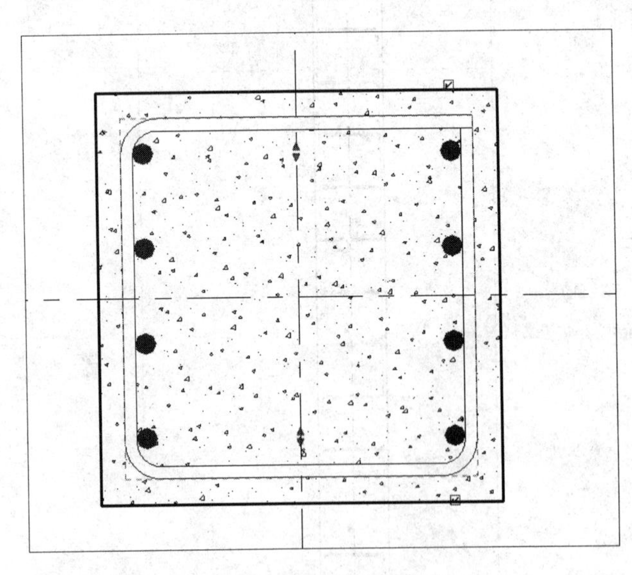

图 4-75　排布南立面钢筋

激活东立面，重复步骤 3、4，完成东立面主筋的布置及排布，如图 4-76 所示。

最终完成的钢筋布置三维图如图 4-77 所示。

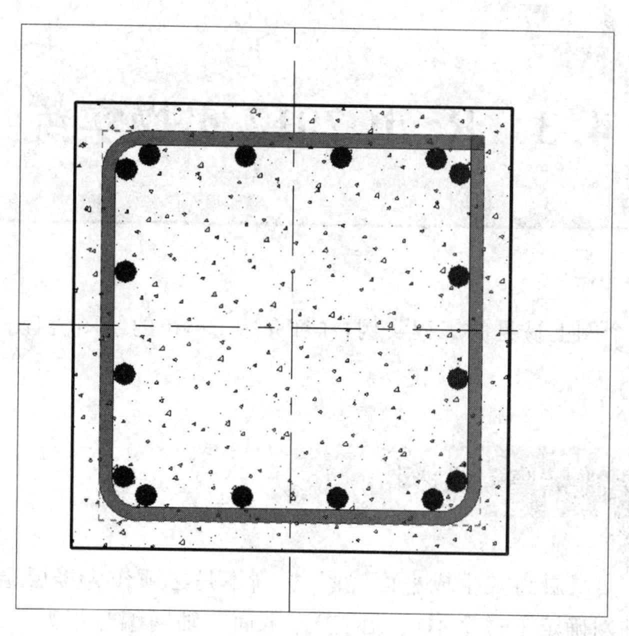

图 4-76　完成钢筋布置

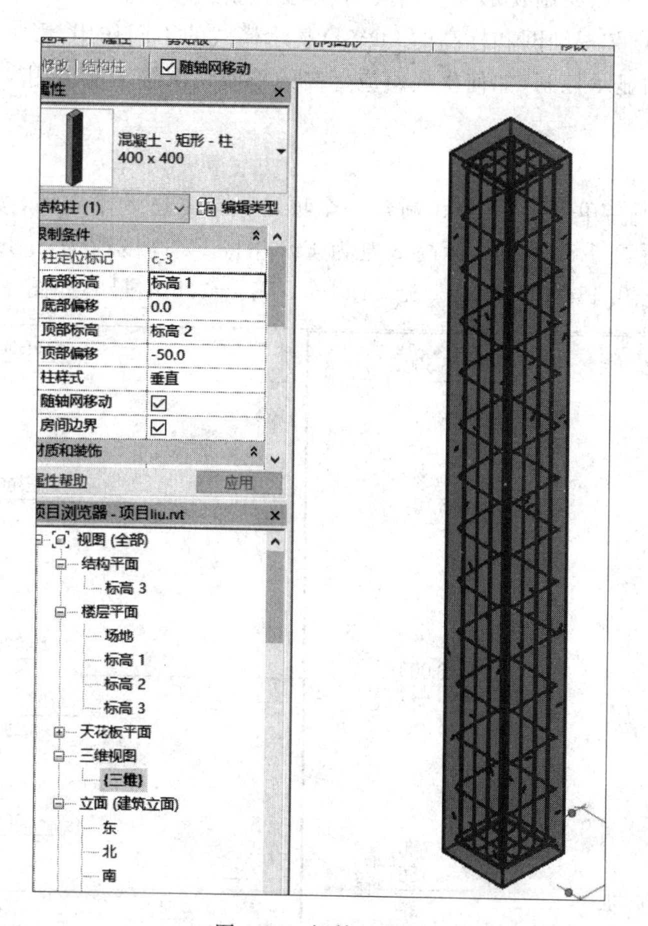

图 4-77　钢筋三维图

4.3 Revit 2017 实操实练

本章主要以一个网上易见的工程实例，详细介绍 Revit 的绘图流程。

4.3.1 绘制标高和轴网

标高用来定义楼层层高及生成平面视图，标高不是必须作为楼层层高；轴网用于构件定位，在 Revit 中轴网确定了一个不可见的工作平面。轴网编号以及标高符号样式均可定制修改。软件目前可以绘制弧形和直线轴网，不支持折线轴网。

本节中，需重点掌握轴网和标高的 2D、3D 显示模式的不同作用，影响范围命令的应用，轴网和标高标头的显示控制，如何生成对应标高的平面视图等功能应用。

1. 绘制标高

打开 Revit 2017，单击建筑样板，新建一个项目。单击进入南立面，按前文介绍的方法绘制标高。先将标高 1 改为 F1，标高 2 改为 F2，并将 F2 高度改为 3.3m；然后创建标高 F3：6.3m；GF：－0.45m；－1F：－3.3m；－1GF：－3.5m，最终如图 4-78 所示。

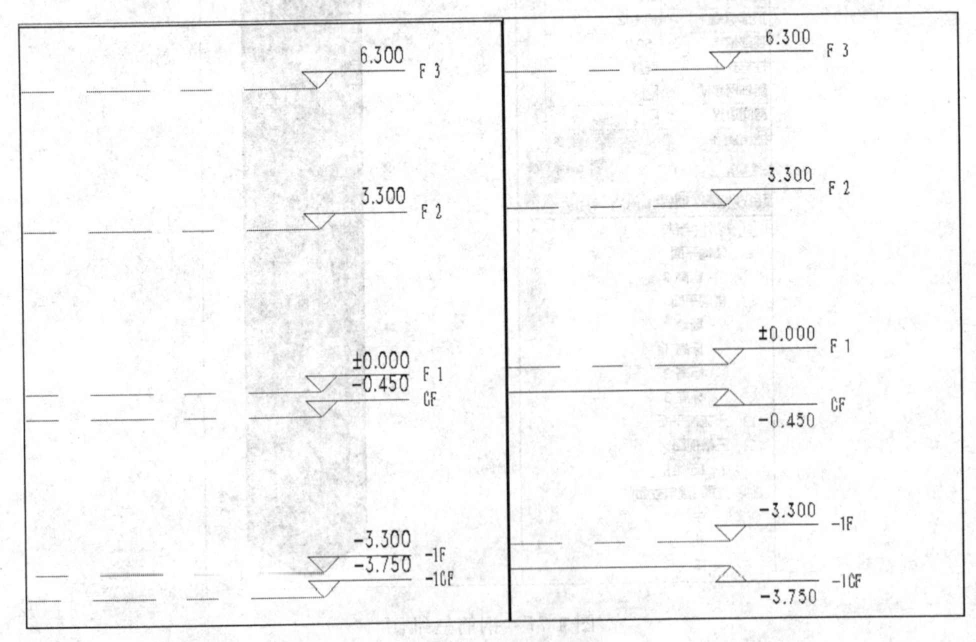

图 4-78　创建标高

选择 GF 和－1GF 标高，在“属性”选项卡的类型选择器处选择下标头，调整标高显示如图 4-78 右侧所示。

2. 绘制轴网

双击项目浏览器“F1”，进入 F1 标高楼层平面视图，绘制第一条垂直轴线，轴号为 1。单击选择①号轴线，移动光标在①号轴线上单击捕捉一点作为复制参考，水平向右移动光标输入间距值“1200”后按 Enter 键确认后复制②号轴线。保持光标位于新复制的右侧，分别输入“4300”“1100”“1500”“3900”“3900”“600”“2400”后按 Enter 键确认，绘制③-⑨号轴线，同时将第 8 根改为①/⑦轴，并单击轴线的弯头调整点调整符号位置，如图 4-79 所示，然后将符号放置到合适位置。

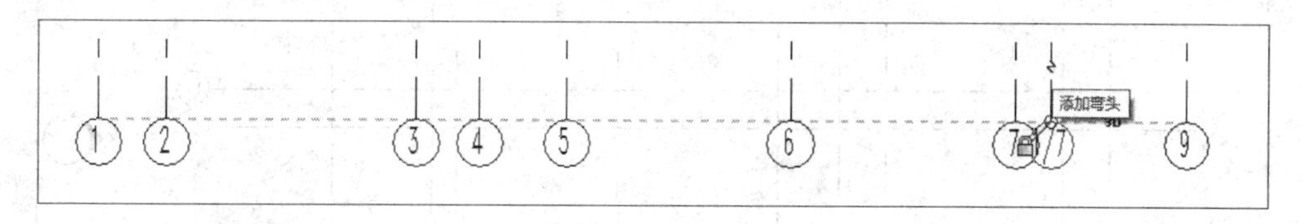

图 4-79 创建轴线

再次单击选项卡“常用”-“轴网”命令，移动光标到视图中①号轴线标头左上方位置单击鼠标左键捕捉一点作为起始轴线。然后向右水平移动到⑨号轴线右侧一段距离后，再次单击鼠标左键捕捉轴线终点创建第一条水平轴线。

选择刚创建的水平轴线，修改标头文字为“A”，创建Ⓐ号轴线。利用“复制”命令，创建Ⓑ-Ⓘ号轴线。移动光标在Ⓐ号轴线上单击捕捉一点作为复制参考点，然后垂直向上移动光标保持位于新复制的轴线右侧分别输入“4500”“1500”“4500”“900”“4500”“2700”“1800”“3400”后按 Enter 键确认，完成复制。选择Ⓘ号轴线，修改标头文字为“J”(目前的软件版本还不能自动排除 I、O 等轴线编号)。

最终创建轴网如图 4-80 所示。

在 F1 层创建轴网后，其他位置的轴网是不会同步调整的，此时框选所有的轴网，自动激活“修改/轴网”选项卡，单击“基准面板上的影响范围”按钮，打开“影响基准范围”对话框，如图 4-81 所示，选择需要影响的视图后单击“确定”，则对应视图的轴网都会与其做相同调整。

就此完成轴网的创建和修改。

4.3.2 绘制和编辑墙体

本节主要是以轴网和标高为基准，绘制建筑墙体。

1. 绘制地下一层外墙

先双击项目浏览器“－1GF”进入其平面视图，单击选项卡“建筑”-“墙”命令。在类型选

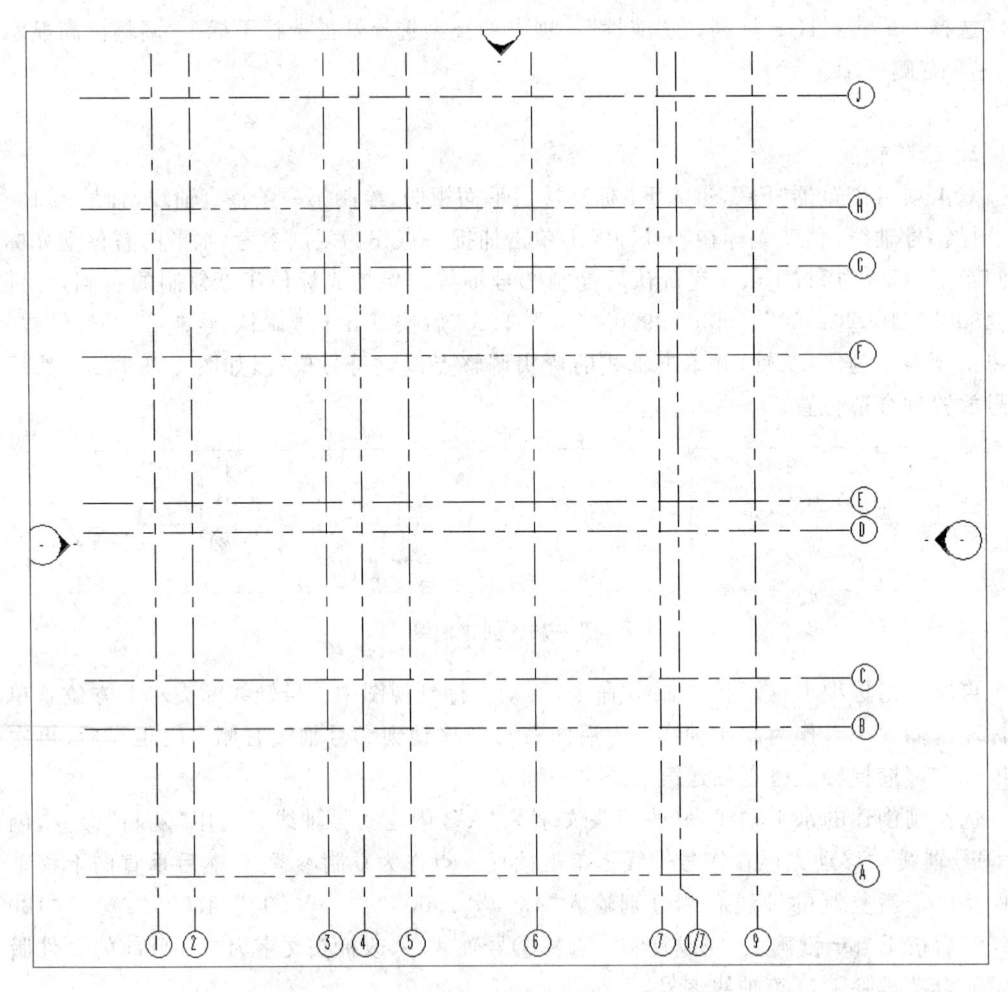

图 4-80 完成轴网绘制

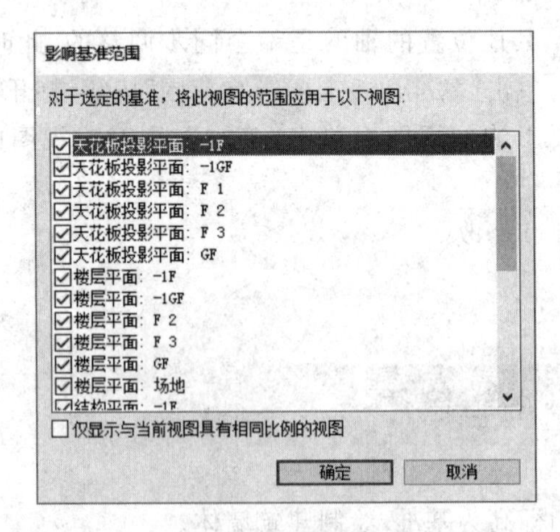

图 4-81 激活轴网

择器中选择“常规－200mm-实心”类型，在“属性”选项卡中设置实例参数“底部限制条件”为“－1GF”，“顶部限制条件”为“直到标高：F1”，如图 4-82 所示。

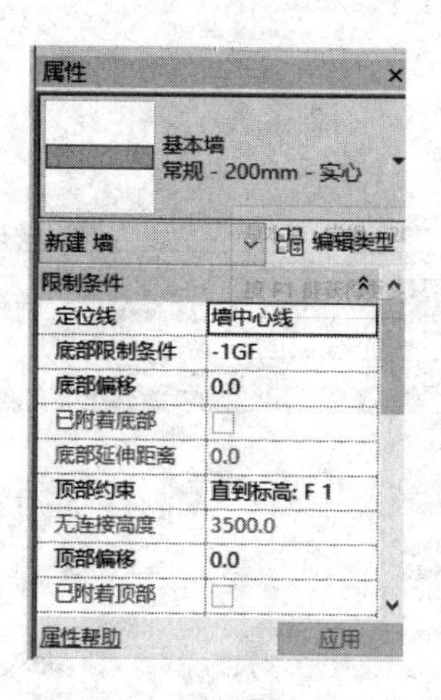

图 4-82 基本墙属性

单击绘制工具栏选择"直线"命令,移动光标单击鼠标左键捕捉Ⓔ轴和②轴交点为绘制墙体起点,然后顺时针单击捕捉Ⓔ轴和①轴交点、Ⓕ轴和①轴交点、Ⓕ轴和②轴交点、Ⓗ轴和②轴交点、Ⓗ轴和⑦轴交点、Ⓓ轴和⑦轴交点,最后按 Esc 键完成绘制上半部分墙体,如图 4-83 所示。

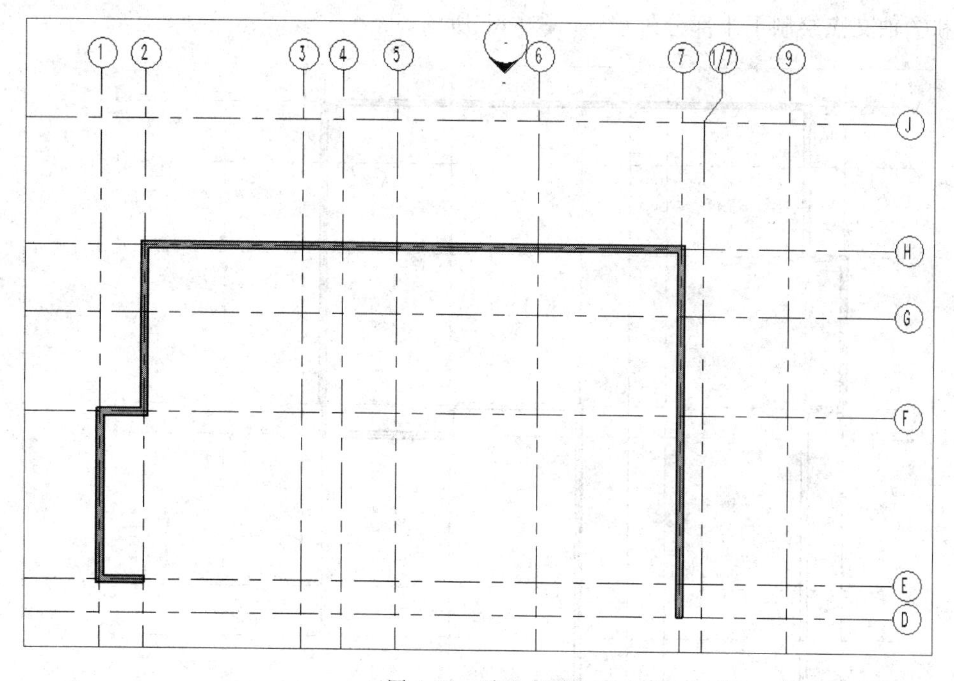

图 4-83 墙的创建

在类型选择器中选择"常规－90mm 砖"类型,单击"编辑类型"按钮,在弹出的类型属性对话框中单击结构行的值"编辑",进入编辑部件对话框,通过插入、调整材质等操作调整墙的属性,如图 4-84 所示。重命名类型名称为"常规－200mm 砖",单击"确定"。

在"属性"选项卡中设置实例参数"底部限制条件"为"－1GF","顶部限制条件"为"直到标高 F1"。选择"绘制"面板工具栏下"直线"命令,移动光标单击鼠标左键捕捉Ⓔ轴和②轴

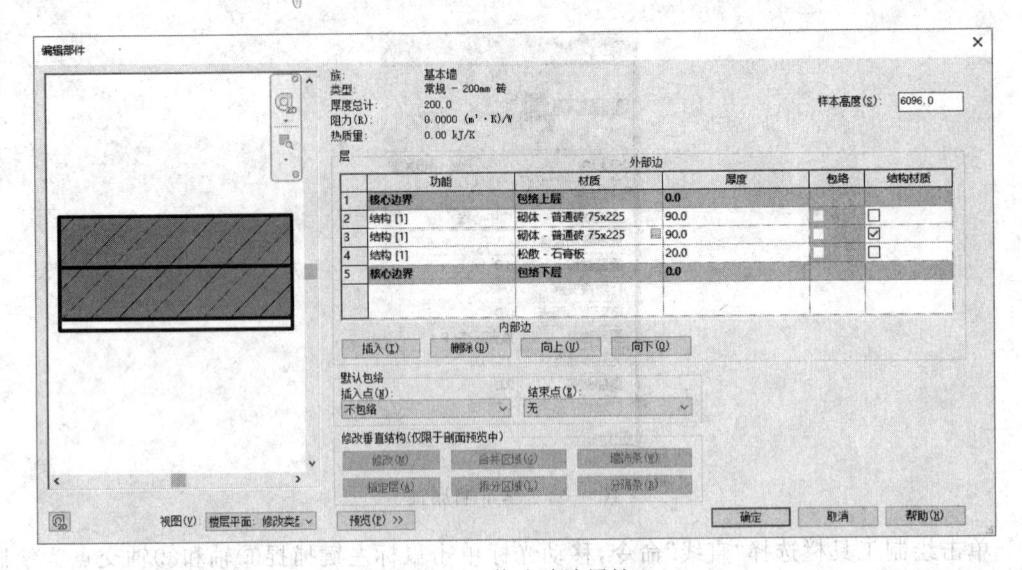

图 4-84 修改砖墙属性

交点为绘制墙体起点，然后光标垂直向下移动，键盘输入“8280”按 Enter 键确认；光标水平向右移动到⑤轴单击，继续单击捕捉Ⓔ轴和⑤轴交点、Ⓔ轴和⑥轴交点、Ⓓ轴和⑥轴交点、Ⓓ轴和⑦轴交点绘制下半部分外墙，如图 4-85 所示。

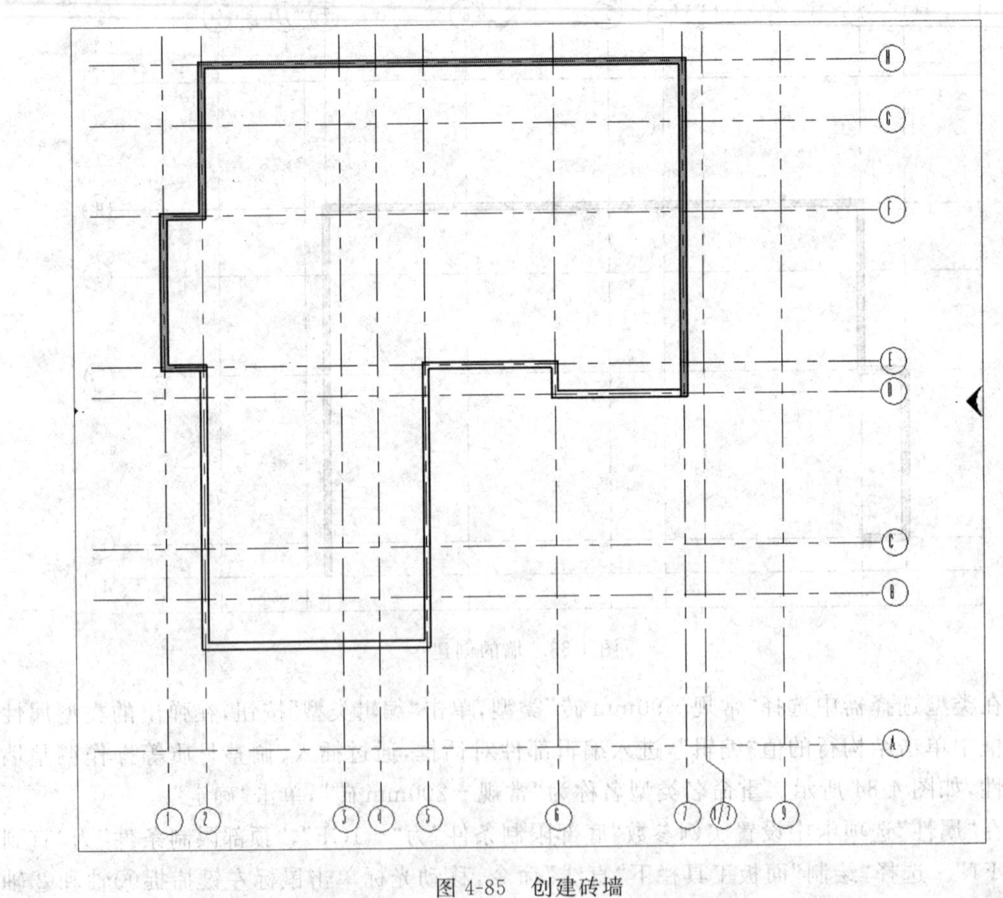

图 4-85 创建砖墙

此时进入三维视图，因为绘制时方向为逆时针，导致墙内侧是砖面，如图 4-86 所示。此时可用鼠标左键单击选择所有外墙，按一下空格键，砖墙翻转方向，如图 4-87 所示。完成地下一层室外墙的绘制。

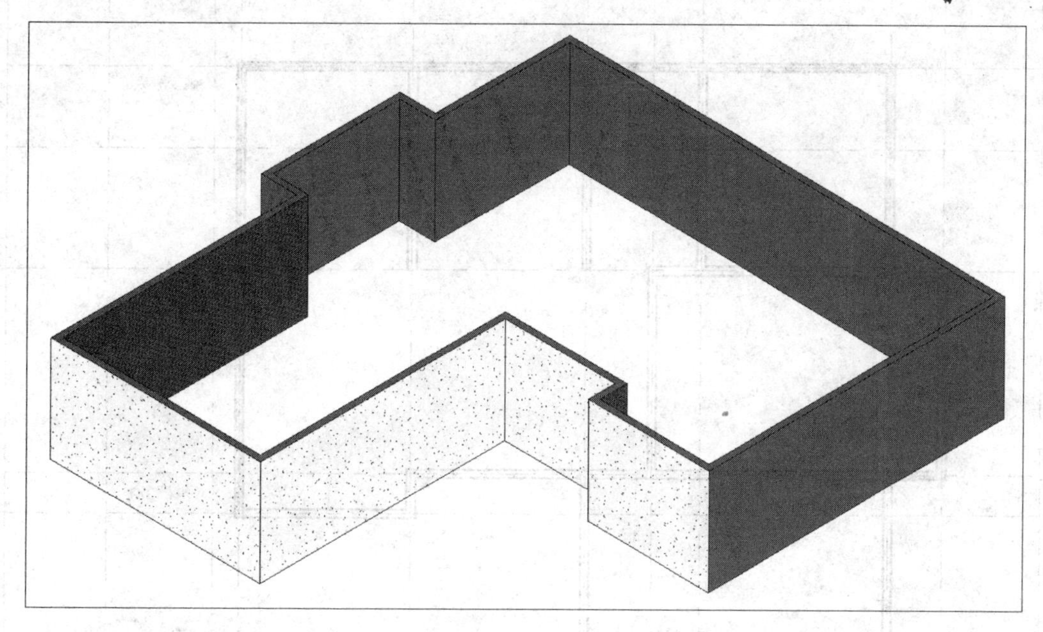

图 4-86 绘制的墙面

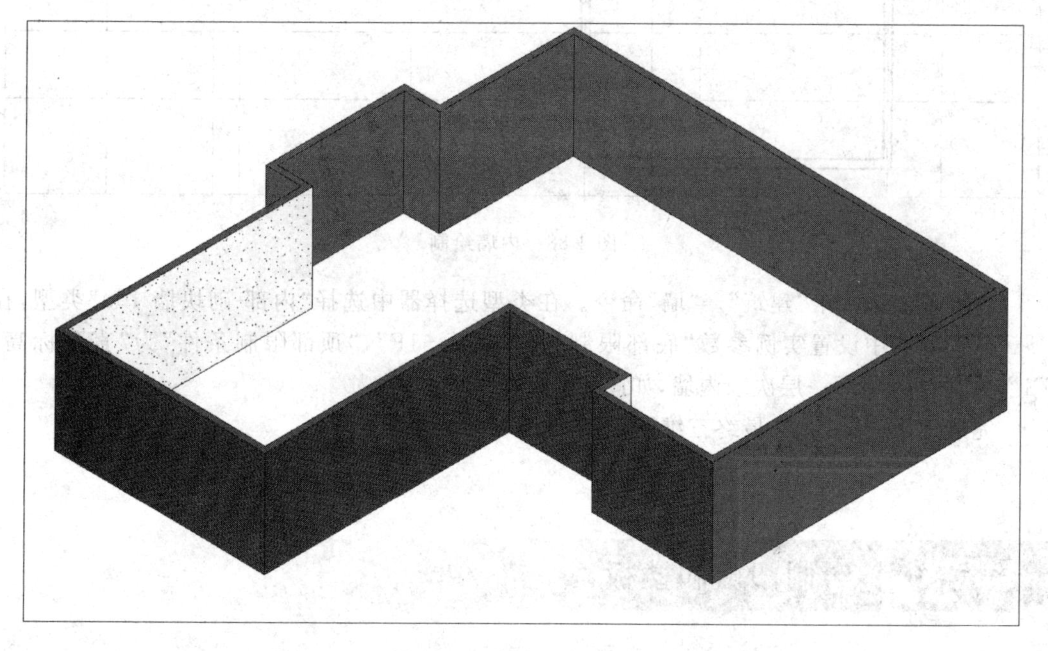

图 4-87 翻转正确的墙面

2. 绘制地下一层内墙

双击项目浏览器“－1GF”进入其平面视图，单击选项卡“建筑”—“墙”命令。在类型选择器中选择“常规－200mm”类型，在“属性”选项卡中设置实例参数“底部限制条件”为“－1F”，“顶部限制条件”为“直到标高：F1”，然后绘制地下一层内墙，如图 4-88 所示。

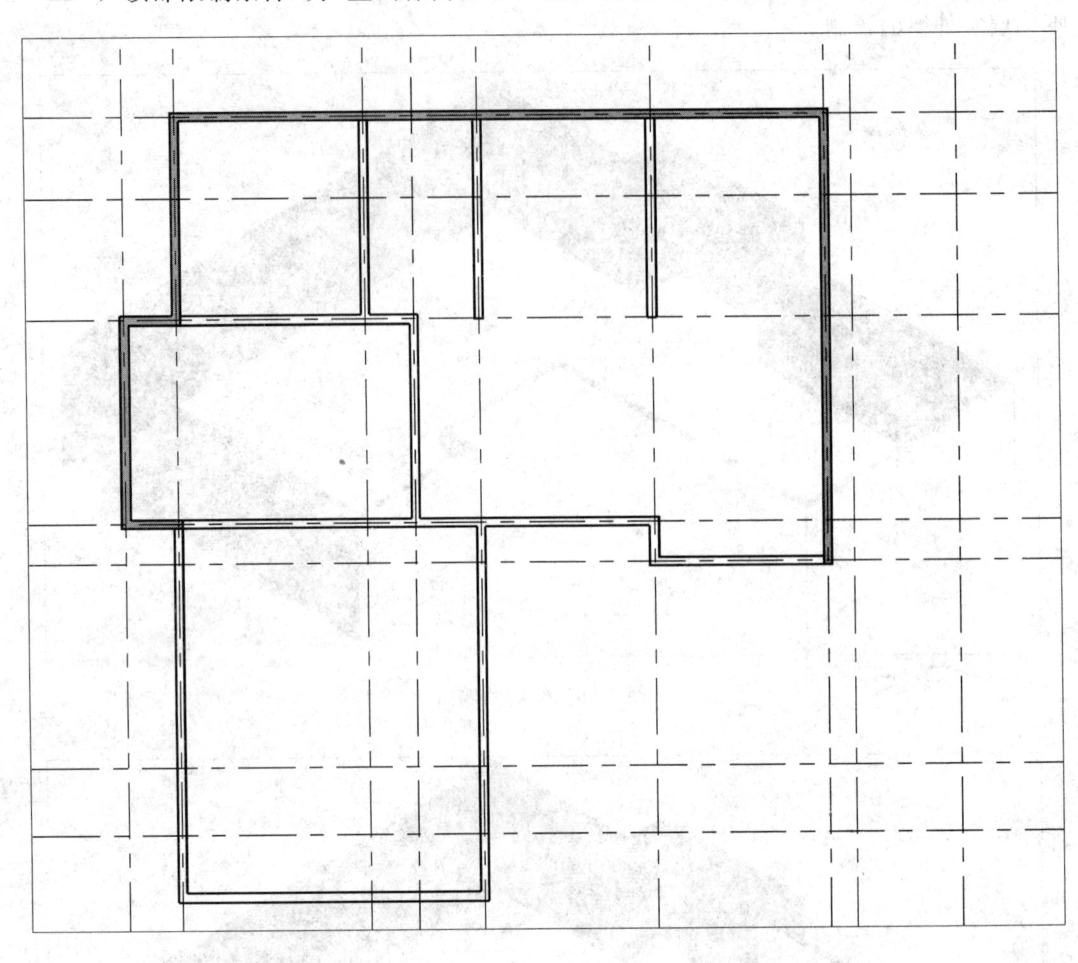

图 4-88　内墙绘制

再次单击选项卡“建筑”—“墙”命令。在类型选择器中选择“内部-砌块墙 100”类型，在“属性”选项卡中设置实例参数“底部限制条件”为“－1F”，“顶部限制条件”为“直到标高：F1”，然后绘制地下一层次级内墙，如图 4-89 所示。

完成地下一层内墙，最终三维图如图 4-90 所示。

4.3.3 绘制门窗和楼板

1. 插入地下一层门

双击项目浏览器“－1F”进入其平面视图，单击选项卡“建筑”—“门”命令。单击“载入族”，选择“建筑”“门”“普通门”“平开门”“单扇”“单嵌板木门 1. rfa”，移动鼠标到要放置门的

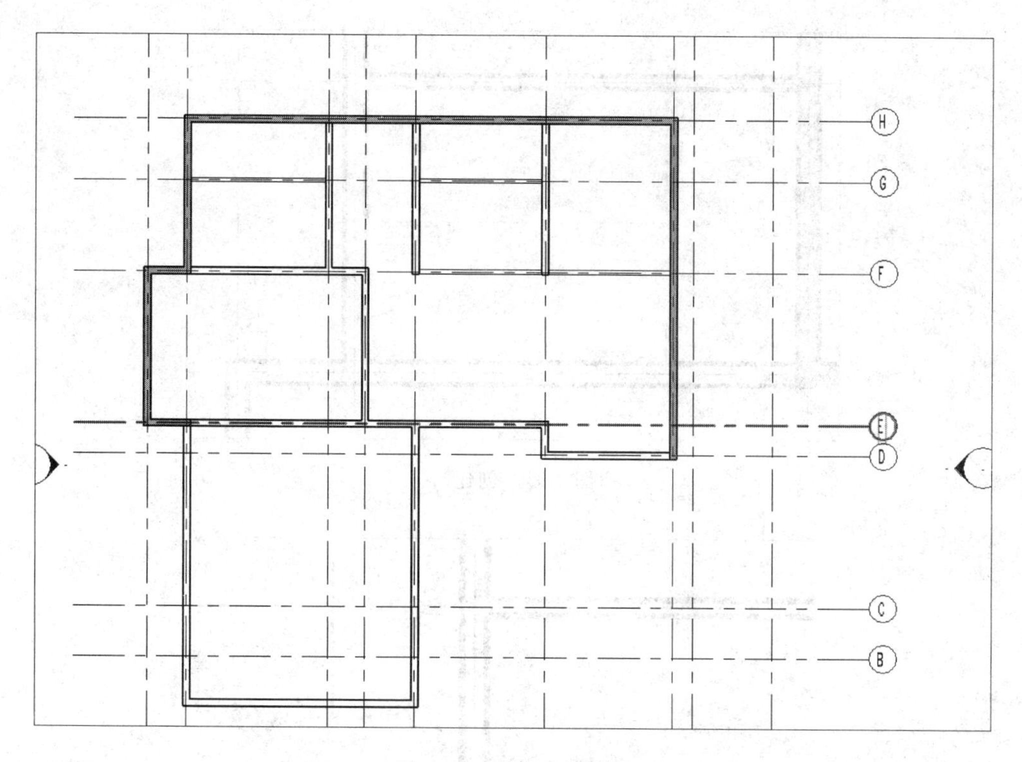

图 4-89　次级内墙绘制

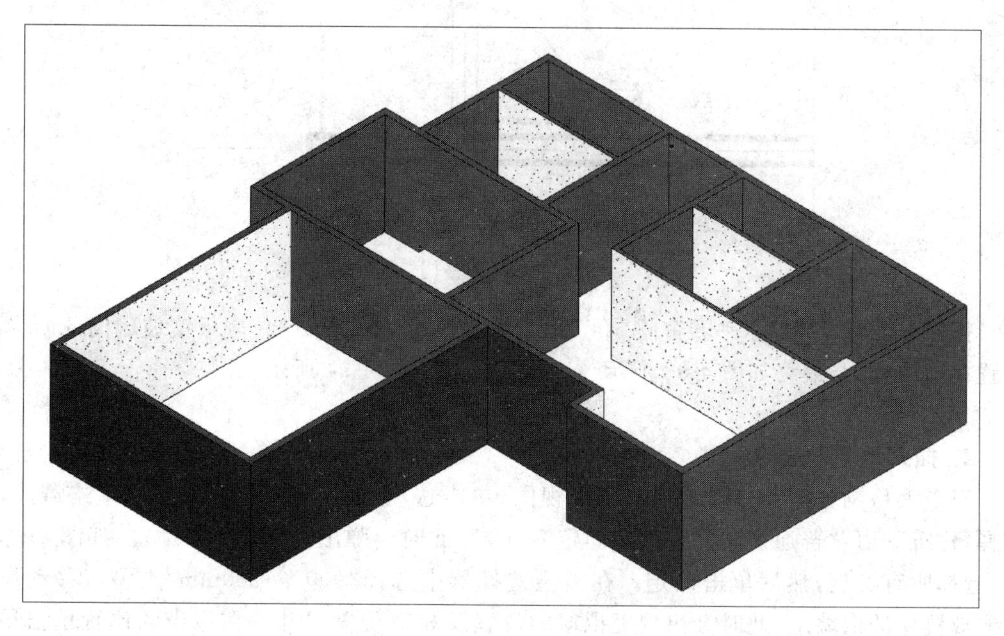

图 4-90　地下一层墙完成三维图

内墙上，此时会出现虚拟门的位置及相对位置尺寸，如图 4-91 所示。在适当的位置单击鼠标左键，放置门。然后调整蓝色定位尺寸，同时按空格键可以调整门的开启方向，最终使门符合要求，如图 4-92 所示。

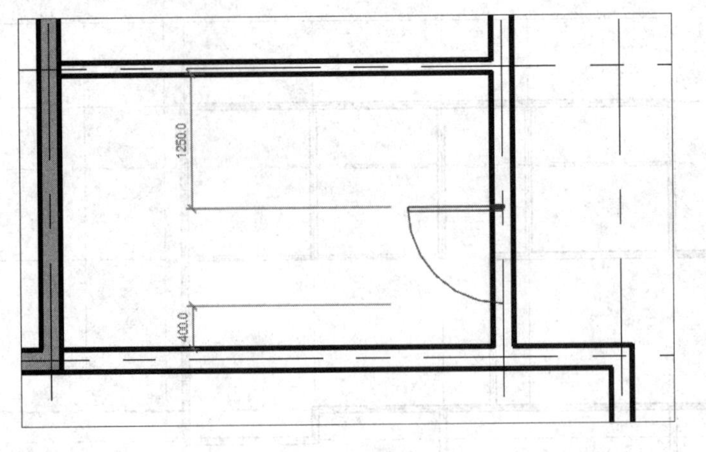

图 4-91 创建门

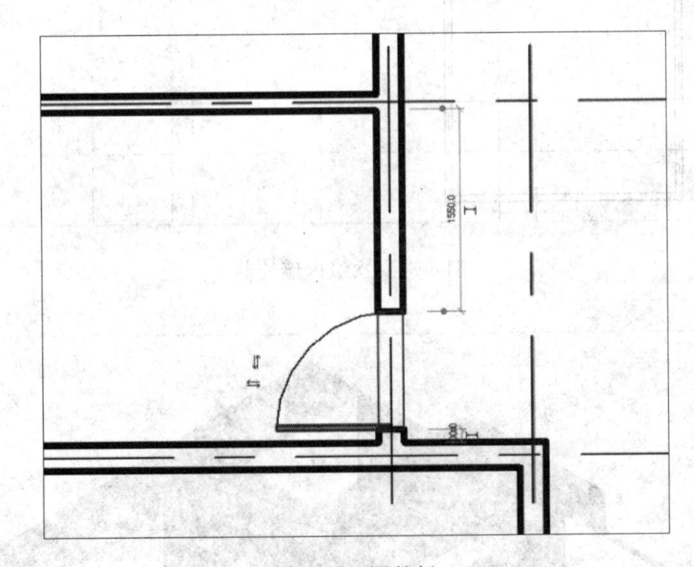

图 4-92 调整门

按如上步骤,加载“水平卷帘门. rfa”“双扇推拉门-墙中 2. rfa”“单嵌板镶玻璃门 6. rfa”,并放置在墙位置上,最终如图 4-93 所示。三维图效果如图 4-94 所示。

2. 插入地下一层窗

双击项目浏览器“－1F”进入其平面视图,单击选项卡“建筑”-“窗”命令。单击载入族,选择“建筑”“窗”“普通窗”“固定窗”“固定窗. rfa”,此时会弹出指定类型对话框,如图 4-95 所示,选择所有类型,然后单击确定。在类型选择器中选择“900×1200mm”类型。移动鼠标到要放置窗的内墙上,此时会出现虚拟窗的位置及相对位置尺寸。在适当的位置单击鼠标左键,放置窗。然后调整蓝色定位尺寸,最终使窗符合要求。

再加载“双扇平开-带贴面. rfa”“推拉窗 3 -带贴面. rfa”,并放置在墙位置上,最终如图 4-96 所示。窗插入后因窗台底高度不一致,因此在插入窗后需要手动调整窗台高度。方法一:在任意视图中选择窗,在“属性”选项卡修改底高度值完成设置。方法二:切换至立

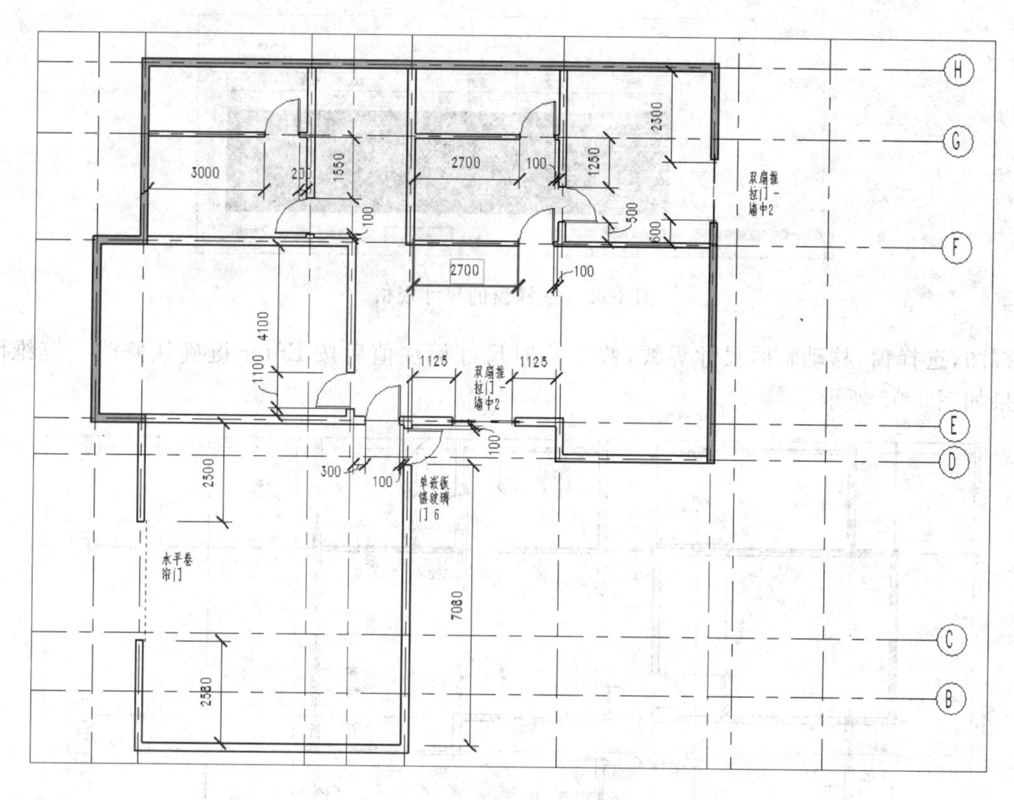

图 4-93　地下一层门的排布

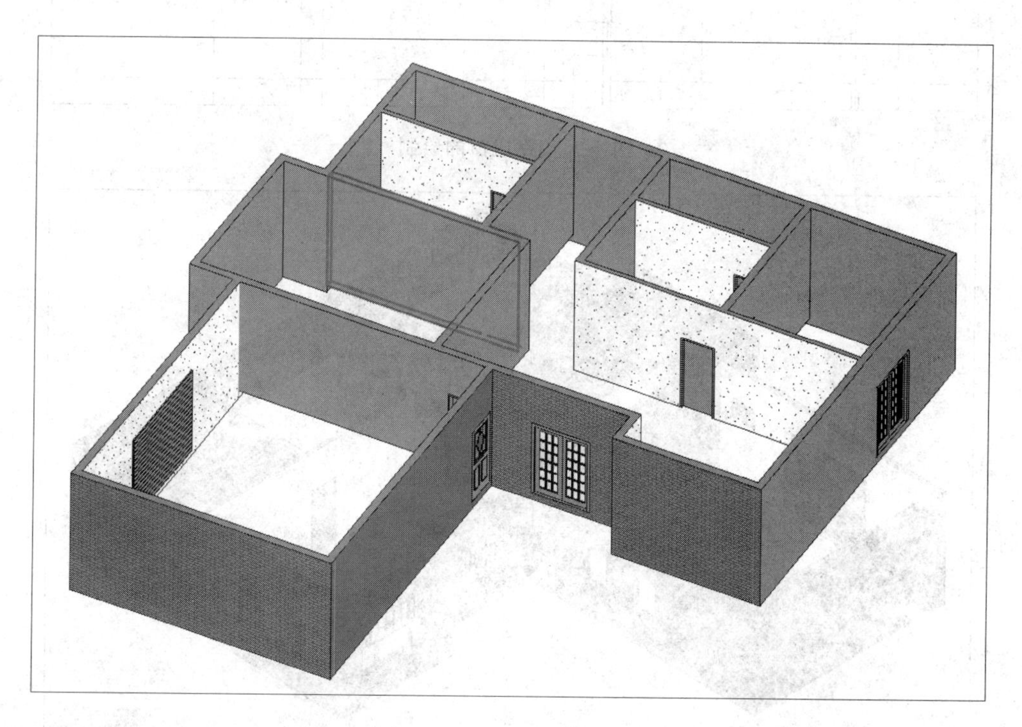
图 4-94　完成门后的三维图

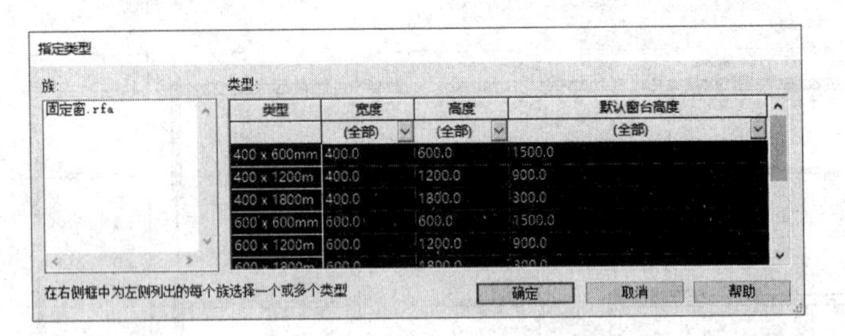

图 4-95　选择窗的尺寸规格

面视图，选择窗，移动临时尺寸界线，修改临时尺寸标注值后按 Enter 键确认修改。三维图效果如图 4-97 所示。

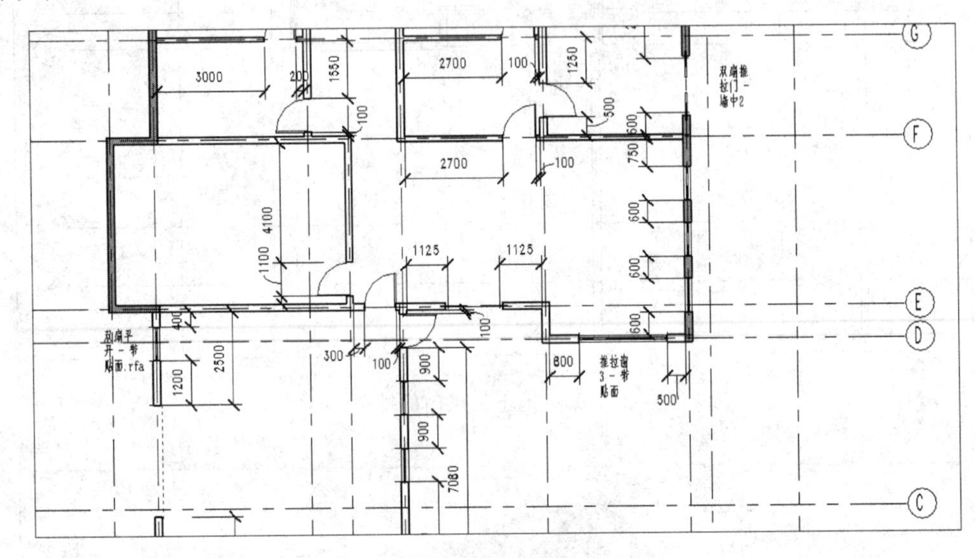

图 4-96　完成窗的绘制

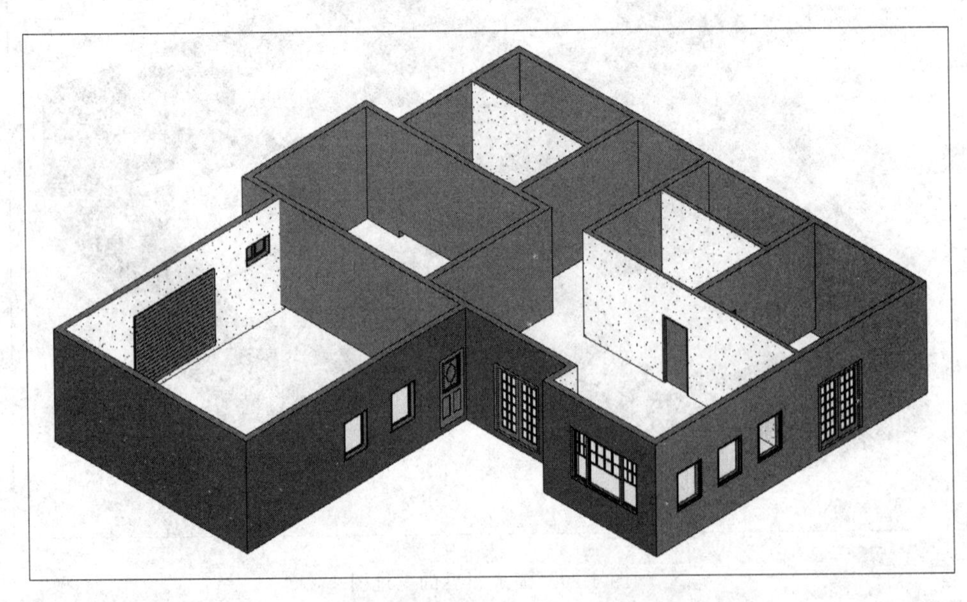

图 4-97　完成窗后的三维图

3. 插入地下一层楼板

双击项目浏览器“−1F”进入其平面视图，单击选项卡“建筑”—“楼板”命令。选择“绘制”面板，单击“拾取墙”命令，在选项栏中设置偏移为：“−20”，移动光标到外墙外边线上，依次单击拾取外墙外边线，自动创建楼板轮廓线，如图 4-98 所示。拾取墙创建的轮廓线自动和墙体保持关联关系。在楼板“属性”选项卡，选择楼板类型为“常规−150mm”，单击绿色对号，在图 4-99 弹出的对话框中选择“是”，楼板与墙相交的地方将自动剪切，最后完成楼板创建。最终三维图如图 4-100 所示。

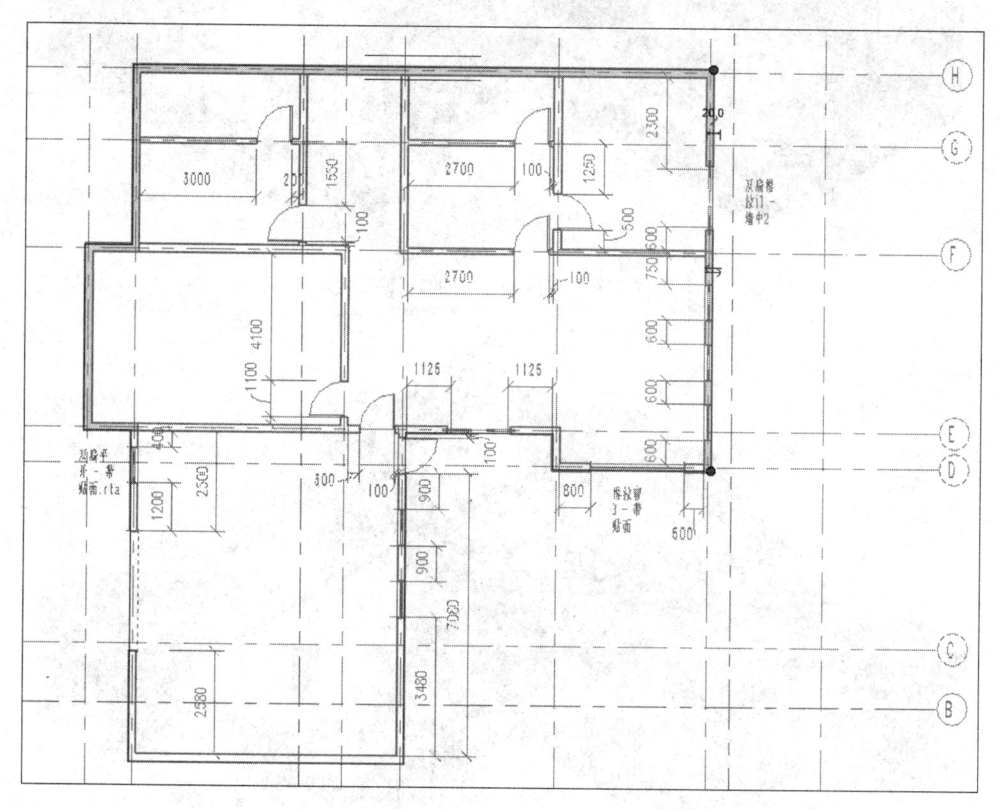

图 4-98 创建楼板线

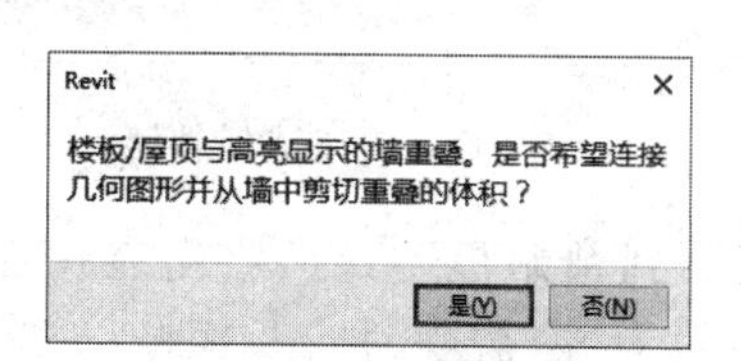

图 4-99 重叠剪切

4. 复制地下一层外墙到首层

切换到三维视图，将光标放在地下一层的外墙上，高亮显示后按 Tab 键，所有外墙将全部高亮显示，单击鼠标左键，地下一层外墙将全部选中，构件蓝色亮显，如图 4-101 所示。

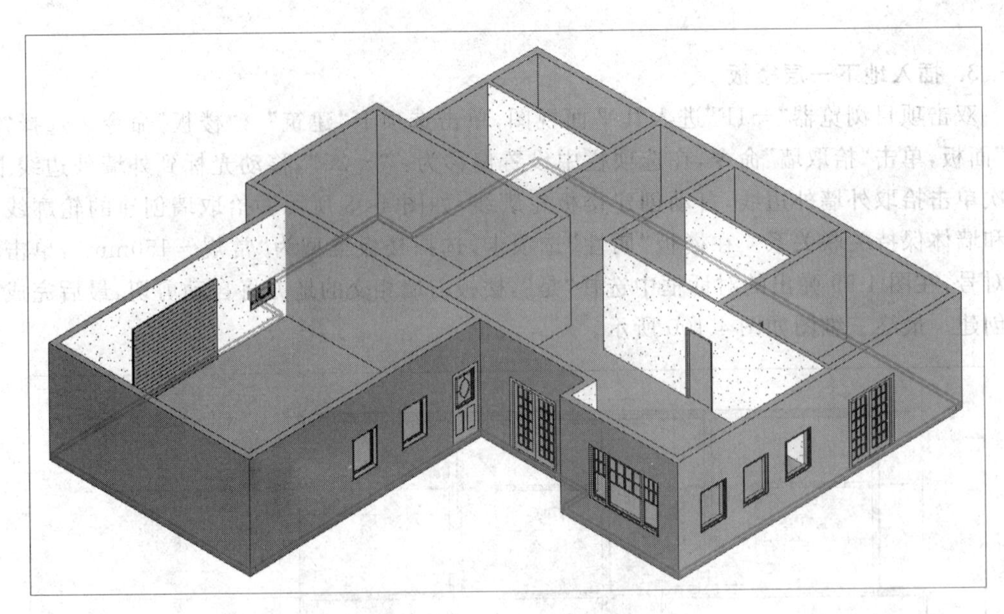

图 4-100　完成楼板后的底下一层

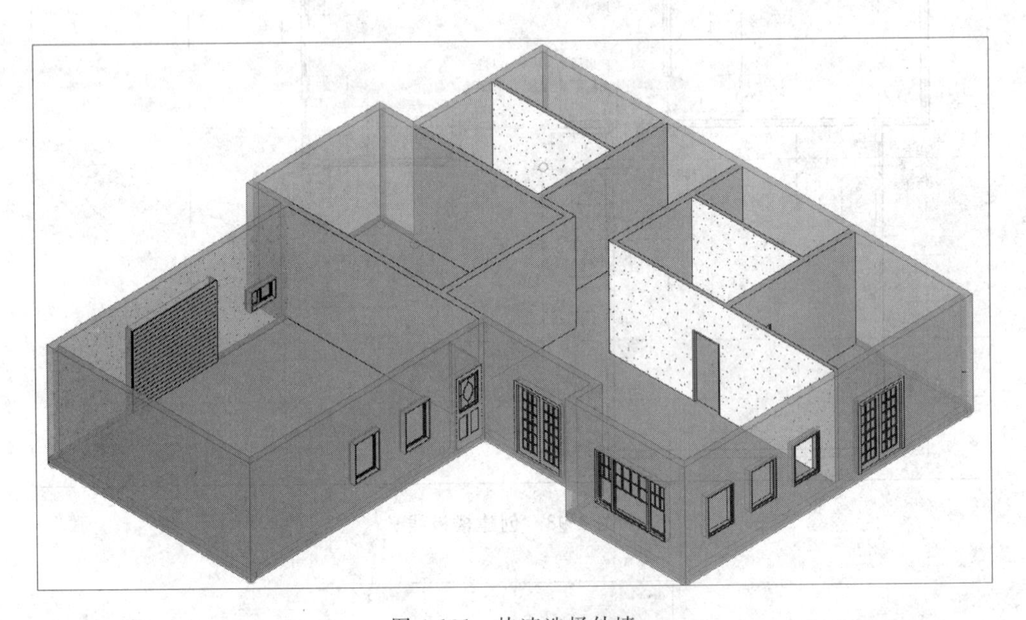

图 4-101　快速选择外墙

此时单击“工具栏编辑-复制到粘贴板”命令，将所有构件复制到粘贴板中备用。单击“工具栏编辑-粘贴-与选定的标高对齐”命令，打开“选择标高”对话框，如图 4-102 所示。单击选择“F1”，“确定”。地下一层平面的外墙都被复制到首层平面，同时由于门窗默认为是依附于墙体的构件，所以一并被复制，如图 4-103 所示。

选择并删除不要的门和窗等。

5. 调整首层外墙及内墙

进入 F1 层平面，单击工具栏中的“对齐”命令，移动光标单击拾取Ⓑ轴线作为对齐目标

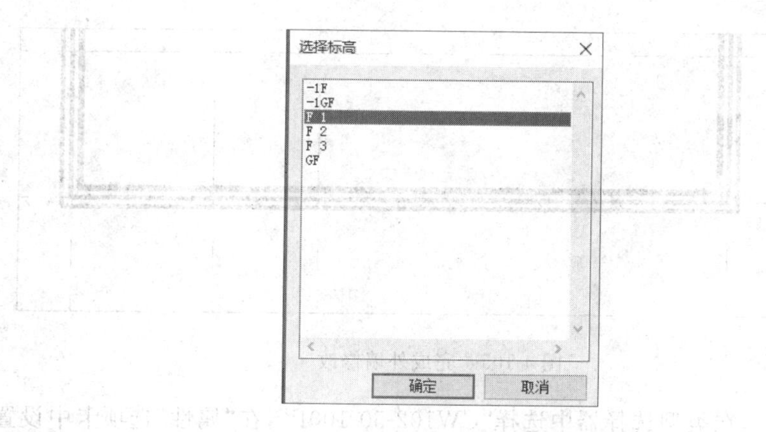

图 4-102　选择复制到的目标标高

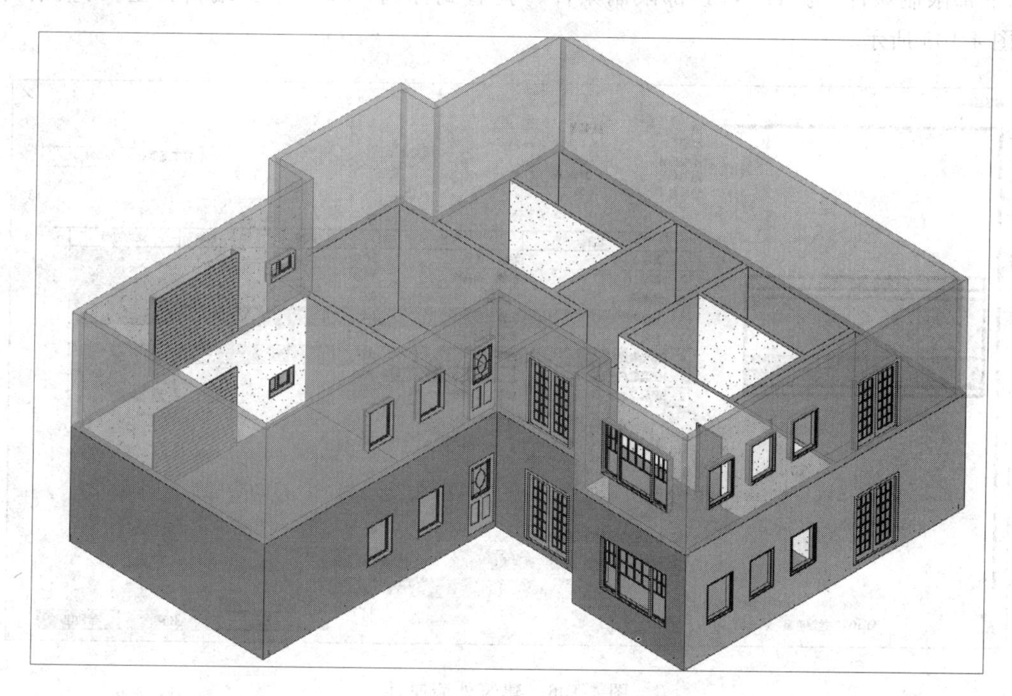

图 4-103　完成复制

位置，再移动光标到Ⓑ轴下方的墙上，按 Tab 键拾取墙的中心线位置，如图 4-104 所示。单击拾取移动墙的位置，使其中心线与Ⓑ轴对齐，如图 4-105 所示。

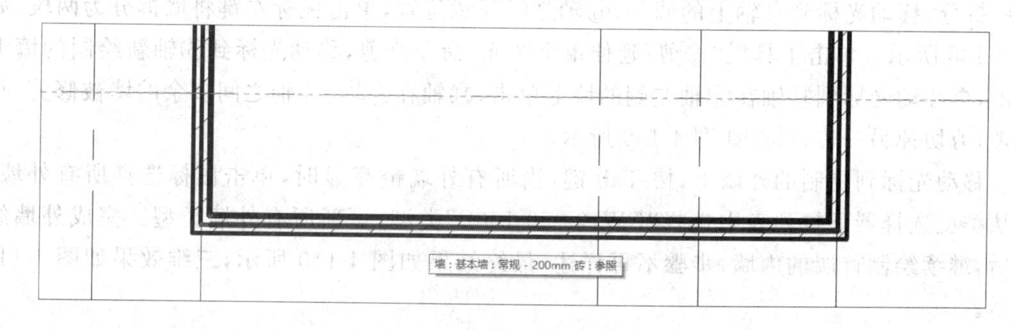

图 4-104　修改外墙

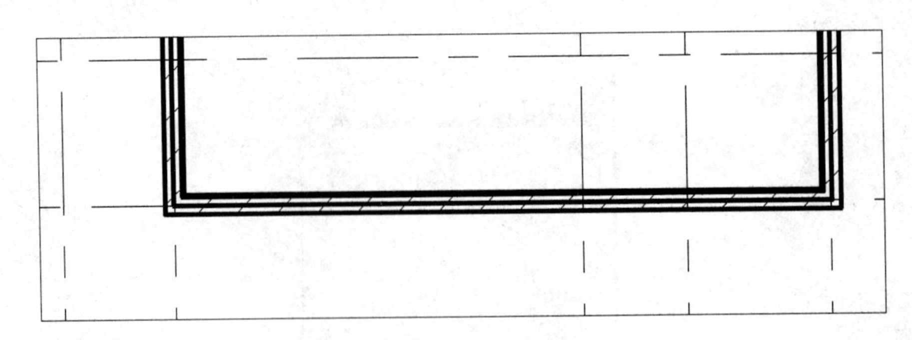

图 4-105 完成外墙修改

单击“墙”命令，在类型选择器中选择“CW102-50-100P”，在“属性”选项卡中设置实例参数“底部限制条件”为“1F”，“顶部限制条件”为“直到标高：F2”，单击编辑类型，调整结构，如图 4-106 所示。

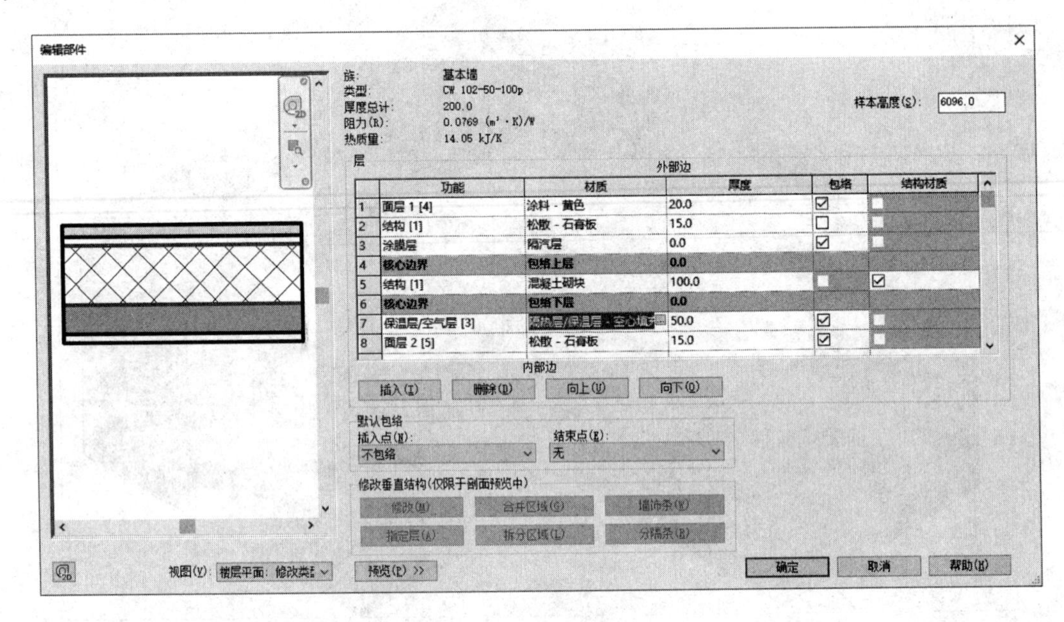

图 4-106 建筑外墙属性

创建三面墙体，如图 4-107 所示。

再用“对齐”命令，按前述方法，将Ⓖ轴墙的外边线与Ⓖ轴对齐。之后，单击“拆分图元”命令拆分、移动光标到Ⓗ轴上的墙⑤、⑥轴之间任意位置，单击鼠标左键将墙拆分为两段，如图 4-108 所示。单击工具栏“修剪/延伸单个图元”命令修剪，移动光标到⑤轴新绘制的墙上单击，再移动光标到Ⓗ轴在⑤轴左侧的墙上单击，Ⓗ轴在⑤轴、⑥轴之间多余的墙被修剪掉。同理，剪切掉另一边，最终如图 4-109 所示。

移动光标到复制的外墙上，按 Tab 键，当所有外墙链亮显时，单击鼠标选择所有外墙，再从类型选择器下拉列表中选择“CW102-50-100P”类型，更新所有外墙类型。完成外墙绘制后，继续绘制首层的内墙，步骤不再详述，最终结果如图 4-110 所示，三维效果如图 4-111 所示。

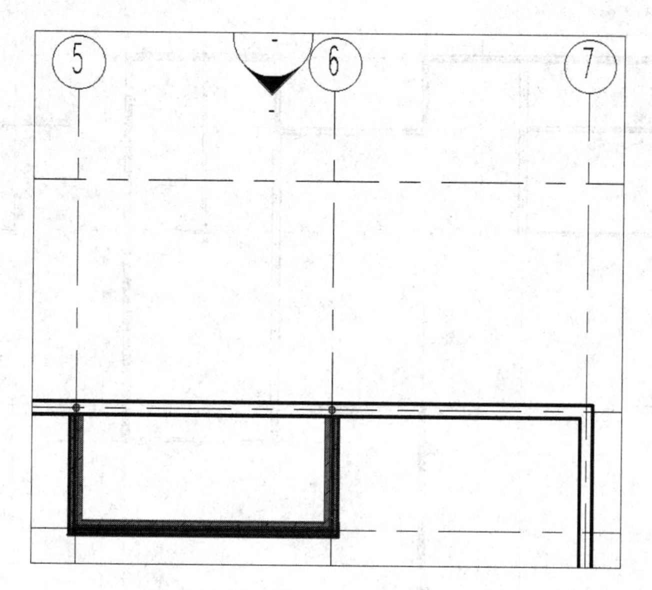

图 4-107　创建新的外墙

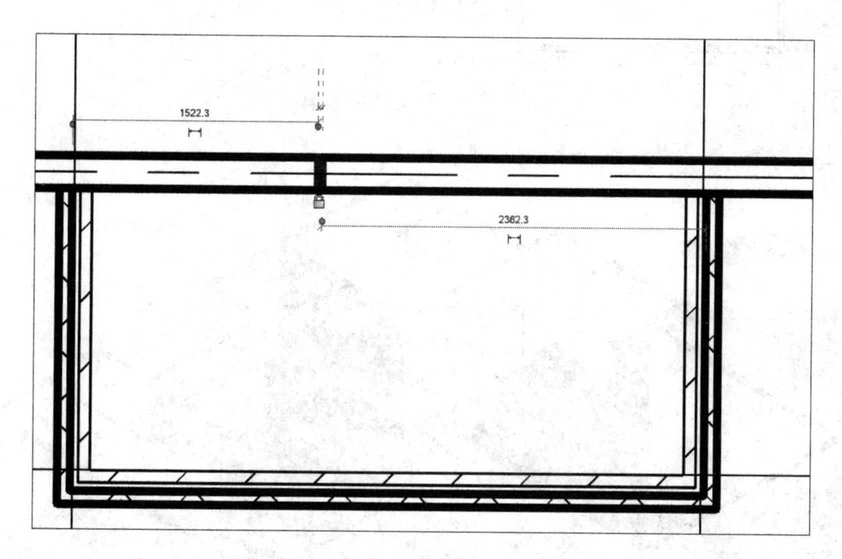

图 4-108　拆分墙

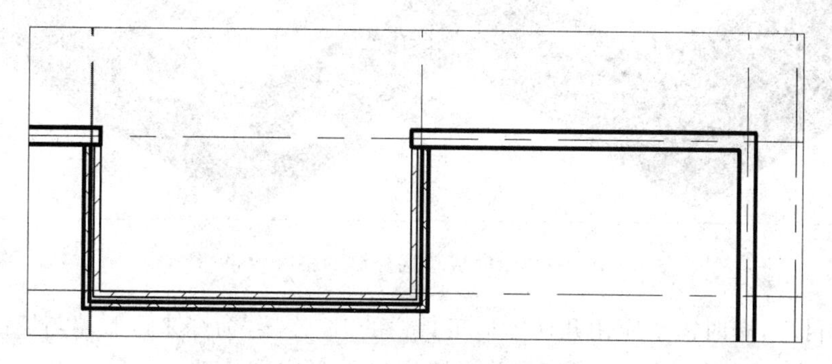

图 4-109　剪切墙

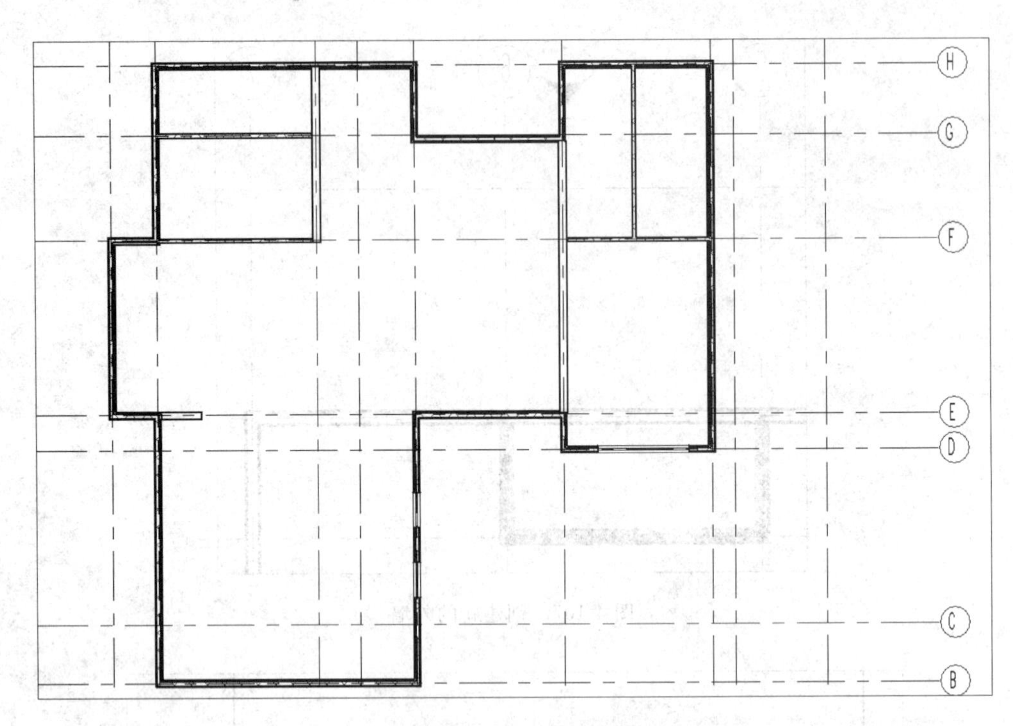

图 4-110　创建首层内墙

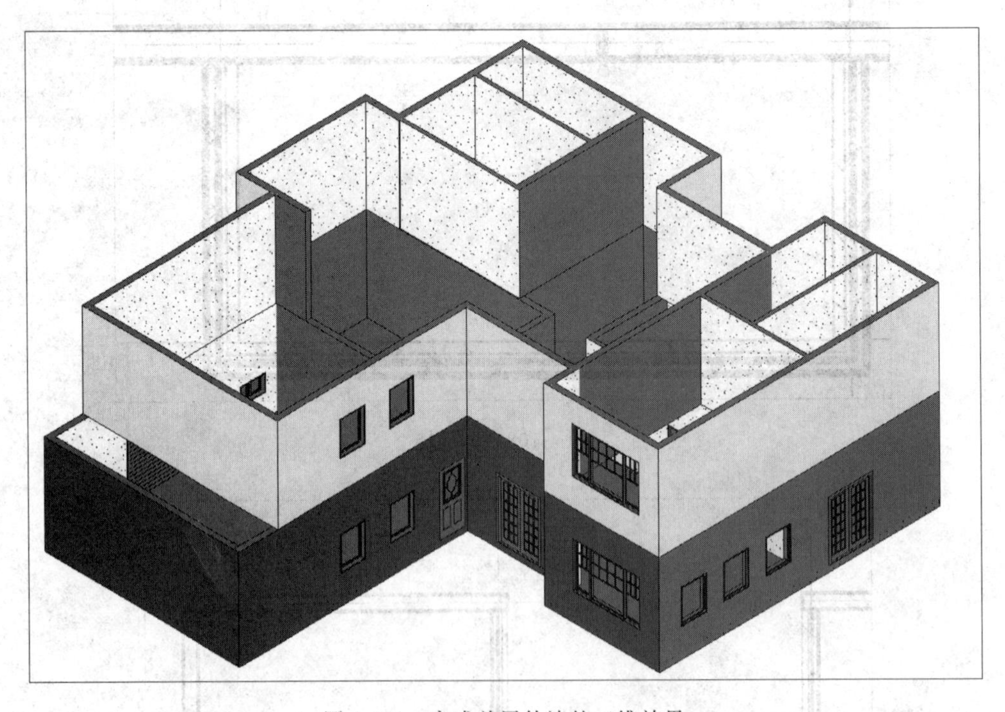

图 4-111　完成首层外墙的三维效果

实际项目中，有时需要应用几何图形工具栏的“墙连接”命令来调整墙与墙的连接方式。单击命令后，在选项栏选择连接类型，单击墙交接处可完成修改。如图 4-112 所示，连接方式已改为斜接。

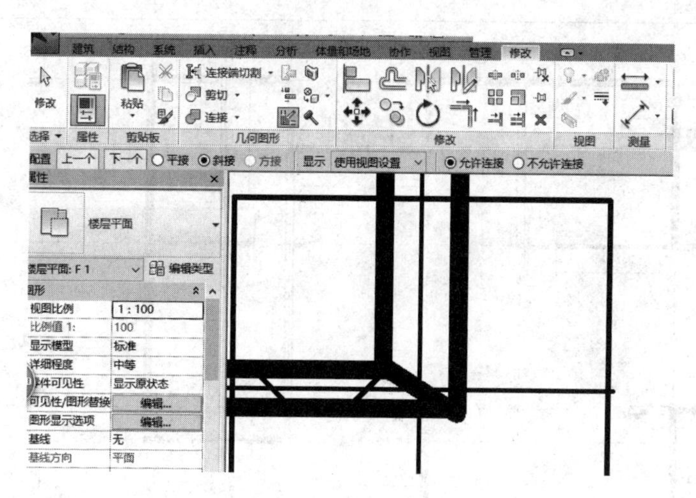

图 4-112 墙的交接方式

6. 调整首层门窗及楼板

进入 F1 层平面,依据之前的方法插入首层的门和窗,如图 4-113 所示。

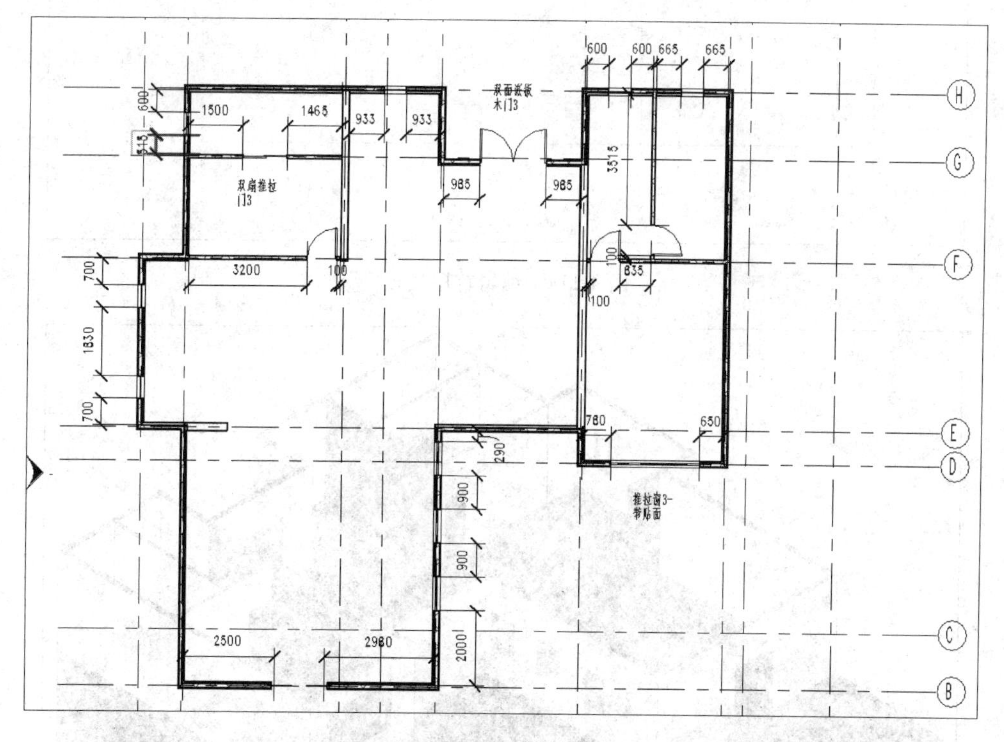

图 4-113 首层的门和窗

进入 F1 层平面,依据之前的方法创建楼板,创建之后进入三维图,双击楼板激活编辑线,进入 F1 平面图,通过直线命令及其他修改命令修改成想要的楼板平面,如图 4-114 所示,最终三维效果图如图 4-115 所示。

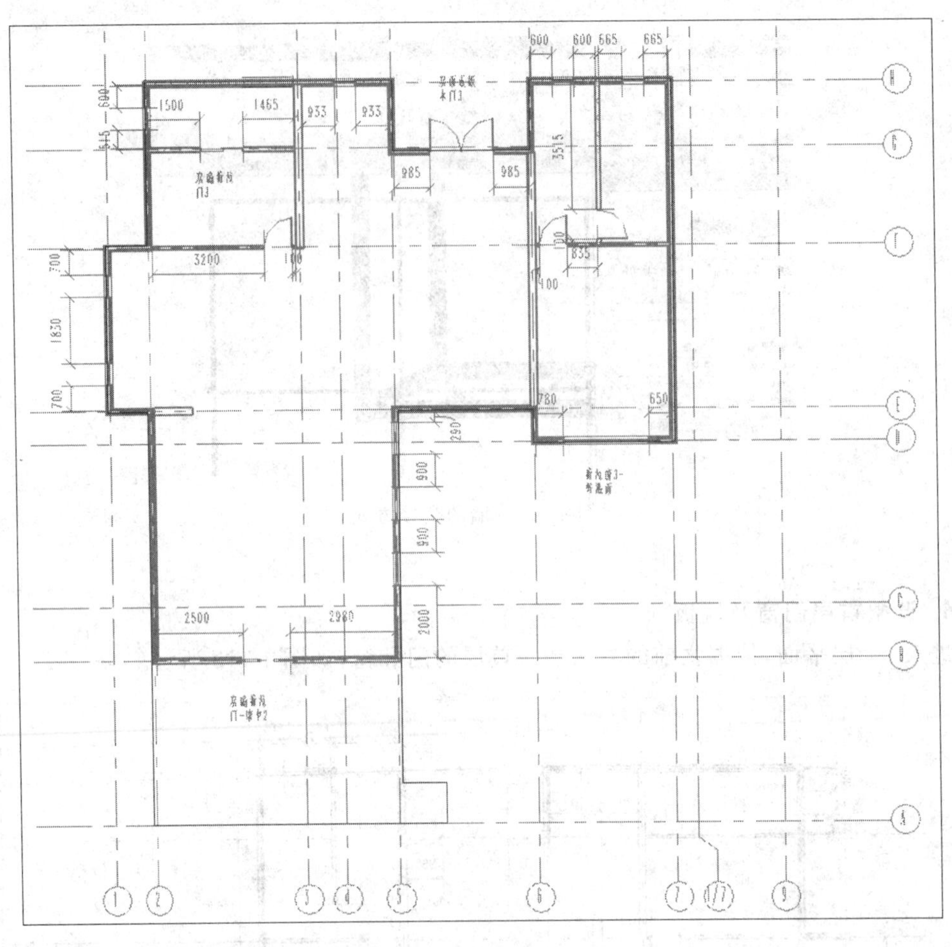

图 4-114 编辑首层楼板

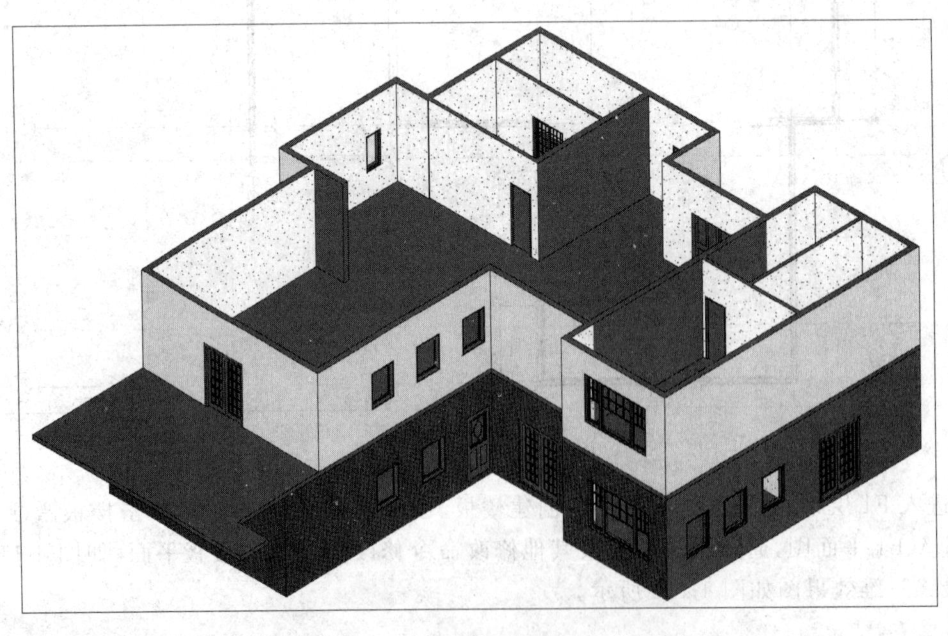

图 4-115 首层楼板完成后的三维图

7. 绘制二层外墙、内墙、门窗及楼板

进入F2层平面，依据之前的方法完成二层的外墙、内墙、门和窗的创建，如图4-116所示。此时有个小技巧，创建门窗时，在“修改”选项卡的标记工具栏单击“在放置时进行标记”命令，此时创建门窗会自动对创建的门窗进行标记，调整即可作为图纸元素使用，不需要再进行标记。如图4-116中门窗已标记。单击已标记尺寸数字旁边的“⊢⊣”符号，可以转化为标注尺寸，图4-116中已转化了一部分。

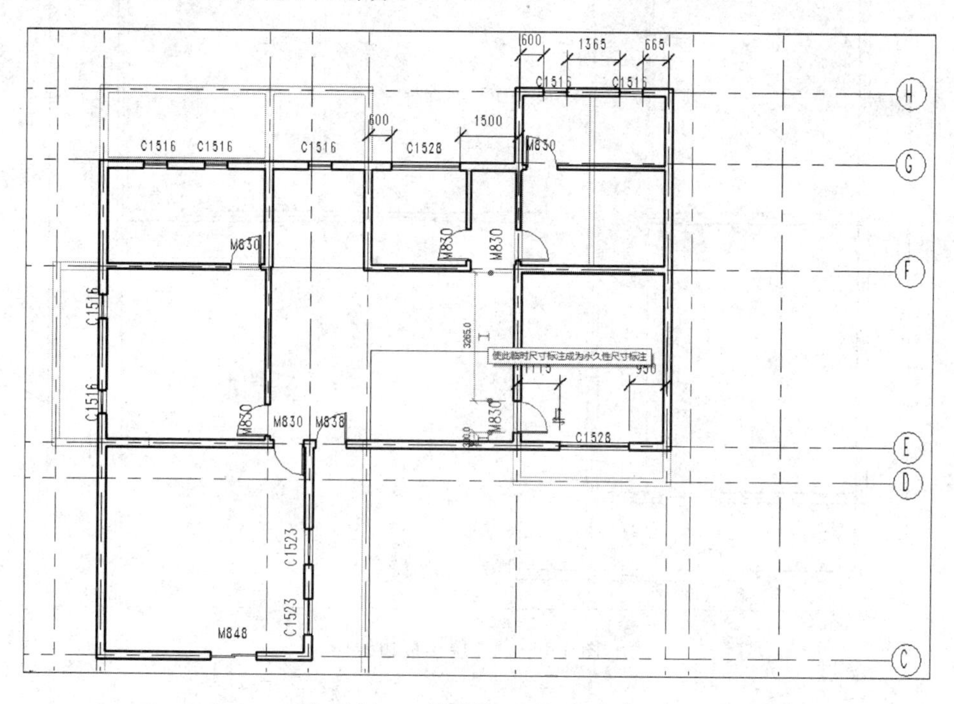

图4-116 二层外墙、内墙、门窗建立

完成后绘制楼板，如图4-117所示。

8. 创建楼梯竖井及内厅竖井

进入F2层平面，单击“建筑”选项卡的洞口工具栏“竖井”命令，在“属性”选项卡中设置实例参数“底部限制条件”为“1F”，“底部偏移”为“200”（大于楼板厚度即可），“顶部限制条件”为“直到标高：F2”，采用直线或矩形命令创建洞口，按“✔”完成竖井的创建，如图4-118所示，最终三维效果图如图4-119所示。

4.3.4 绘制玻璃幕墙

幕墙是现代建筑设计中被广泛应用的一种建筑构件，由幕墙网格、竖梃和幕墙嵌板组成。在Revit 2017中，根据幕墙的复杂程度分常规幕墙、规则幕墙系统和面幕墙系统。

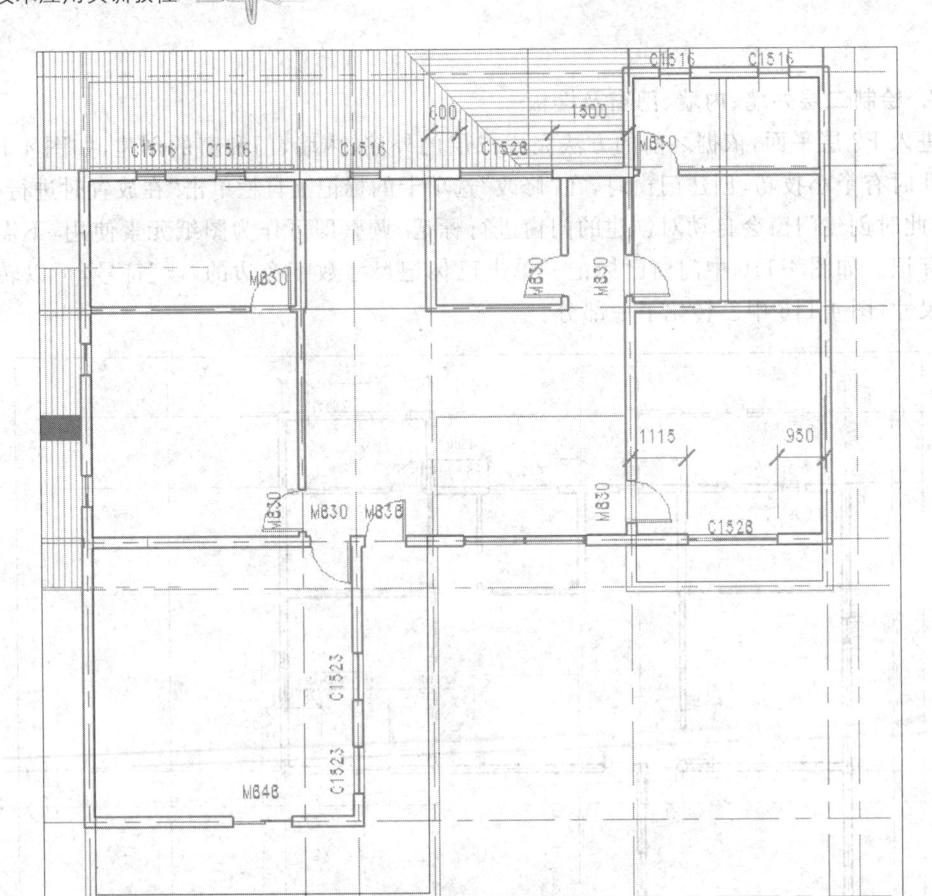

图 4-117　二层楼板边线

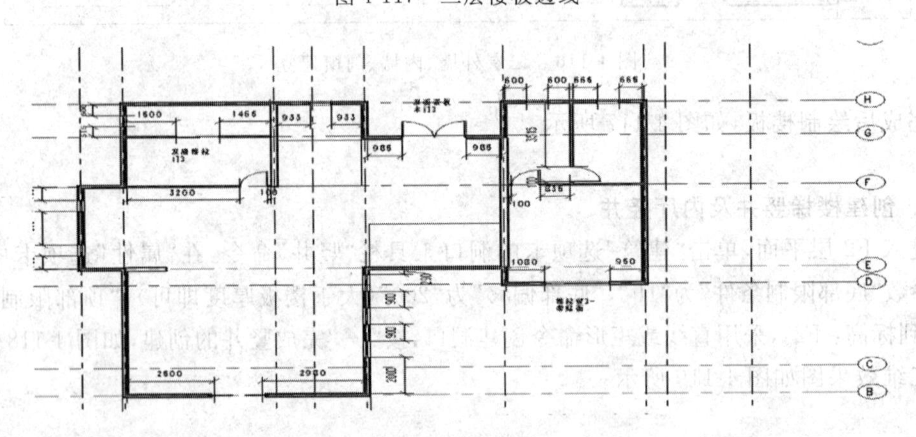

图 4-118　竖井创建

双击项目浏览器"F1"进入其平面视图，单击选项卡"建筑"—"墙"命令。在类型选择器中选择"幕墙"类型，在"属性"选项卡中设置实例参数"底部限制条件"为"F1"，"底部偏移"为"200"，"顶部限制条件"为"未连接"，"无连接高度"为"5600"。单击"编辑类型"按钮，调整结构如图 4-120 所示。重命名为"MQ2400"。在轴⑤、轴⑥之间的轴Ⓔ处，创建一片幕墙。如图 4-121 所示，切换到三维视图，单击选项卡"建筑"—"幕墙网格"命令，将鼠标指针放在幕墙

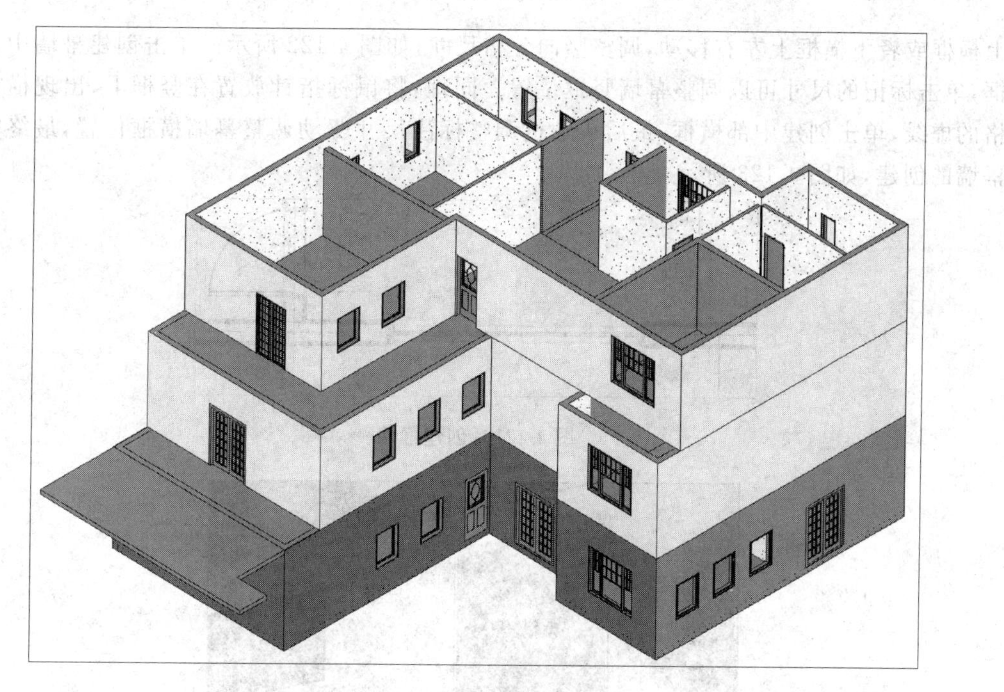

图 4-119 二层完成后的三维图

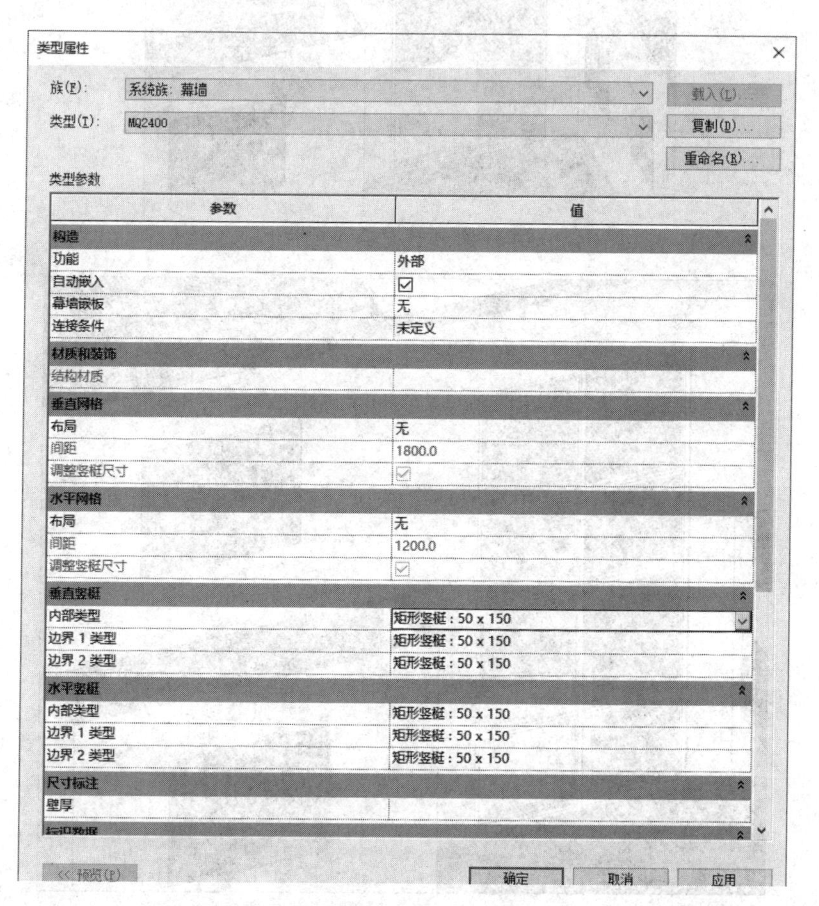

图 4-120 幕墙属性调整

上横框或者下横框上左右移动，调整竖向分格尺寸，如图 4-122 所示。单击创建幕墙中部竖框，单击标记的尺寸可以调整幕墙竖框位置。同理，将鼠标指针放置在竖框上，出现横向分格的虚线，单击创建中部横框，最后再通过调整标注尺寸驱动调整幕墙横框位置，最终完成幕墙的创建，如图 4-123 所示。

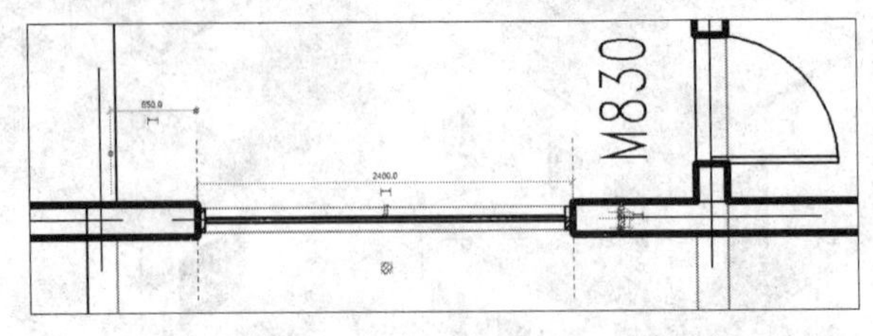

图 4-121 创建幕墙

图 4-122 幕墙三维效果

图 4-123 创建分格

4.3.5 创建屋顶

屋顶是建筑的重要组成部分。在 Revit 中提供了多种建模工具，如迹线屋顶、拉伸屋顶、面屋顶、玻璃斜窗等创建屋顶的常规工具。此外，对于一些特殊造型的屋顶，还可以通过内建模型的工具来创建。

1. 创建拉伸屋顶

在项目浏览器中双击“楼层平面”项下的“F2”，打开二层平面视图。在“属性”选项卡中，设置参数“基线”为“F1”，如图 4-124 所示。单击“建筑”选项卡工作平面工具栏“参照平面”命令，如图 4-125 所示，在Ⓕ轴和Ⓔ轴向外 800mm 处各绘制一根参照平面，在①轴向左 500mm 处绘制一根参照平面。

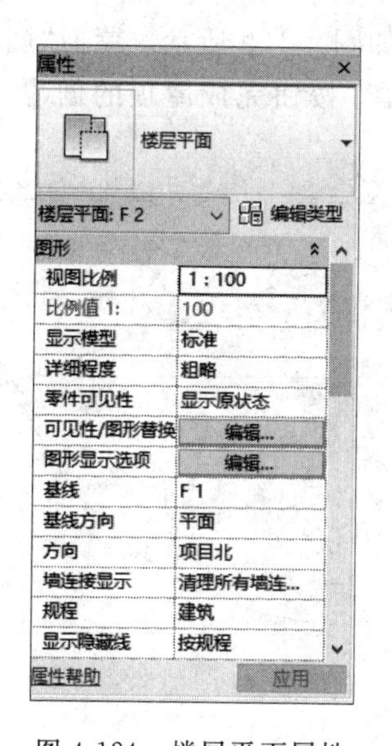

图 4-124 楼层平面属性

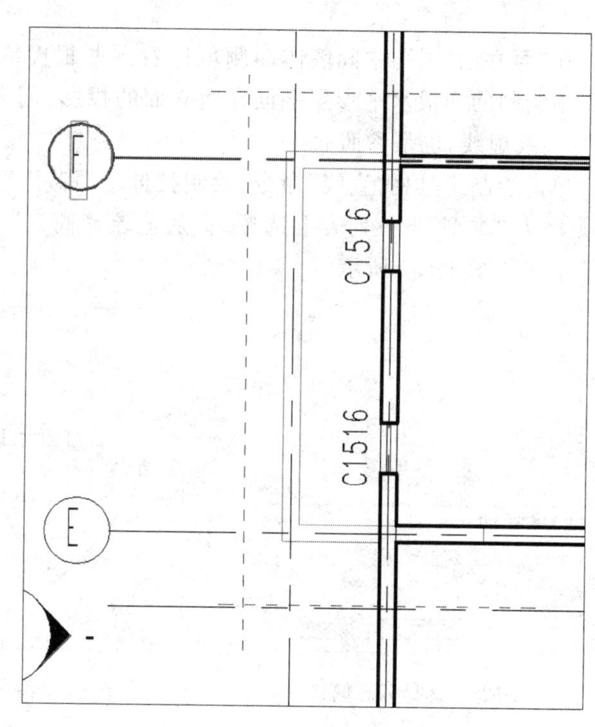

图 4-125 绘制参照平面

单击“建筑”选项卡“屋顶”命令的右边小三角下拉菜单，单击“拉伸屋顶”命令，如图 4-126 所示，系统会弹出“工作平面”对话框提示设置工作平面。在“工作平面”对话框中选择“拾取一个平面”，单击“确定”关闭对话框。移动光标单击拾取刚绘制的垂直于Ⓔ轴、Ⓕ轴的参照平面，打开“转到视图”对话框，如图 4-127 所示。在上面的列表中单击选择“立面-西”，单击“确定”关闭对话框进入“西立面”视图。在弹出的“屋顶参照标高和偏移”对话框，如图 4-128 所示，设置标高 F2，偏移 0mm。

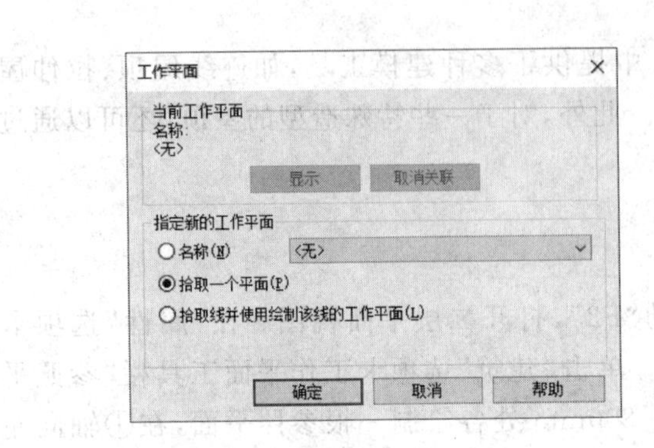

图 4-126 选择工作平面

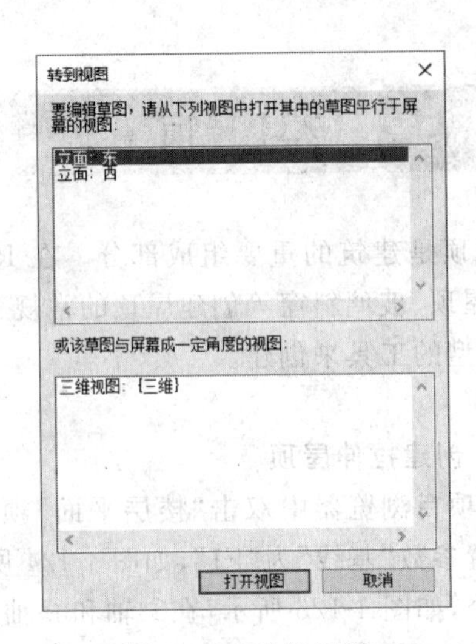

图 4-127 选择视图

在“西立面”视图中间墙体两侧可以看到两根虚线，竖向的参照平面，这是刚才在“F2”视图中绘制的两根水平参照平面在西立面的投影，用来创建屋顶时精确定位。还有一根是F2标高线虚线，也是参照面。

单击绘制工具栏“直线”命令，绘制拉伸屋顶截面形状线，如图 4-129 所示。屋面“属性”选项卡，从“类型”下拉列表中选择“青灰色琉璃筒瓦”，单击“✔”按钮完成屋顶的创建。三维效果图如图 4-130 所示。

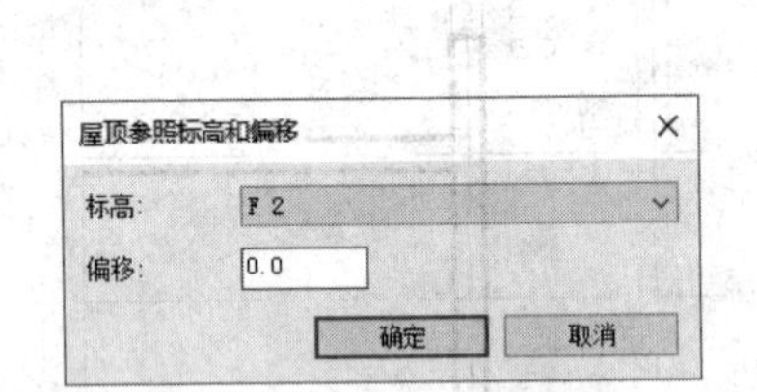

图 4-128 选择标高偏移

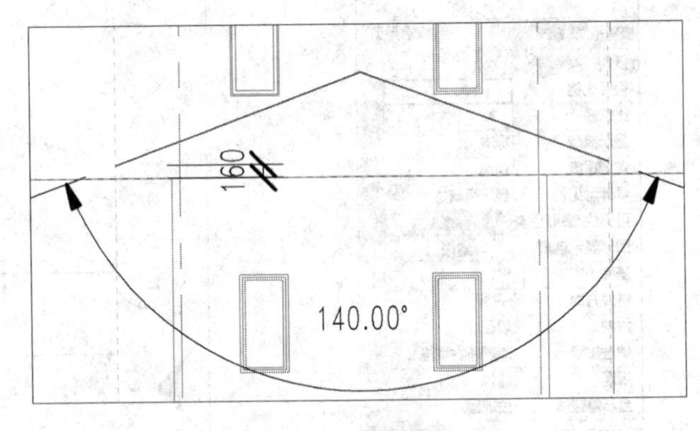

图 4-129 创建屋顶线

三维视图中观察上节创建的拉伸屋顶，可以看到屋顶长度过长，延伸到了二层屋内，此时需要修改屋面。选中屋面后，单击“修改”选项卡的几何图形工具栏中的“ ”，连接/取消连接屋顶命令，单击伸进室内的屋顶的边线如图 4-131 所示，再单击与屋顶连接的墙外面，如图 4-132 所示，最终结果如图 4-133 所示。

此时，发现屋顶底部的墙与屋顶没有关联，按住 Ctrl 键连续单击选择屋顶下面的三面墙，如图 4-134 所示，在“修改墙”工具栏中单击“附着顶部/底部”命令，再在“命令”选项卡下侧的选项栏中选择“顶部”，然后选择屋顶，如图 4-135 所示。作为被附着的目标，则墙体自动将其顶部附着到屋顶下面，如图 4-136 所示。这样在墙体和屋顶之间创建了关联关系。

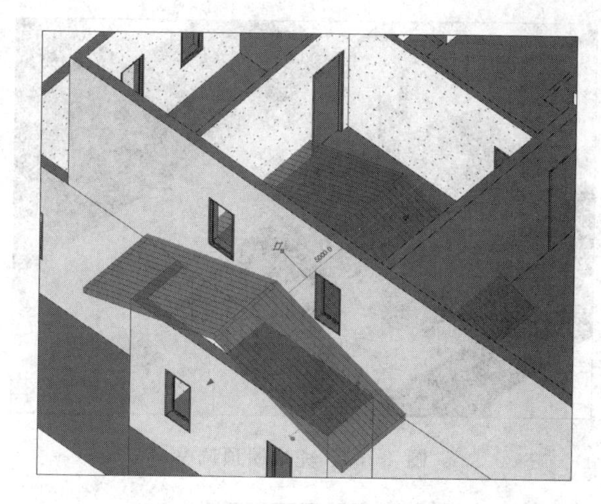

图 4-130 屋顶三维效果图

图 4-131 选取屋顶边线

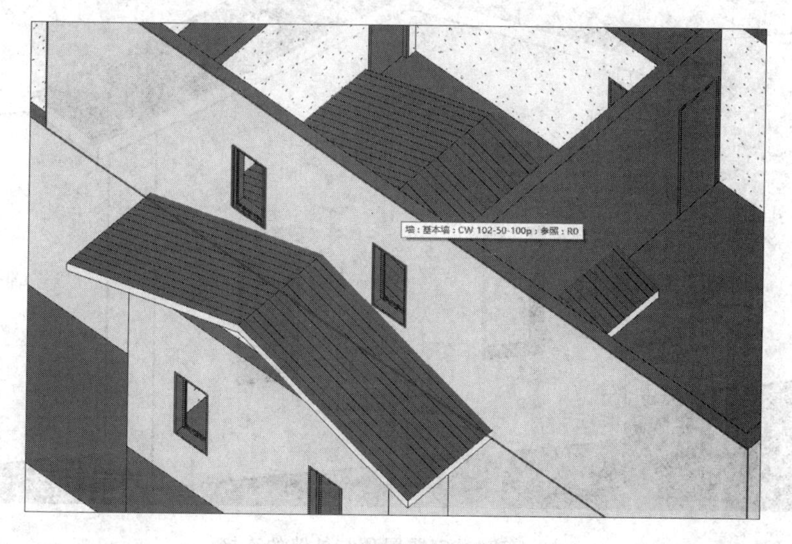

图 4-132 选择要连接的墙面

图 4-133 完成屋顶调整

图 4-134 调整外墙

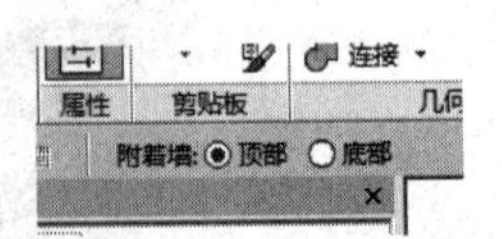

图 4-135 附着到屋顶

图 4-136 完成屋顶与外墙的连接

2. 创建迹线屋顶

下面使用“迹线屋顶”命令创建项目二层的多坡屋顶。单击“建筑”选项卡“屋顶”命令的右边小三角下拉菜单，选择“迹线屋顶”命令，进入绘制屋顶轮廓迹线草图模式。绘制工具栏选择“直线”命令，如图 4-137 所示，绘制屋顶轮廓迹线，轮廓线沿相应轴网往外偏移 800mm。

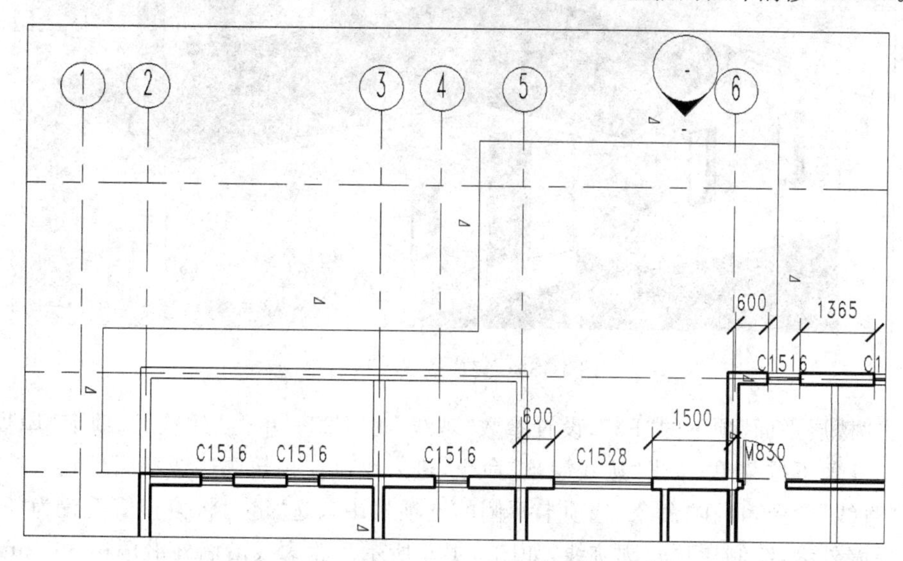

图 4-137　迹线屋顶轮廓线

单击屋顶“属性”选项卡，屋顶“类型”下拉列表中选择“青灰色琉璃筒瓦”，设置屋顶的属性“坡度”参数为 20°。按住 Ctrl 键连续单击选择最上面、最下面、最左面和右下角一横一竖两个短的迹线，选项栏取消勾选“定义坡度”选项，取消这些边的坡度，如图 4-138 所示。

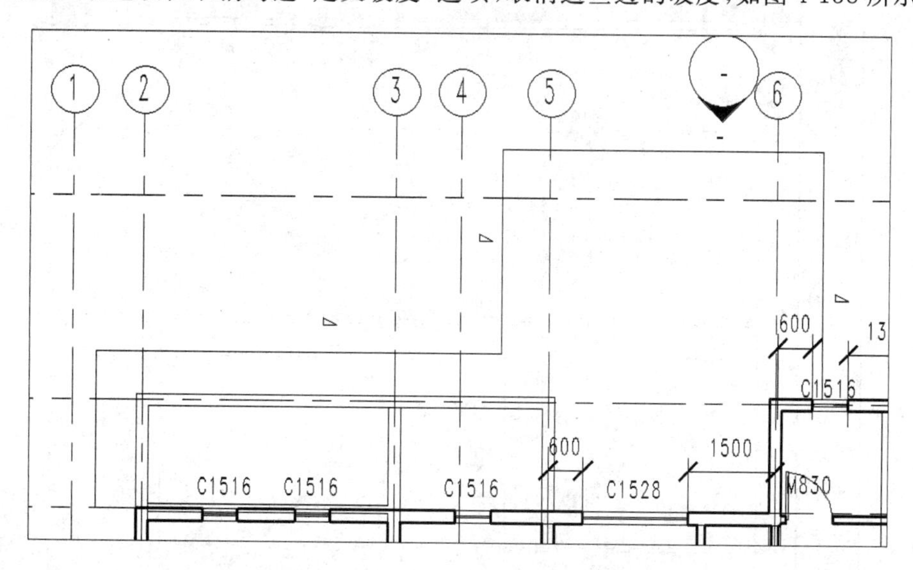

图 4-138　取消坡度

单击“完成屋顶”命令，创建了二层多坡屋顶。同时按前述方法，在“修改墙”工具栏中单击“附着顶部/底部”命令，再在“命令”选项卡下侧的选项栏中选择“顶部”，然后拾取刚创建的屋顶，将墙体附着到屋顶下，如图 4-139 所示。

图 4-139 完成迹线屋顶创建

双击“楼层平面”项下的“F3”，设置参数“基线”为“F2”。单击“建筑”选项卡“屋顶”命令的右边小三角下拉菜单，单击“迹线屋顶”命令，进入绘制屋顶轮廓迹线草图模式。绘制工具栏选择“直线”命令，再在“命令”选项卡下侧的选项栏中勾选“链”，将偏移值设置为“800”，顺时针选择墙外缘，绘制屋顶轮廓迹线，如图 4-140 所示。轮廓线沿墙外沿偏移 800mm。

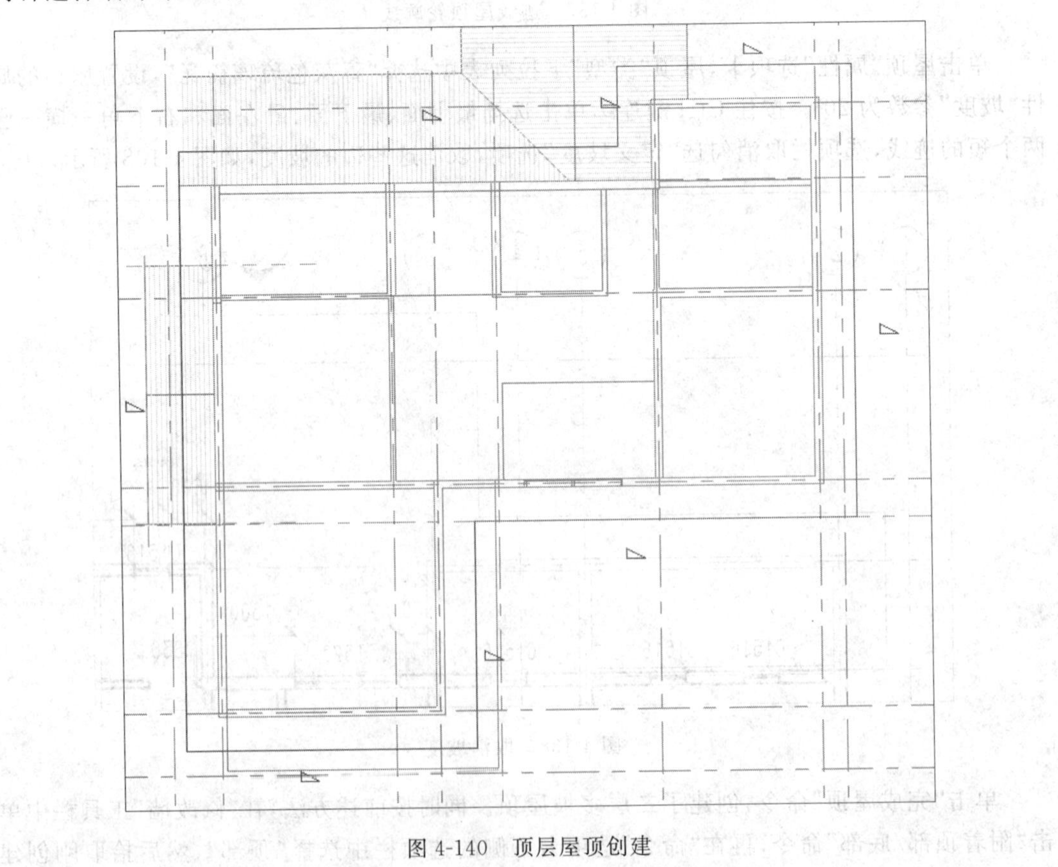

图 4-140 顶层屋顶创建

单击工作平面工具栏“参照平面”命令，绘制两条参照平面和中间两条水平迹线平齐，并和左右最外侧的两条垂直迹线相交，如图 4-141 所示。

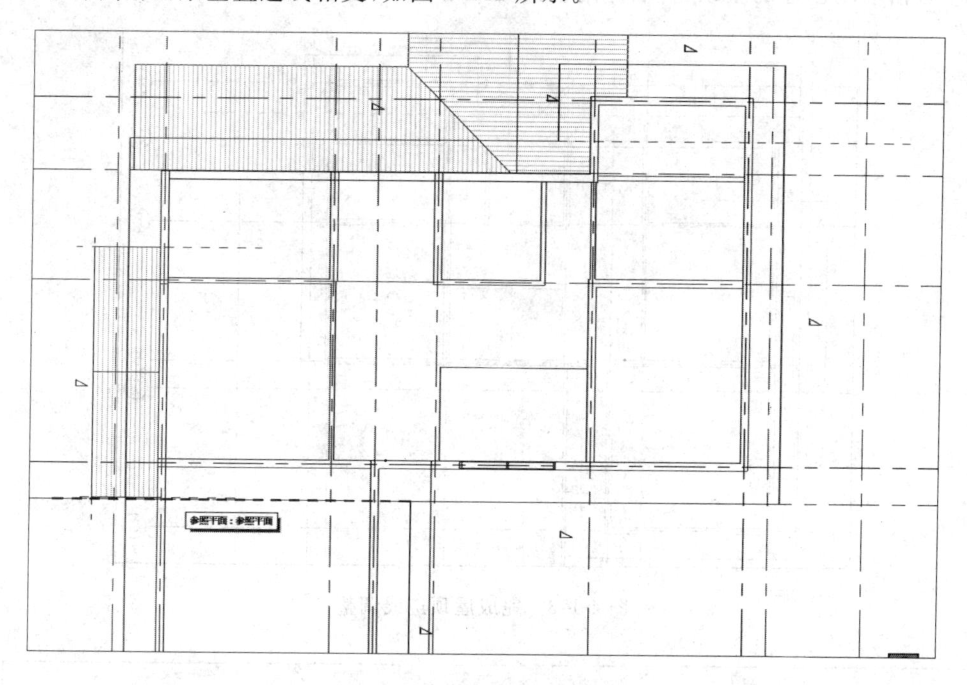

图 4-141 顶层屋顶调整

单击工具栏“拆分图元”命令，移动光标到参照平面和左右最外侧的两条垂直迹线交点位置，分别单击鼠标左键，将两条垂直迹线拆分成上下两段。图 4-142 两根选中的迹线已被拆分出来。

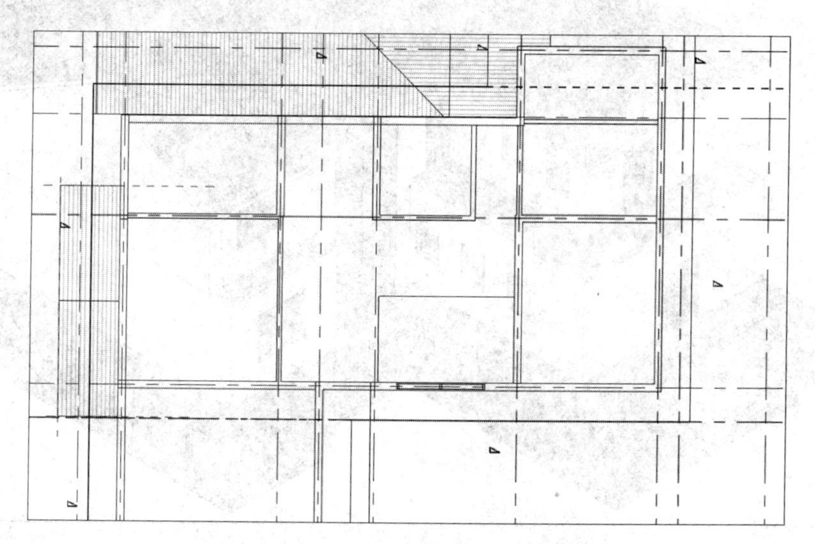

图 4-142 拆分屋顶迹线

按住 Ctrl 键单击上面选择的两条迹线，选项栏取消勾选“定义坡度”选项，取消坡度设置。完成后的屋顶迹线轮廓如图 4-143 所示。单击绿色对号创建三层多坡屋顶。同时按前述方法，在工具栏中单击“附着顶部/底部”命令，再在“命令”选项卡下侧的选项栏中选择“顶部”，然后拾取刚创建的屋顶，将墙体附着到屋顶下，最终效果图如图 4-144 所示。

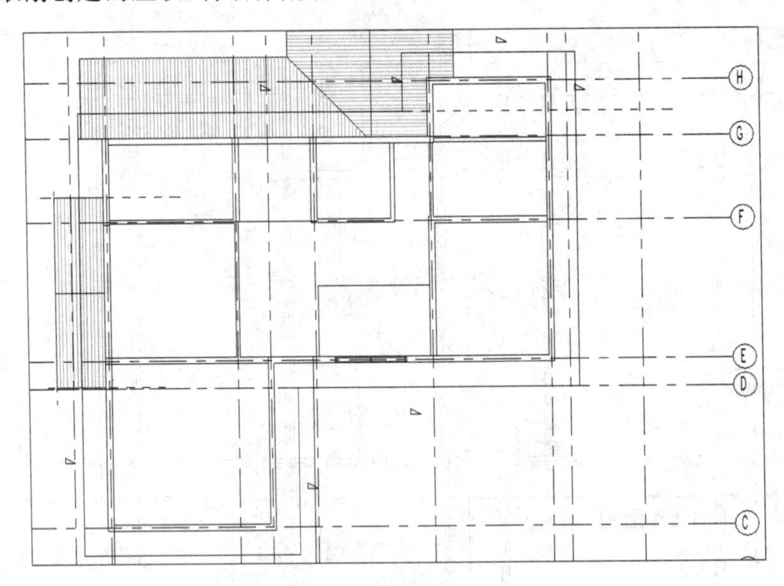

图 4-143　完成屋顶迹线调整

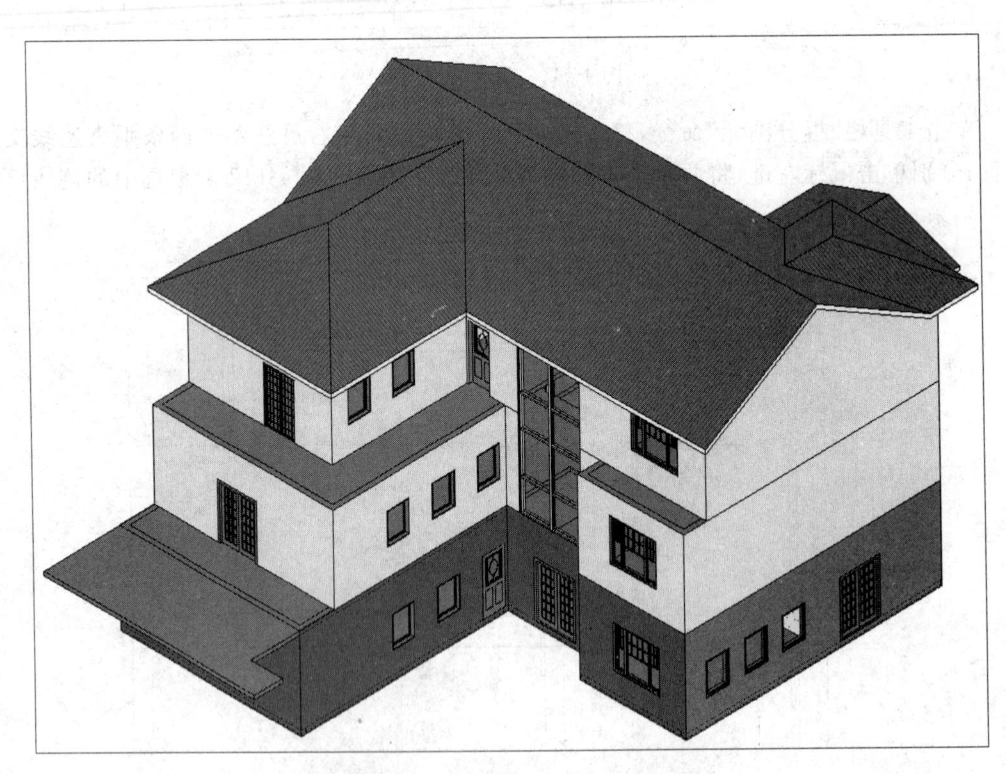

图 4-144　完成屋顶后最终效果图

4.3.6　创建楼梯和扶手

1. 创建室外楼梯

单击“建筑”选项卡楼梯坡道工具栏“现场浇注楼梯-整体浇注楼梯”命令，进入绘制草图模式。

楼梯“属性”选项卡选择楼梯类型为“室外楼梯”，设置楼梯的“底部标高”为“－1GF”，“顶部标高”为“F1”、然后单击编辑类型选项，在对话框里设置“宽度”为“1200”、“最大踢面高度”为“180”、“最小踏板深度”为“280”。单击“确定”，工具选项栏单击栏杆扶手选项，在栏杆扶手对话框，选择型式为：“900mm 圆管”，单击“确定”，如图 4-145 所示。

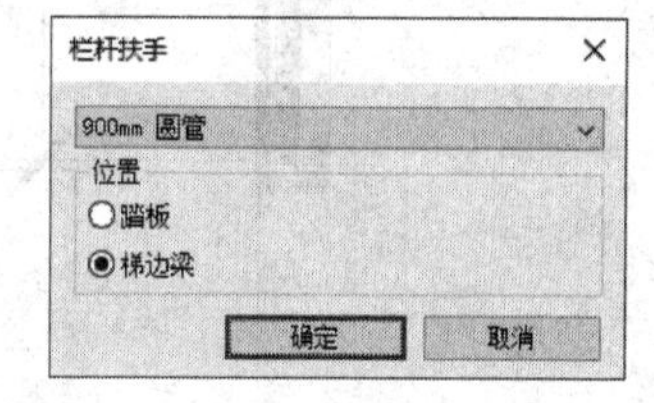

图 4-145　选择栏杆扶手

“构件”工具栏单击“梯段”命令，选择“直梯”模式，在建筑外随意单击一点作为第一跑起点，垂直向下移动光标，直到显示“创建了 10 个踢面，剩余 10 个”时，单击鼠标左键捕捉该点作为第一跑终点，创建第一跑草图。按 Esc 键结束第一跑绘制，如图 4-146 所示。

将鼠标放在第一跑楼梯中心的终点，然后垂直往下移动，此时出现标记的尺寸箭头，输入“1200”(平台段的距离，可以依据实际输入)，如图 4-147 所示。向下垂直移动光标到矩形预览框之外，单击鼠标左键，创建剩余的踏步，结果如图 4-148 所示。

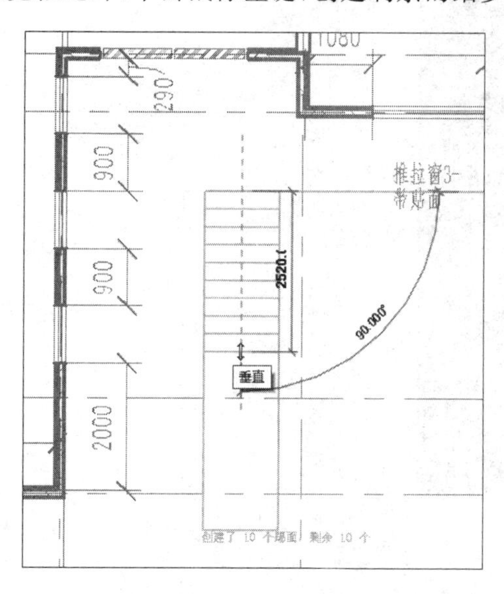

图 4-146　创建第一段楼梯

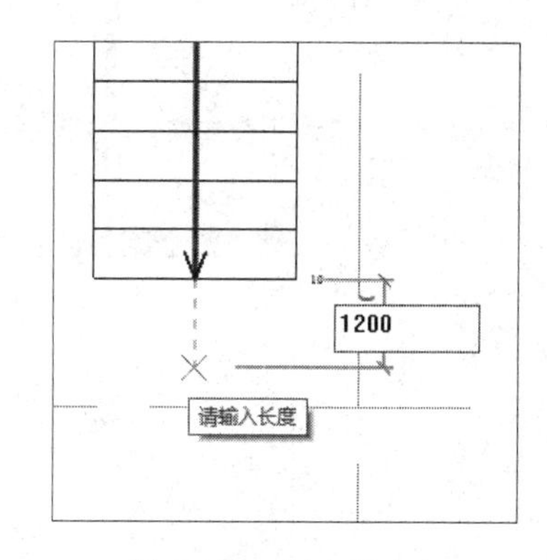

图 4-147　创建缓步台

框选刚绘制的楼梯梯段草图，单击工具栏“移动”命令，F1 层楼板外边缘位置如图 4-149 所示。

单击“✔”创建了室外楼梯，删除内侧扶手，结果如图 4-150 所示。

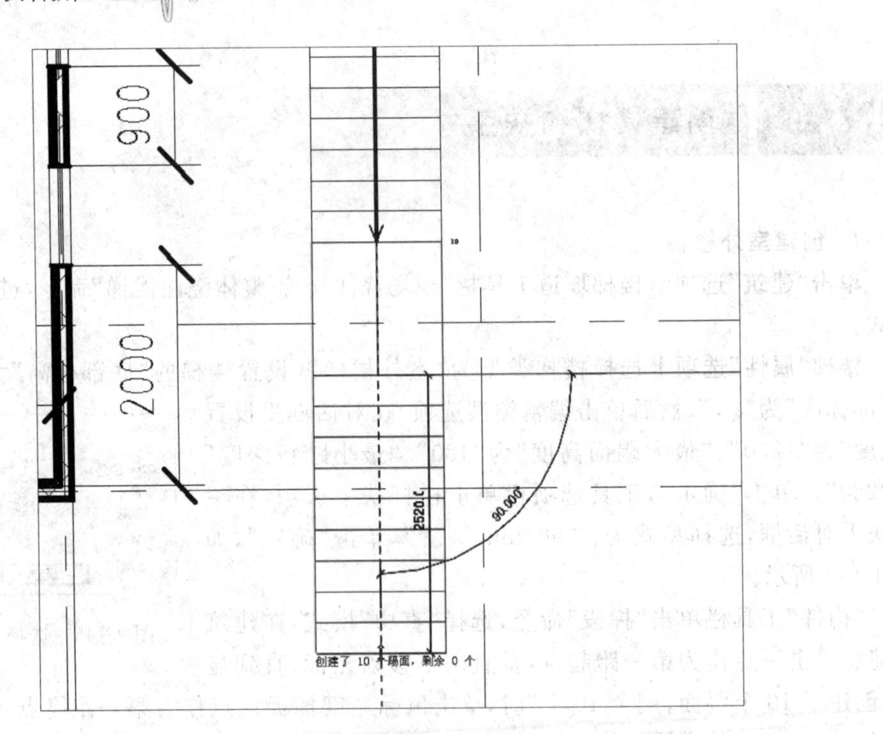

图 4-148 创建第二段楼梯

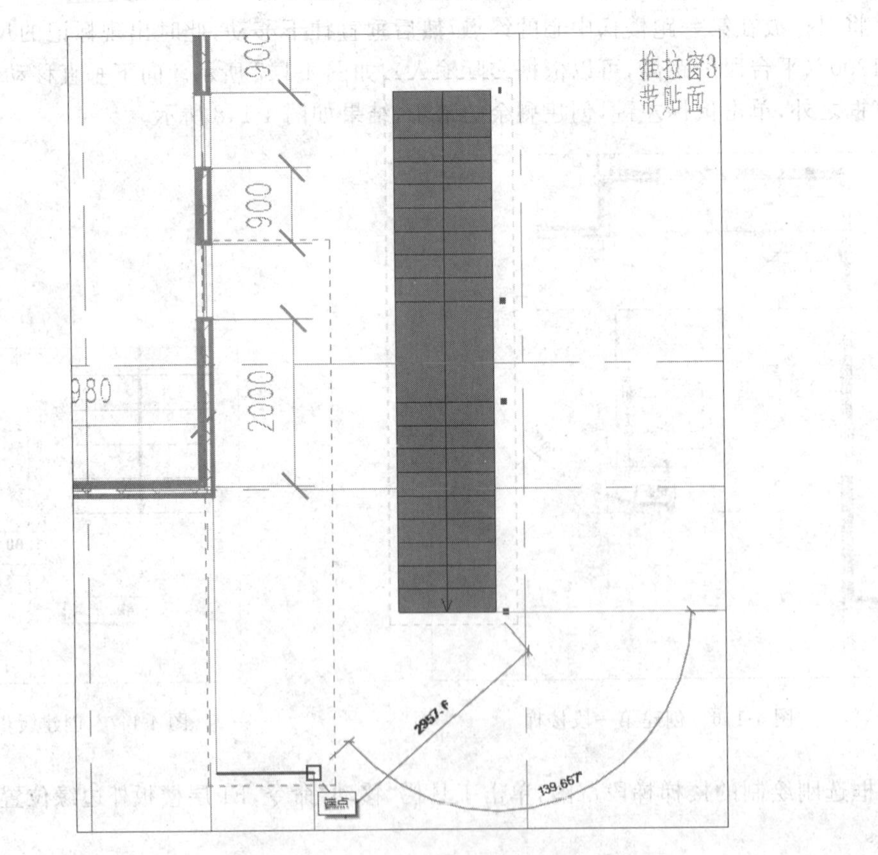

图 4-149 平移楼梯到指定位置

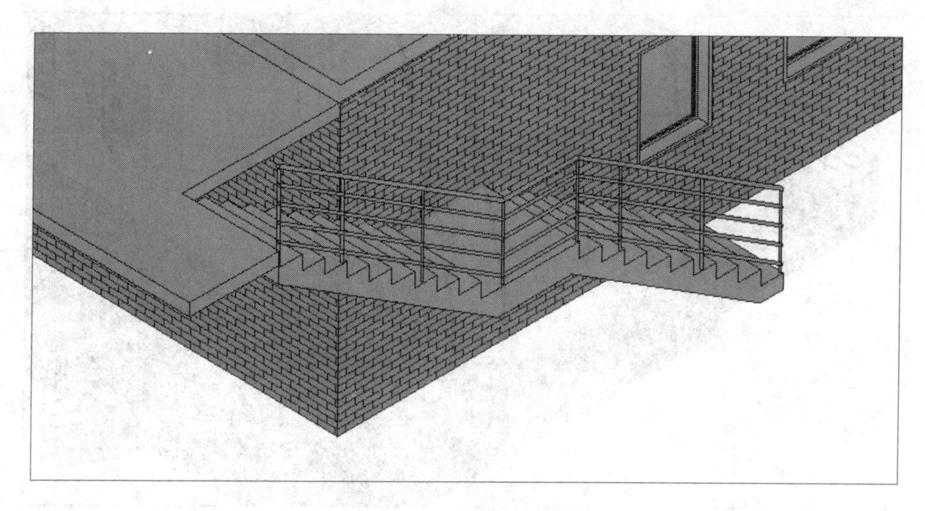

图 4-150 楼梯三维图

2. 创建室外扶手

单击“建筑”选项卡楼梯坡道工具栏“栏杆扶手”命令，进入绘制草图模式。设置楼梯的“踏板/梯边梁偏移”为“－25.4”(此处为保住与楼梯扶手交接在一条线上)，楼梯的“底部标高”为“F1”，单击欲创建扶手的楼板外缘线，如图 4-151 所示。

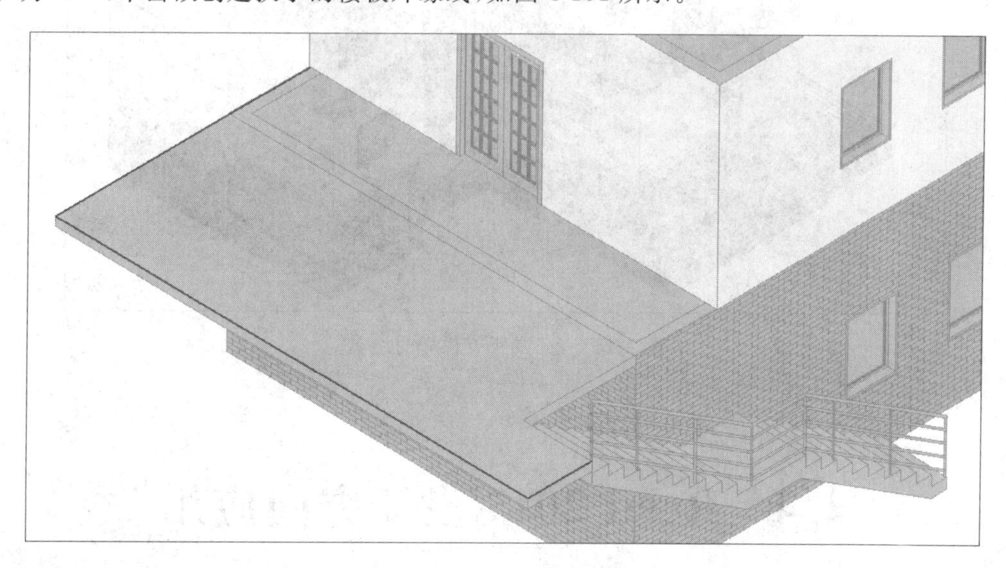

图 4-151 创建楼板外缘线

单击绿色对号完成栏杆扶手的创建，如图 4-152 所示。同样方法完成整栋别墅的栏杆建立，如图 4-153 所示。二层采用“玻璃嵌板-底部填充”栏杆。

对于该样例别墅其他部分的建立，包括室内楼梯、室内栏杆扶手、室外坡道、台阶等(柱、梁等建立方法已在 3.2 节介绍)，本文不再赘述，操作万变不离其宗，思路及方法与本文已介绍部分基本一致，请读者自行学习。

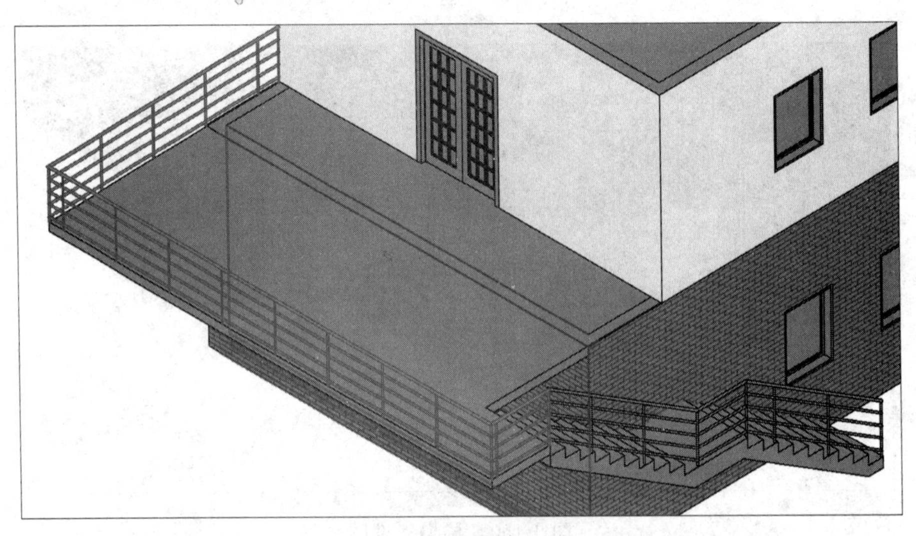

图 4-152　创建栏杆扶手

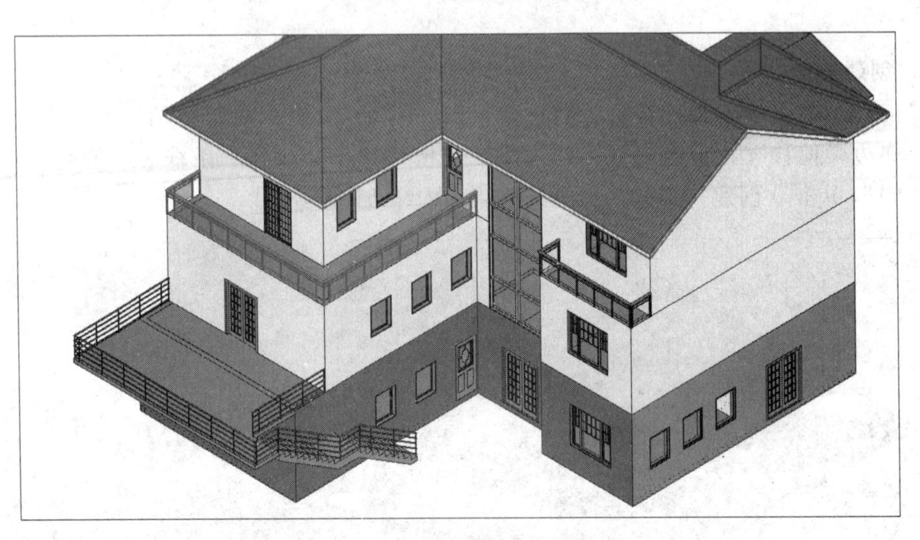

图 4-153　完成所有栏杆的绘制

4.4　Revit 2017 设计方向应用

4.4.1　对象样式管理

单击“管理”选项卡设置工具栏的“对象样式”命令，设置平面显示和剖面显示时对象的线宽、线型和颜色，以符合我们 CAD 绘图时的显示习惯。另外，将来创建施工图时，对应平面和剖面的对象样式也可以作为打印样式输出到创建的图纸中。单击“对象样式”命令后，弹出对象样式对话框如图 4-154 所示。

对象样式

模型对象 注释对象 分析模型对象 导入对象

过滤器列表(F): <全部显示>

类别	线宽		线颜色	线型图案	材质
	投影	截面			
HVAC 区	1		黑色		
专用设备	1		黑色	实线	
体量	1	1	黑色	实线	默认形状
停车场	1		黑色	实线	
卫浴装置	1		黑色	实线	
喷头	1		黑色	实线	
地形	1	1	黑色	实线	土壤 - 自然
场地	1	1	黑色	实线	
坡道	1	4	黑色	实线	
墙	1	4	黑色	实线	默认墙
天花板	1	1	黑色	实线	
安全设备	1		黑色		
家具	1		RGB 128-128-12	实线	
家具系统	1		RGB 128-128-12	实线	
导线	1		黑色	实线	
屋顶	1	4	黑色	实线	默认屋顶
常规模型	1	1	黑色	实线	
幕墙嵌板	1	2	RGB 255-128-0	实线	
幕墙竖梃	1	1	RGB 000-255-06	实线	
幕墙系统	1	1	RGB 000-127-00	实线	

全选(S) 不选(E) 反选(I)

修改子类别

新建(N) 删除(D) 重命名(R)

确定 取消 应用(A) 帮助

图 4-154 对象样式调整

如图已经将幕墙嵌板、幕墙竖梃、幕墙系统调整颜色，此时 F1 平面如图 4-155 所示，已经相应改变颜色。

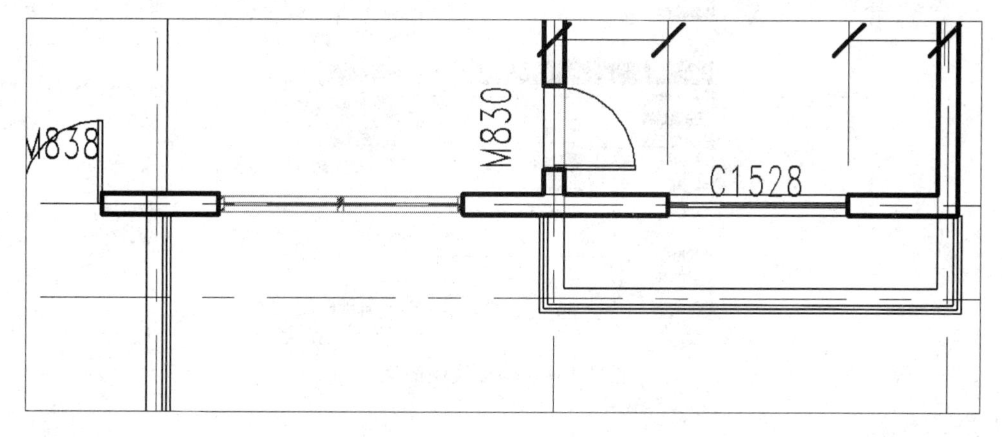

图 4-155 改变对象颜色

线宽调整值为“1-16”数字代号，代表不同比例下的线宽，具体的数值可以在“设置”工具栏单击“其他设置”命令，在下拉菜单上选择“线宽”命令，弹出线宽对话框，可以设置，如图 4-156 所示。从图上可以看出：当平面图的比例为 1∶100 时，2 号线表示 0.175mm 宽，可以手动改为其他数值，然后保存即可。

	1:10	1:20	1:50	1:100	1:200	1:500
1	0.1400 mm	0.1400 mm	0.1400 mm	0.1400 mm	0.1400 mm	0.1400 mm
2	0.1750 mm	0.1750 mm	0.1750 mm	0.1750 mm	0.1750 mm	0.1750 mm
3	0.2500 mm	0.2500 mm	0.2500 mm	0.2500 mm	0.2500 mm	0.2500 mm
4	0.5000 mm	0.5000 mm	0.5000 mm	0.5000 mm	0.5000 mm	0.5000 mm
5	0.6000 mm	0.6000 mm	0.6000 mm	0.6000 mm	0.6000 mm	0.6000 mm
6	0.7500 mm	0.7500 mm	0.7500 mm	0.7500 mm	0.7500 mm	0.7500 mm
7	1.0000 mm	1.4000 mm	1.4000 mm	1.0000 mm	0.8000 mm	0.8000 mm
8	1.0000 mm	2.0000 mm	2.0000 mm	1.4000 mm	1.0000 mm	1.0000 mm
9	4.0000 mm	2.8000 mm	2.8000 mm	2.0000 mm	1.4000 mm	1.4000 mm
10	5.0000 mm	4.0000 mm	4.0000 mm	2.8000 mm	2.0000 mm	1.4000 mm
11	6.0000 mm	5.0000 mm	5.0000 mm	4.0000 mm	2.8000 mm	2.0000 mm
12	7.0000 mm	6.0000 mm	6.0000 mm	5.0000 mm	4.0000 mm	2.8000 mm
13	8.0000 mm	7.0000 mm	7.0000 mm	6.0000 mm	5.0000 mm	4.0000 mm
14	9.0000 mm	8.0000 mm	8.0000 mm	7.0000 mm	6.0000 mm	5.0000 mm
15	9.0000 mm	9.0000 mm	9.0000 mm	8.0000 mm	7.0000 mm	6.0000 mm
16	9.0000 mm	9.0000 mm	9.0000 mm	9.0000 mm	8.0000 mm	7.0000 mm

图 4-156 调整线宽

单击设置工具栏的“其他设置”命令，在下拉的菜单上选择“线型图案”命令，弹出线型图案对话框，可以对线型图案进行新建、编辑、删除等操作。此部分通常采用默认设置即可，如图 4-157 所示。

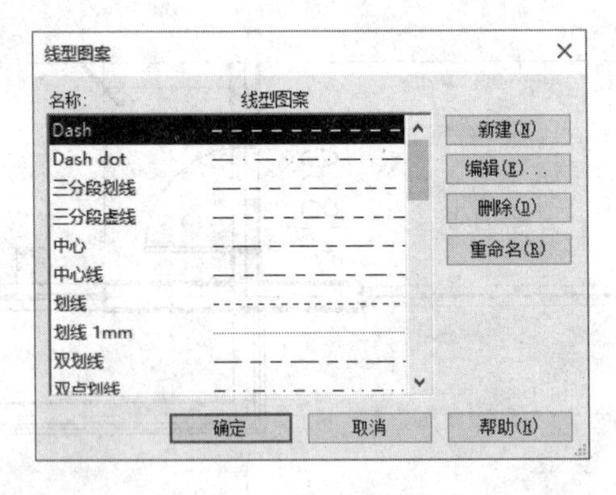

图 4-157 调整线型图案

4.4.2 视图控制

视图控制的运用是 Revit 软件的基本功能，通过平移、旋转、剖切等命令，可以 360°全方位地对模型进行查看、检查，有利于项目间的沟通、讨论和决策。

1. 视图控制

Revit 2017 可以通过鼠标配合键盘按键对三维视图进行简单操作：按住鼠标中键，可以对视图进行平移操作；鼠标中间滚轮上下滑动可以对视图进行放大缩小操作；按住鼠标中间及 Shift 按键，可以对视图进行旋转观察操作(仅限三维视图)。

同时，Revit 也通过视图导航控制盘和 ViewCube 进行模型的三维观察和视图调整，并且支持更加复杂的功能。Revit 的视图还包括楼层平面视图、天花板视图、立面视图、剖面视图、详图视图和明细表等，协助用户更好地进行设计和图纸输出。

Revit 提供了视图导航控制盘和 ViewCube 两种视图控制工具，方便用户进行移动、缩放、旋转等操作。若在绘图窗口没有看到视图导航控制盘或 ViewCube 时，可单击“视图”选项卡窗口工具栏，单击用户界面勾选导航栏或 ViewCube。

(1) 视图导航盘。

在绘图窗口右端可以看到视图导航控制盘相关选项，选择相应的控制盘后，控制盘会跟随鼠标移动，可以通过单击控制盘上的相应功能，进行视图控制操作，若要取消控制盘，可以右键选择“关闭控制盘”或者按 Esc 键即可。利用视图导航控制盘可以实现漫游、回放、保存视图等复杂操作，如图 4-28 所示。

(2) ViewCube。

通过单击 ViewCube 的各顶点、边、面和指南针的方向来控制视图的旋转，按住 ViewCube 或指南针上任意位置并拖动鼠标，可以旋转视图。通过右键或单击下方箭头单击定向到视图命令，可以更为精准地将三维视图定向到平面及立面视图，如图 4-29 所示。

(3) 视觉样式调整。

在视图控制栏中，可以通过选择不同的视觉样式来查看模型，有线框、隐藏线、着色、一致的颜色、真实和光线追踪 6 种模式，如图 4-158 所示。

图 4-158 视觉样式调整

单击“视图”选项卡图形工具栏右下角的小箭头，弹出图形显示选项对话框，如图 4-159 所示，可以调整当前渲染模式的设置。调整三维效果如图 4-160 所示，增加了阴影和灰色背景。

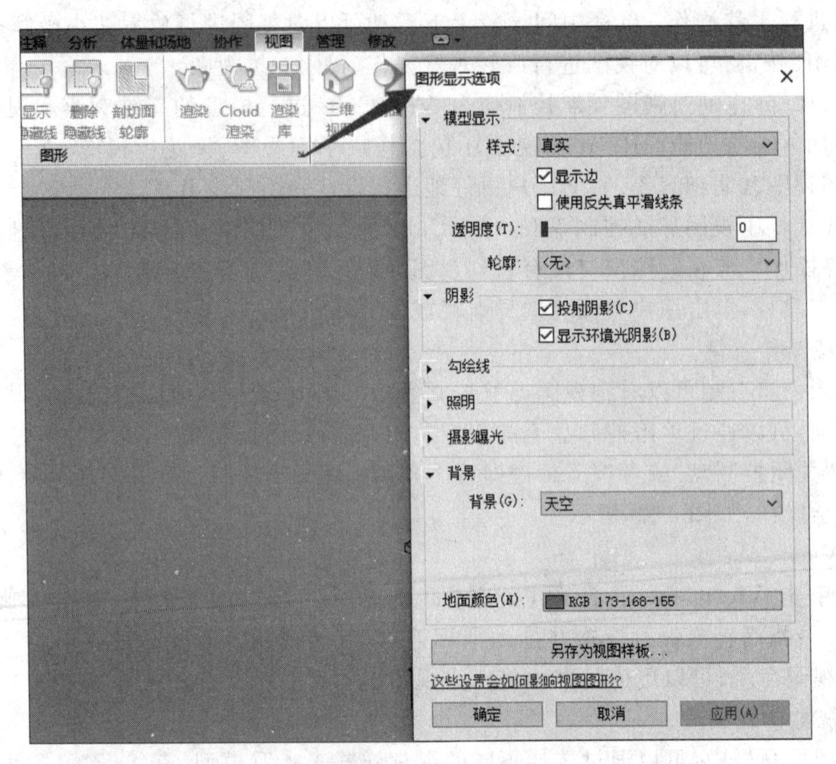

图 4-159 渲染模式调整

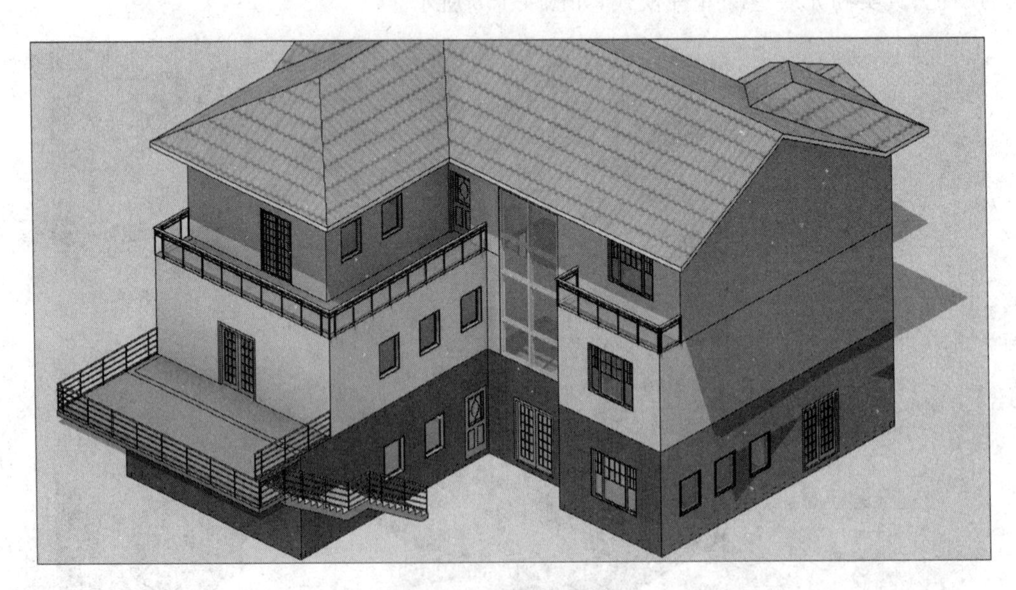

图 4-160 渲染效果

2. 视图操作技巧

为了更好地利用视图去检查模型细节，需要相应地对图元显现方式进行控制，Revit 提供了以下几种方式去控制图元的显示或隐藏。

(1) 单击视图控制栏“临时隐藏/隔离”命令，选择需要隐藏或隔离的图元，单击可以看到“隔离类别”“隐藏类别”“隔离图元”“隐藏图元”“重设临时隐藏/隔离”这几个选项，根据需要选择相应选项(每个选项都有相应的快捷键，因为“临时隐藏/隔离”命令在建模时使用快捷键会大大加快建模速度。快捷键的设定在选项-用户界面-快捷键)。如图 4-161 所示，选择楼梯及栏杆，鼠标单击选择“隐藏图元”。效果如图 4-162 所示。再次单击“临时隐藏/隔离”选择“重设临时隐藏/隔离”，则退出临时隐藏状态，返回之前楼梯及扶手可见的状态。

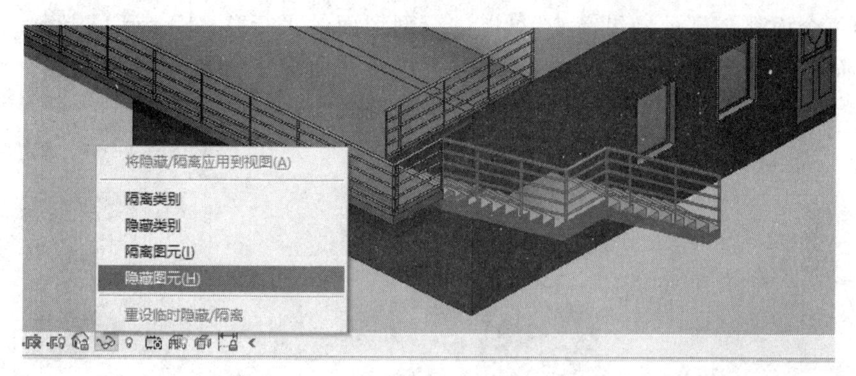

图 4-161 选择隐藏图元

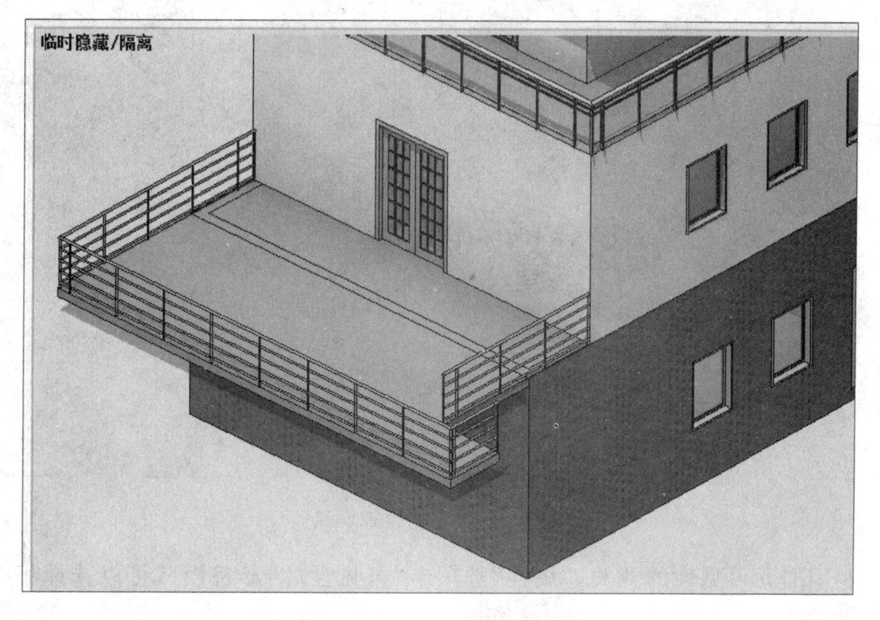

图 4-162 楼梯已隐藏

当用户将图元进行了“临时隐藏/隔离”后，此时“将隐藏/隔离应用到视图(A)”变为可选状态，可以将临时隐藏/隔离的图元在此视图中完全隐藏/隔离，与通过鼠标右键选择“在视图中隐藏”达到一样效果。它和临时隐藏的区别在于：临时隐藏的图元其隐藏是临时性，可以通过鼠标单击“重设临时隐藏/隔离”而命令重新在视图显示出来，而临时隐藏的图元单击“将隐藏/隔离应用到视图(A)”后则真正地隐藏起来，需要单击视图控制栏“显示隐藏的图元”，此时才能在新的临时视图里看见特殊颜色显示隐藏的图元，选择隐藏的图元，单击修改选项卡显示隐藏的图元工具栏中“取消隐藏图元”的命令，才能找回图元。

(2) 利用三维剖面框，勾选属性面板下的剖面框，可以进行三维状态下的斜面的剖切。单击剖面框，如图 4-163 所示。在剖面框的每个面都会显示操纵箭头，可以进行剖切面的平行移动；在剖面框的上部顶点会有旋转操作杆，可以对剖面框进行角度调整，如图 4-164 所示，调整后的显示状态如图 4-165 所示。

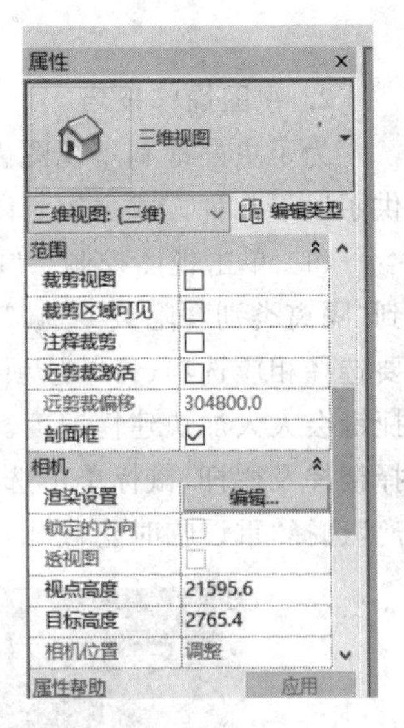

图 4-163 选定剖面框

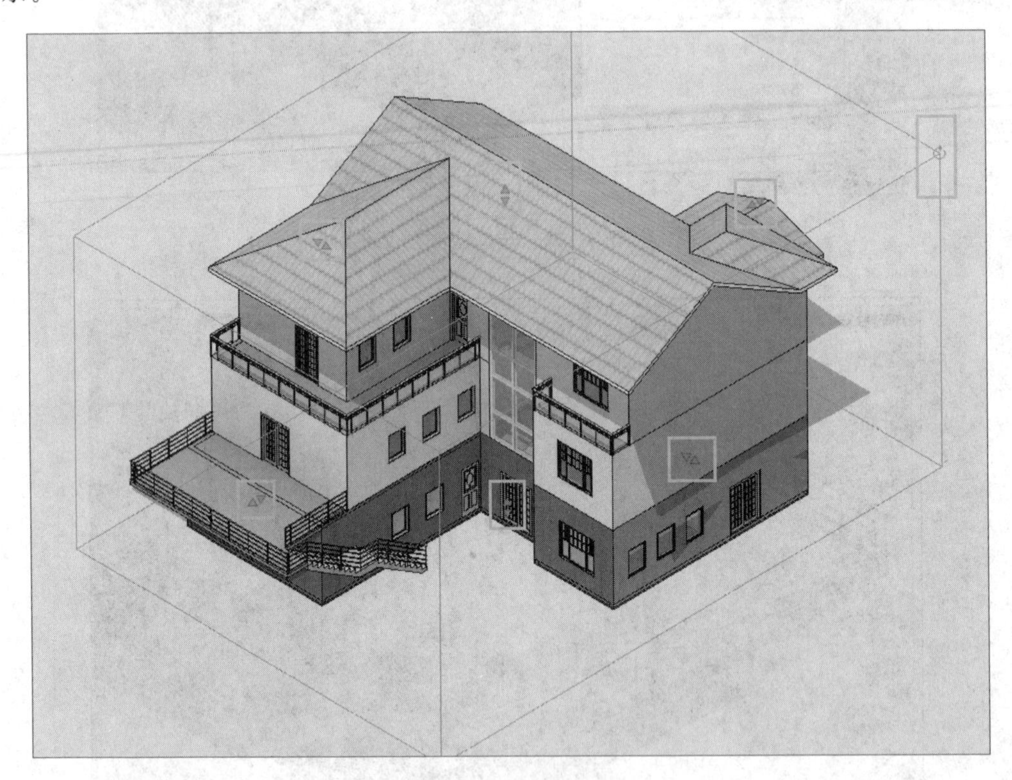

图 4-164 剖面框控制点

(3) 利用图元可见性的开关，“属性”选项卡“可见性/图形替换”，可以选择相应族在视图的显示或隐藏。

(4) 利用图元参数(或共享参数)的添加设定过滤器，通过过滤器来选择图元的可见性。

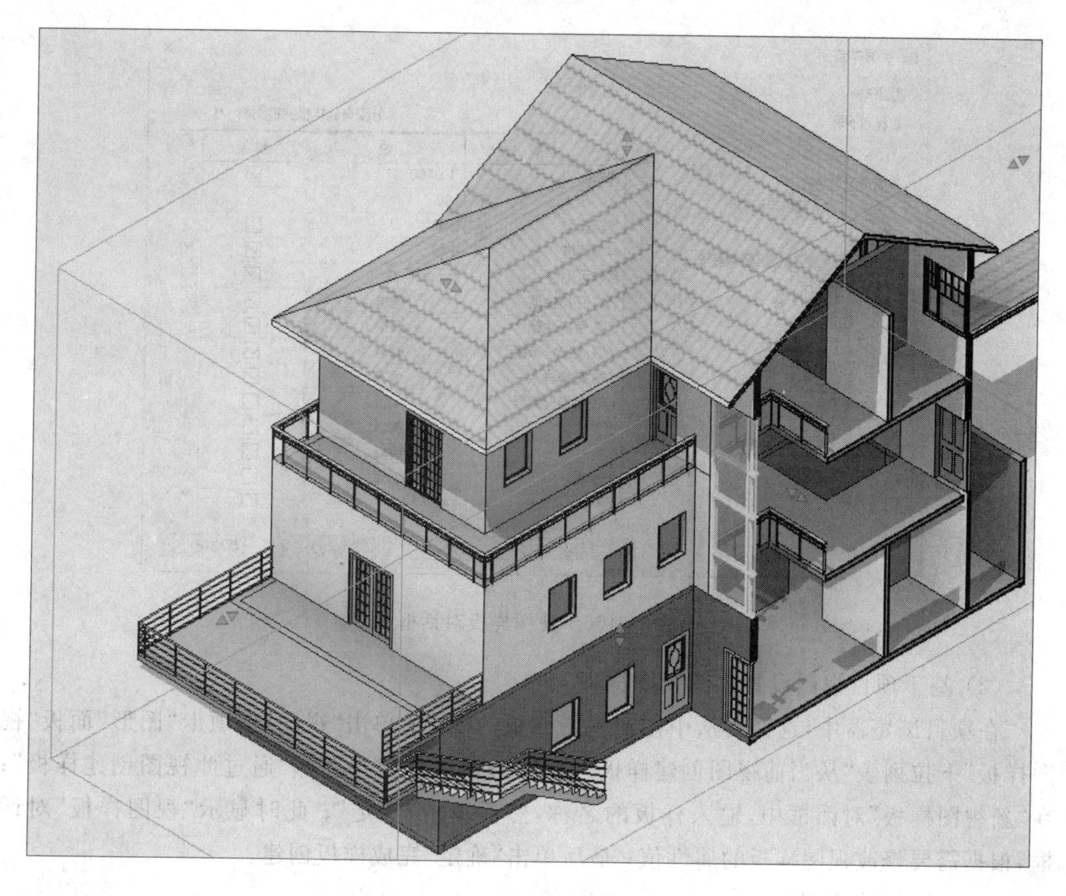

图 4-165 剖面框效果

4.4.3 视图管理

1. 视图样板管理及应用

(1) 基于现有视图样板创建视图样板

单击“视图”选项卡图形工具栏“视图样板”下拉列表“管理视图样板”，弹出视图样板对话框如图 4-166 所示。

在“视图样板”对话框中，使用“规程过滤器”和“视图类型过滤器”限制视图样板列表。每个视图类型的样板都包含一组不同的视图属性，然后为正在创建的样板选择适当的视图类型；在“名称”列表中，选择指定视图样板以用作新样板的起点；单击“复制”按钮。在“新视图样板”对话框中，输入样板的名称，然后单击“确定”；根据需要修改视图样板的各属性值。

如果勾选“包含”选项，可以选择包含在视图样板中的属性，取消勾选“包含”选项可从样板中删除这些属性。对于未包含在视图样板中的属性，不需要指定它们的值。在应用视图样板时不会替换这些视图属性。单击“确定”完成样板创建。

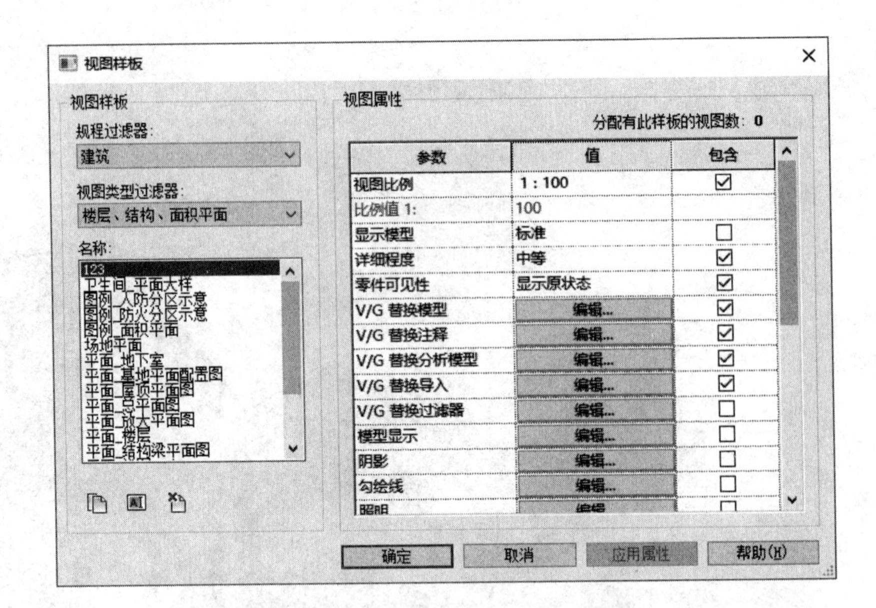

图 4-166 视图样板对话框

(2) 基于项目视图设置创建视图样板

在项目浏览器中,选择要从中创建视图样板的视图;单击"视图"选项卡"图形"面板"视图样板"下拉列表"从当前视图创建样板",或单击鼠标右键并选择"通过此视图创建样板";在"新视图样板"对话框中,输入样板的名称,然后单击"确定";此时显示"视图样板"对话框,根据需要修改视图样板的属性值;最后单击"确定"完成样板创建。

(3) 视图样板的应用

单击"视图"选项卡图形工具栏"视图样板"下拉列表"将样板属性应用于当前视图",选择合适的视图样板,单击确定即可将视图样板应用于当前视图上。

2. 创建视图及图纸

创建视图,在"视图"选项卡的创建工具栏中,可以利用"剖面""详图索引"等命令创建视图。

单击"剖面"命令,在 F1 平面上单击两个点,确定剖面位置,调整剖面位置及方向,如图 4-167 所示。此时可以在"属性"选项卡修改剖面的视图名称。完成后单击项目浏览器剖面子目录下对应的剖面名称,进入刚才绘制的剖面视图,如图 4-168 所示。

利用对象样式将详图索引边界改为红色虚线,单击"详图索引"命令,在 F1 平面上单击两个点,确定索引方框,调整符号位置及方向,如图 4-169 所示。完成后单击项目浏览器"F1-详图索引 1",进入刚才绘制的索引详图,调整比例及图框如图 4-170 所示。

同时修改"属性"选项卡"图纸上的标题"为"MQ01",为将来创建图纸做准备。

对于创建的视图可以在项目管理器对应名字处单击右键,选择删除即可删除视图。

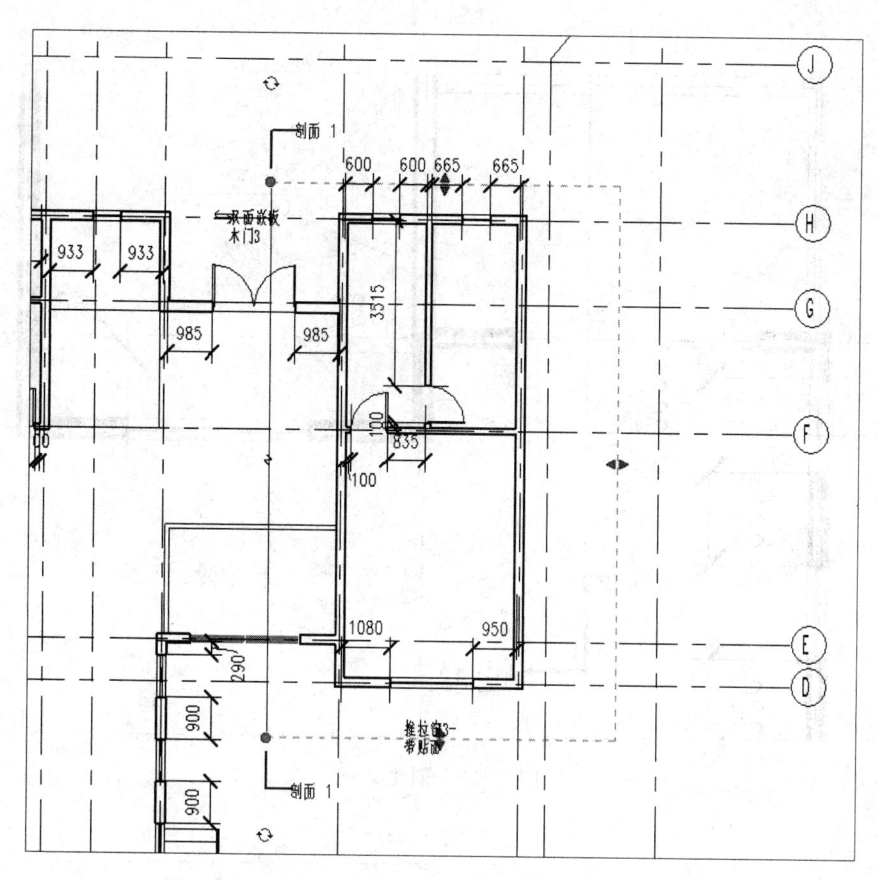

图 4-167 创建剖面

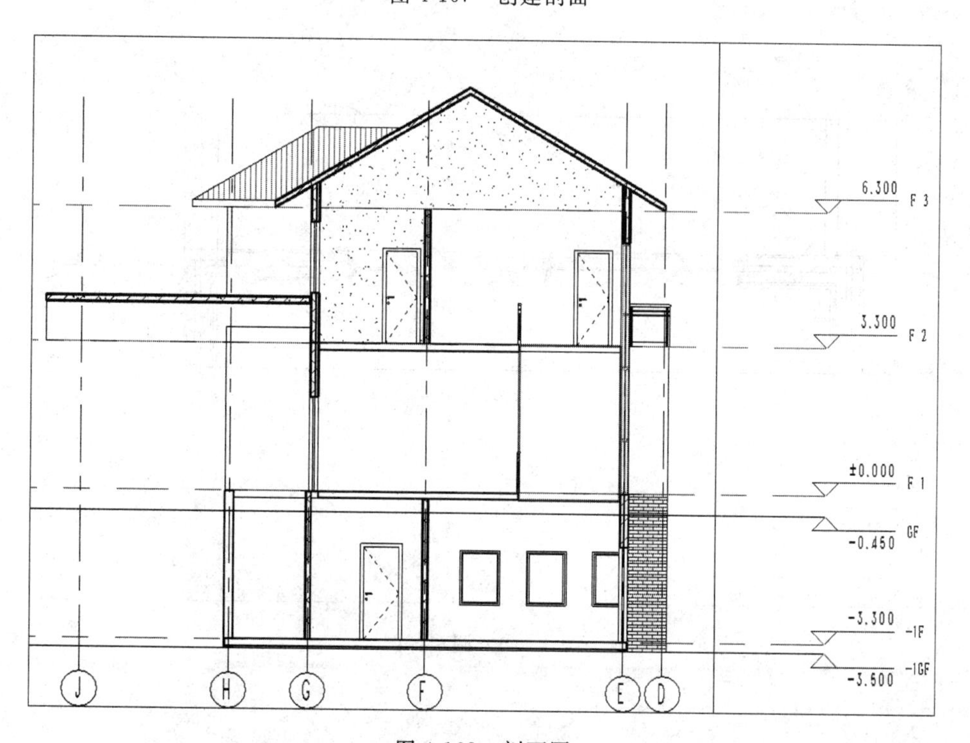

图 4-168 剖面图

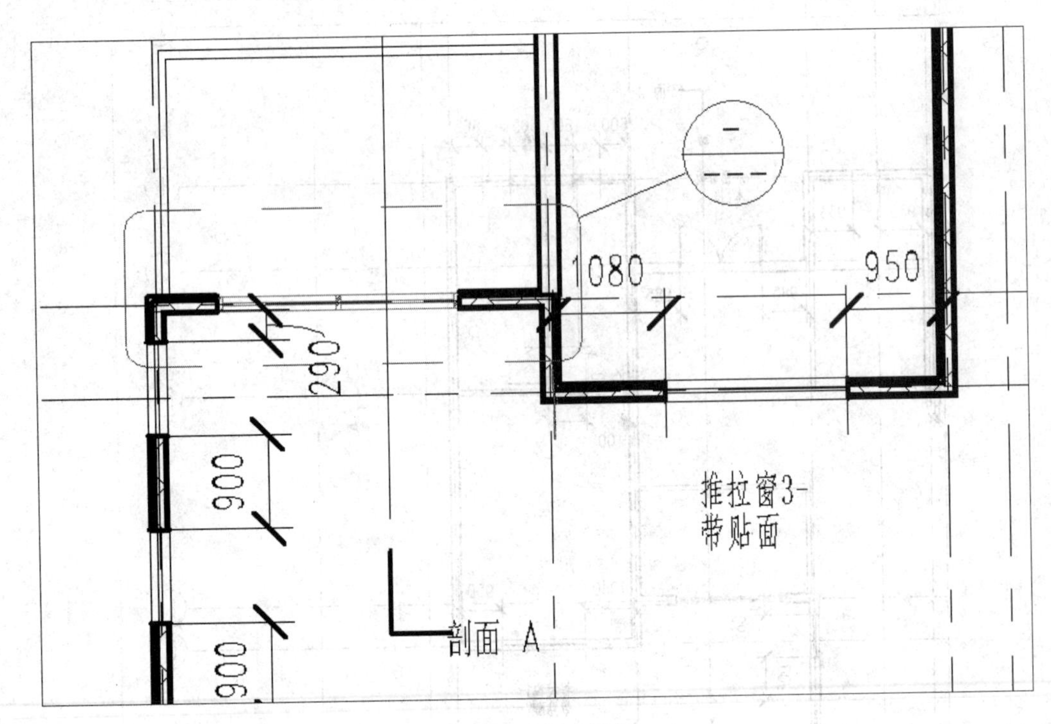

图 4-169 创建详图

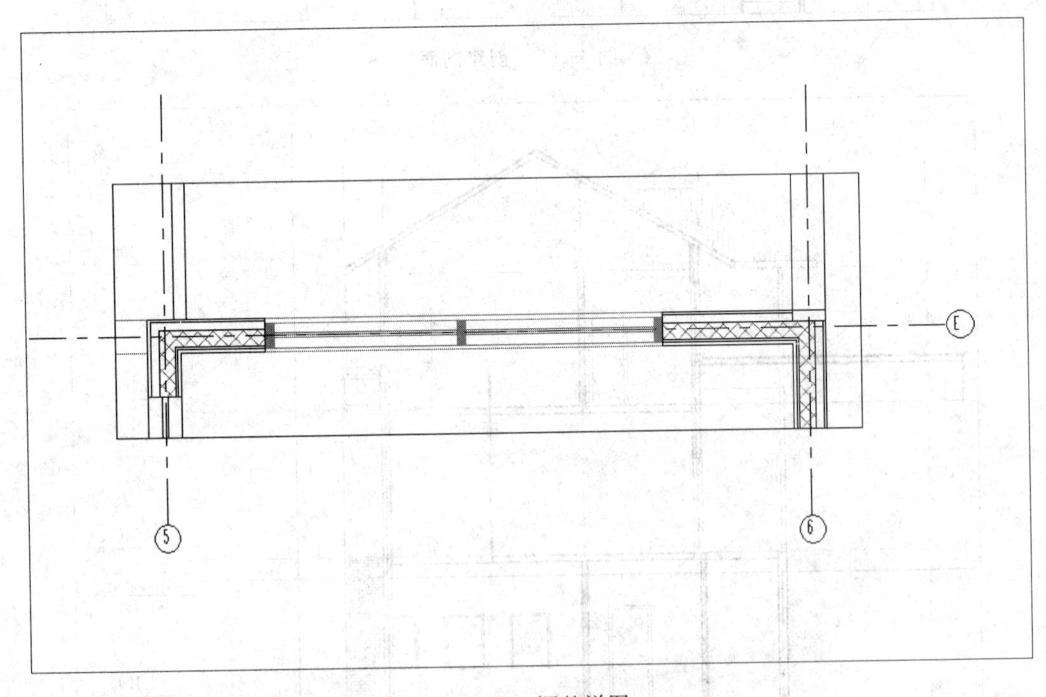

图 4-170 调整详图

4.5 尺寸标注和符号

4.5.1 添加尺寸标注

临时尺寸标注是当放置图元、绘制线或选择图元时在图形中显示的测量值。在完成动作或取消选择图元后，这些尺寸标注会消失。永久性尺寸标注是添加到图形以记录设计的测量值。它们属于视图专有，并可在图纸上打印。

1. 标注样式修改

单击“注释”选项卡尺寸标注工具栏上的标注命令，本次以“对齐尺寸”为例。单击命令后，在“属性”选项卡类型选择器上可以对各种标注类型进行选择，然后单击“编辑类型”按钮，弹出标注的类型属性对话框，可以对标注样式进行设置，如图 4-171 所示。

类型属性

族(F): 系统族：线性尺寸标注样式　载入(L)...

类型(T): 对角线 - 3mm RomanD　复制(D)...

重命名(R)...

类型参数

参数	值
图形	
标注字符串类型	连续
引线类型	弧
引线记号	无
文本移动时显示引线	远离原点
记号	对角线 3mm
线宽	1
记号线宽	4
尺寸标注线延长	0.0000 mm
翻转的尺寸标注延长线	2.4000 mm
尺寸界线控制点	固定尺寸标注线
尺寸界线长度	12.0000 mm
尺寸界线与图元的间隙	2.0000 mm
尺寸界线延伸	2.5000 mm
尺寸界线的记号	无
中心线符号	无
中心线样式	实线
中心线记号	对角线 3mm
内部记号显示	动态
内部记号	对角线 3mm
同基准尺寸设置	编辑...
颜色	■ 黑色
尺寸标注线捕捉距离	8.0000 mm
文字	
宽度系数	0.700000
下划线	☐
斜体	☐

<< 预览(P)　确定　取消　应用

图 4-171　调整标注样式

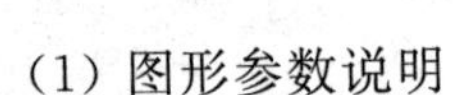

(1) 图形参数说明

标注字符串类型决定两个以上连续标注的样式,有三个选项:连续、基线、纵坐标,通常选用连续。引线类型指定要绘制的引线的线类型,有直线和弧两种,通常选用直线。引线记号即索引起点的线类型,包括箭头、点等,通常选用点。记号决定尺寸界限处标记类型,如箭头、点或者对角线等,通常建筑图选择对角线,机械图选择箭头。线宽用来设置尺寸标注线宽度值。记号线宽用来设置记号标记的宽度,不同的记号标记类型对应不同的显示效果。尺寸标注线延长用来确定尺寸标注超出记号标记的长度,默认为0。尺寸界线控制点用来控制尺寸界线形式,有图元间隙和固定尺寸标注线两个选项,该设置与尺寸界线长度和尺寸界线与图元的间隙两个属性相关。尺寸界线长度用来设置尺寸线长度,该设置仅当尺寸界线控制点设置为固定尺寸标注时可用。尺寸界线与图元的间隙距离,该设置仅当尺寸界线控制点设置为图元间隙时可用。尺寸界线延伸用来设置尺寸界线超出文字标注线的长度,如果尺寸标记的图元具有中心线参照,将中心线作为尺寸标记的参照时(墙等)可用中心线符号、中心线样式、中心线记号属性设置其外观样式。同基准尺寸设置属性仅当将标记字符串类型设置为纵坐标时可用,用来控制纵坐标标记的外观样式,控制文字对齐位置或文字方向等。颜色用来控制标记尺寸线及标记文字的颜色。

(2) 文字参数说明

宽度系数指定文字字符串的缩放比率。下划线、斜体、粗体单选框用来控制文字相应外观。文字大小指定标注字体字号。文字偏移控制标注文字与尺寸标注线的距离。读取规则用来"指定尺寸标注文字的读取规则",实际为控制标记文字与尺寸标注线的位置关系。文字字体指定尺寸标注字体。文字背景控制尺寸标注文字标签是否透明。单位格式单击属性后按钮即可打开长度单位设置对话框,可用于设置数值单位、小数点个数、单位符号前缀等。显示洞口选项可用于在平面视图中额外放置一个尺寸标注,该尺寸标注的尺寸界线参照相同附属件(窗、门或洞口)。如果选择此参数,则尺寸标注额外显示实例附属件(窗、门或洞口)高度的标签。在初始放置的尺寸标注值下方显现该值。

2. 视图及图纸标注

Revit 2017可以对楼层平面及立面图进行标注,将来创建图纸会自动带上这些标注及符号,也可以在创建图纸后,在图纸中进行标注,具体依据图纸的类型来决定。首先单击"注释"选项卡尺寸标注工具栏上的标注命令,本次以对齐尺寸为例,单击命令后,从左往右依次单击要标注的轴线,最后标注,如图4-172所示。

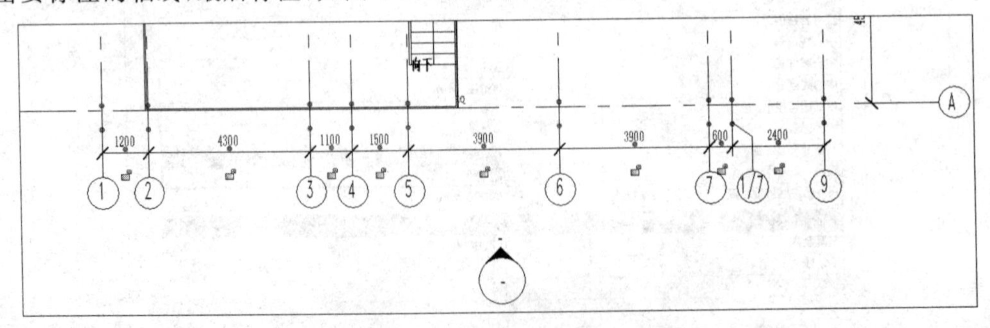

图4-172 对齐标注

再次单击“对齐标注”命令，可以通过拾取两个点或者图元进行标注，本次介绍一种快捷标注方法。在命令选项处拾取选择栏，将单个参照点改选为整个墙，单击选项按图 4-173 设置。设置完单击一面墙，即可完成该墙的全部标注，如图 4-174 所示。

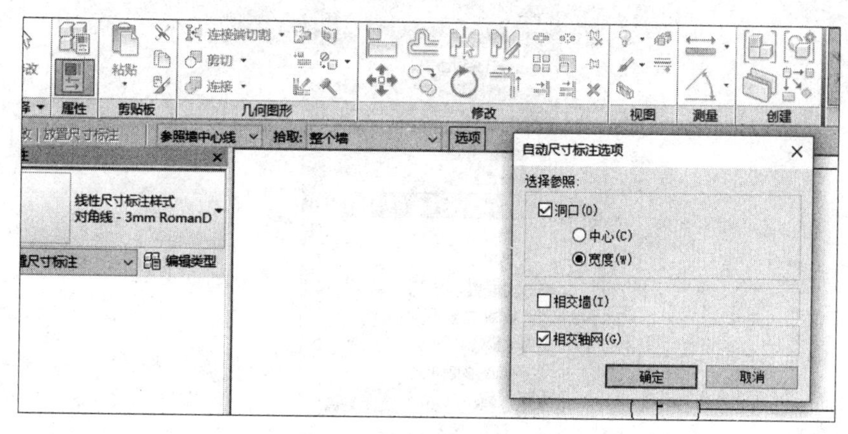

图 4-173　选择自动标注选项

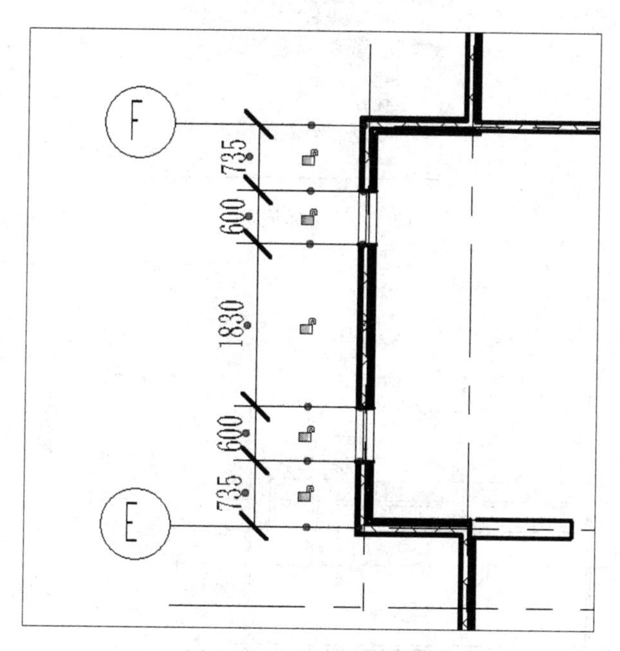

图 4-174　自动标注效果

4.5.2　添加符号和图例

1. 添加符号

在图纸绘制中还会遇到各种符号的添加。单击“注释”选项卡符号工具栏的相关命令，即可完成符号的添加。首先激活 F3 楼层平面，单击“符号”命令，此时在“属性”选项卡类型选择器上选择“指北针”—“填充”的，如图 4-175 所示，即可在图纸适当的位置放置指北针，如图 4-176 所示。

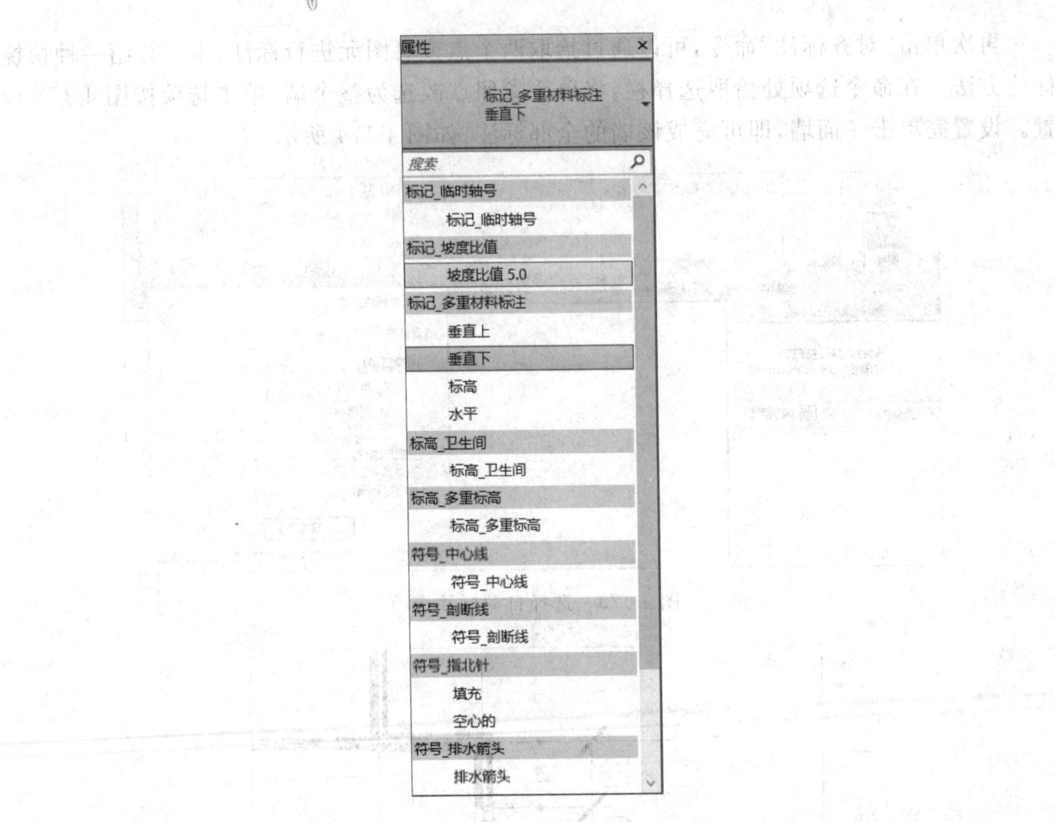

图 4-175 标记选择

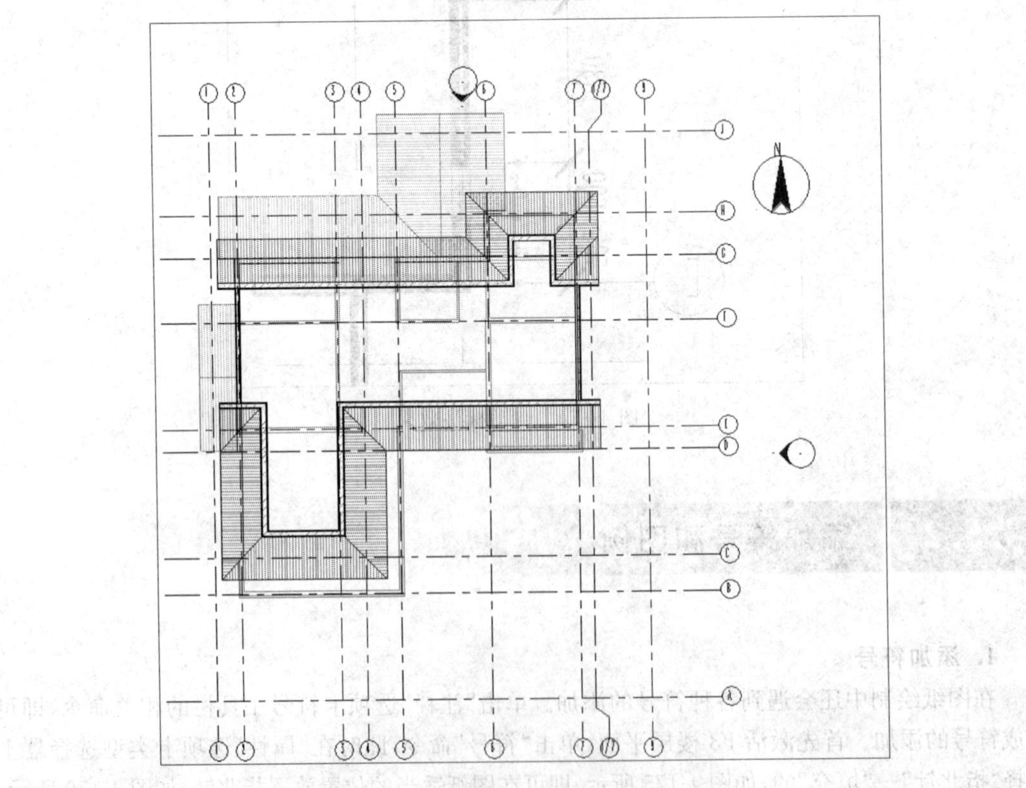

图 4-176 添加指北针

其他符号添加方法相同，不再介绍。

2. 添加颜色填充图例

首先进入 F2 楼层平面，单击“建筑”选项卡房间与面积工具栏“房间”命令，鼠标单击各室内区域，然后双击房间名称更改房间名，如图 4-177 所示。

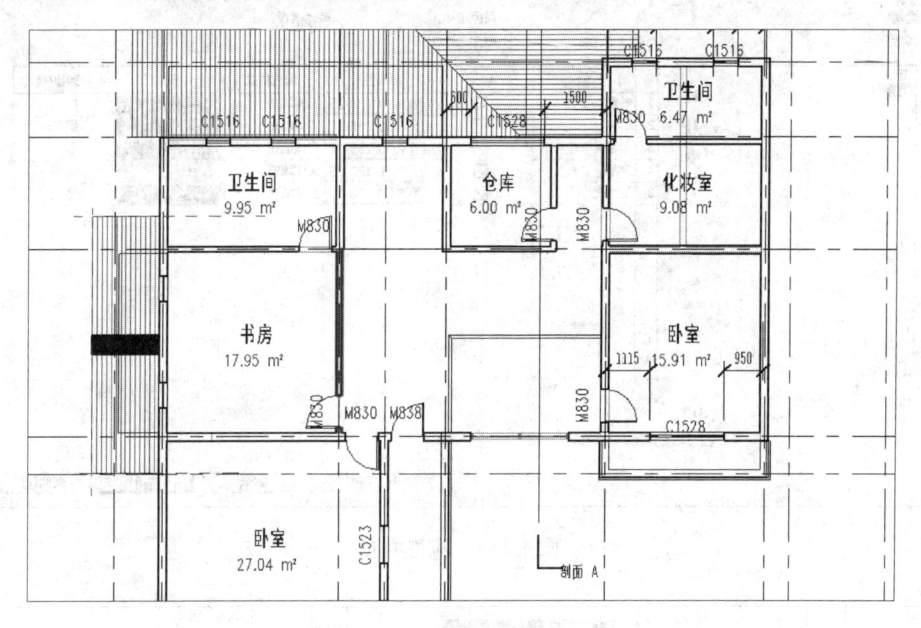

图 4-177　创建房间

单击“注释”选项卡，单击颜色填充工具栏“颜色填充图例”命令，然后单击 F2 楼层平面空白处添加颜色填充图例，并将视觉样式调整为“带线框着色模式”，如图 4-178 所示。

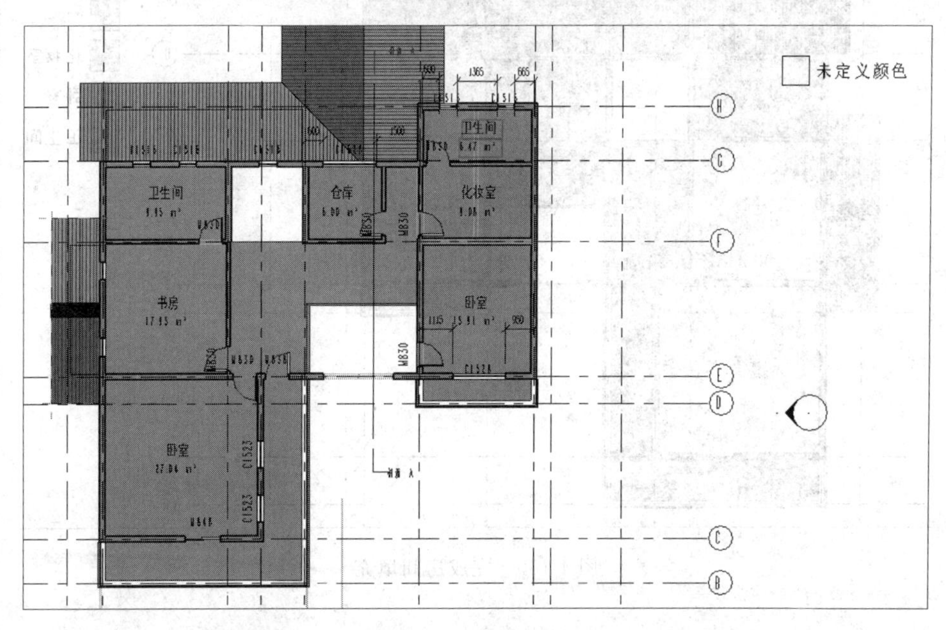

图 4-178　创建填充

选中颜色填充图例，单击“修改”选项卡方案工具栏的“编辑方案命令”，弹出编辑颜色方案对话框，将颜色下拉框改为名称。编辑各名称颜色如图 4-179 所示，单击“确定”。最终楼层平面图如图 4-180 所示。

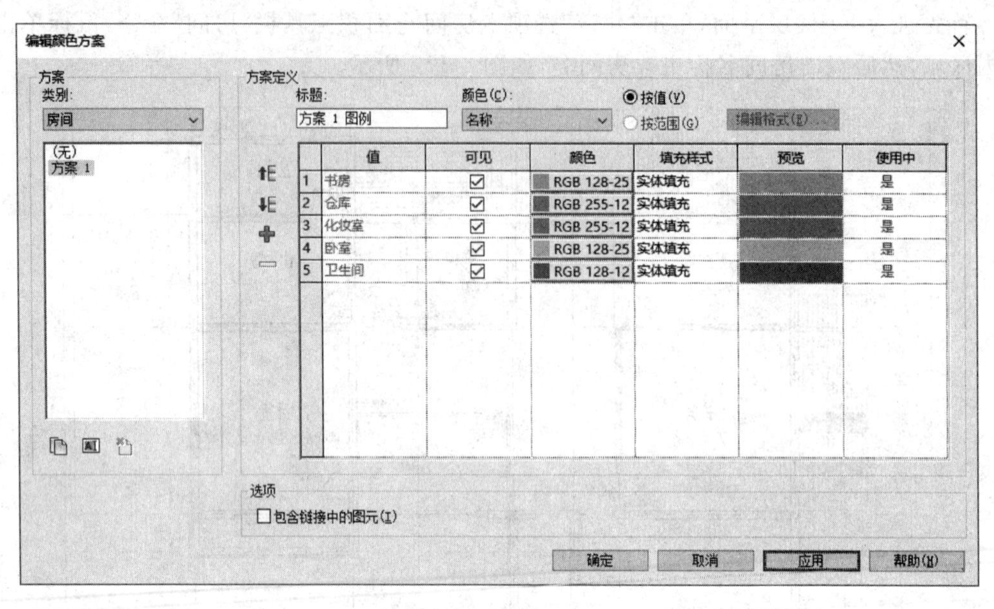

	值	可见	颜色	填充样式	预览	使用中
1	书房	☑	RGB 128-25	实体填充		是
2	仓库	☑	RGB 255-12	实体填充		是
3	化妆室	☑	RGB 255-12	实体填充		是
4	卧室	☑	RGB 128-25	实体填充		是
5	卫生间	☑	RGB 128-12	实体填充		是

图 4-179 调整填充

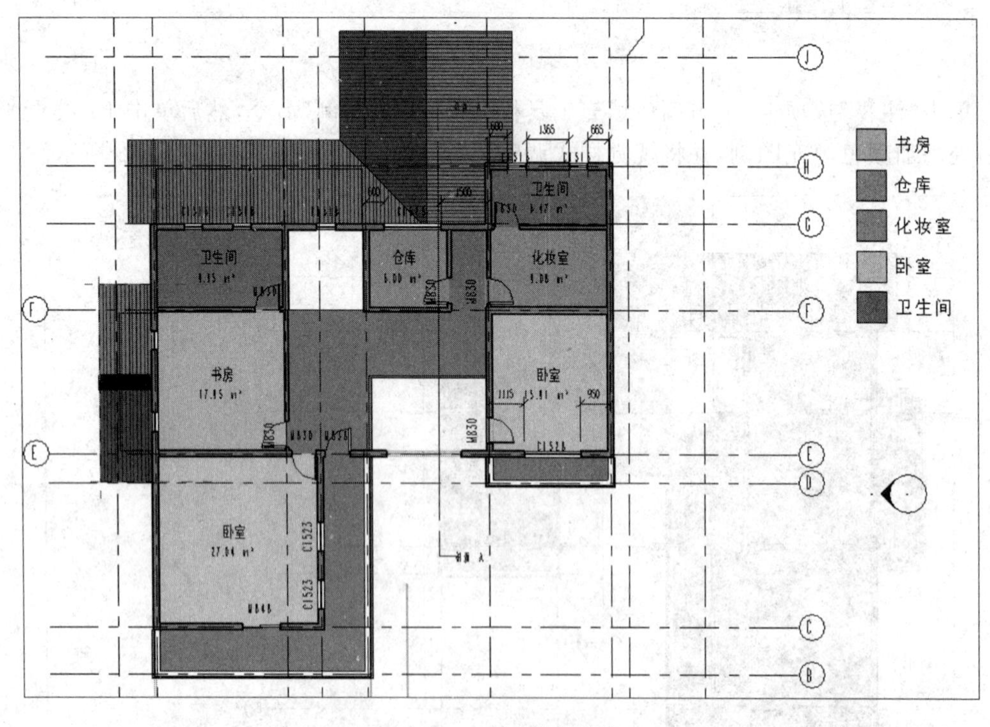

图 4-180 完成房间填充

4.5.3　添加门窗标记

在建筑图纸中，对于门窗、房间都具有标记。本节主要以门窗标记为例介绍各种标记的标记方法。

首先进入 F1 楼层平面，单击“建筑”选项卡标记工具栏“按类别标记”命令，鼠标单击要标注的门窗或其他构件，即可进行标记，调整位置，同时取消“属性”选项卡引线的勾选，最终结果如图 4-181 所示。

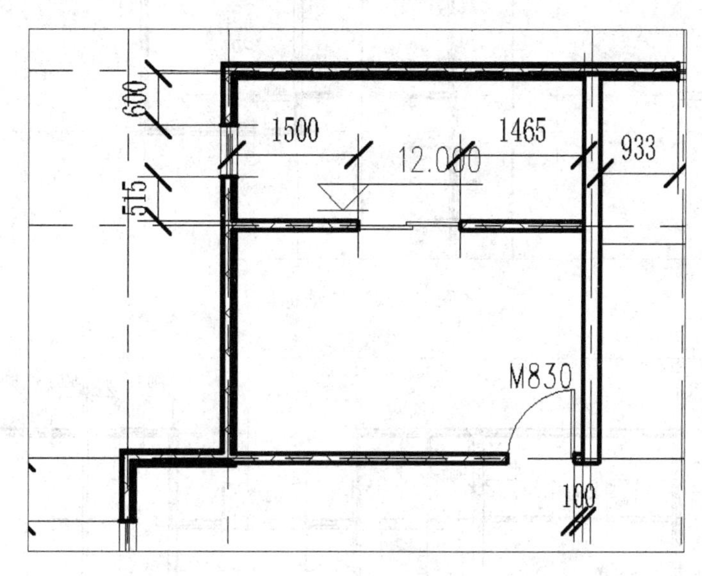

图 4-181　标记门窗

但是一张建筑图，需要标记的门窗等构件往往很多，此时可以单击“全部标记”命令，弹出“标记所有未标记的对象”对话框，按住 Ctrl 键，单击需要标记的构件类别，本次点选门和窗构件，如图 4-182 所示，单击“确定”即可完成标记，如图 4-183 所示。调整自动标记的标记文字，将竖向的门窗标记方向改为垂直，最终如图 4-184 所示（窗的标记已特殊处理为长方形虚框）。

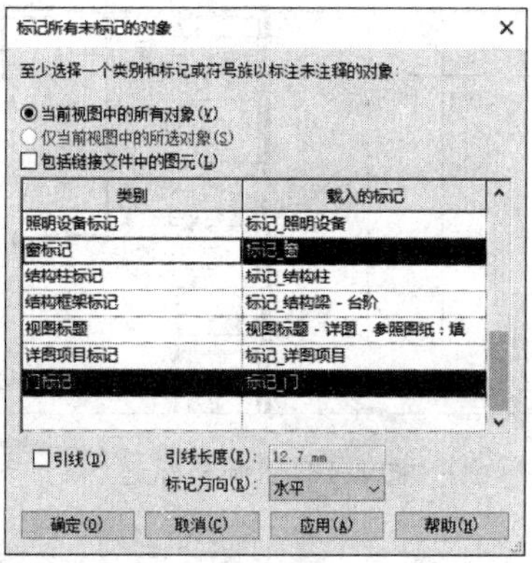

图 4-182　选择标记类别

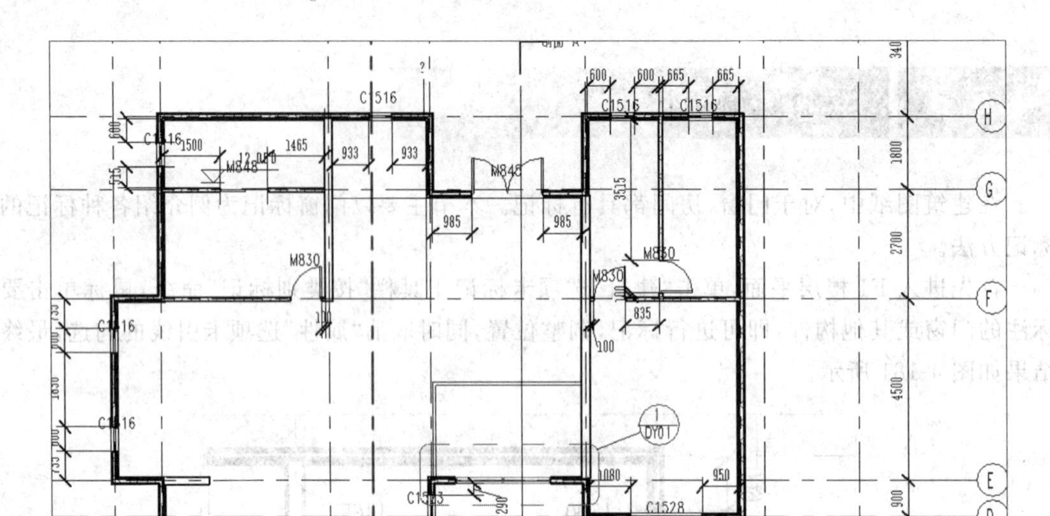

图 4-183　自动标记

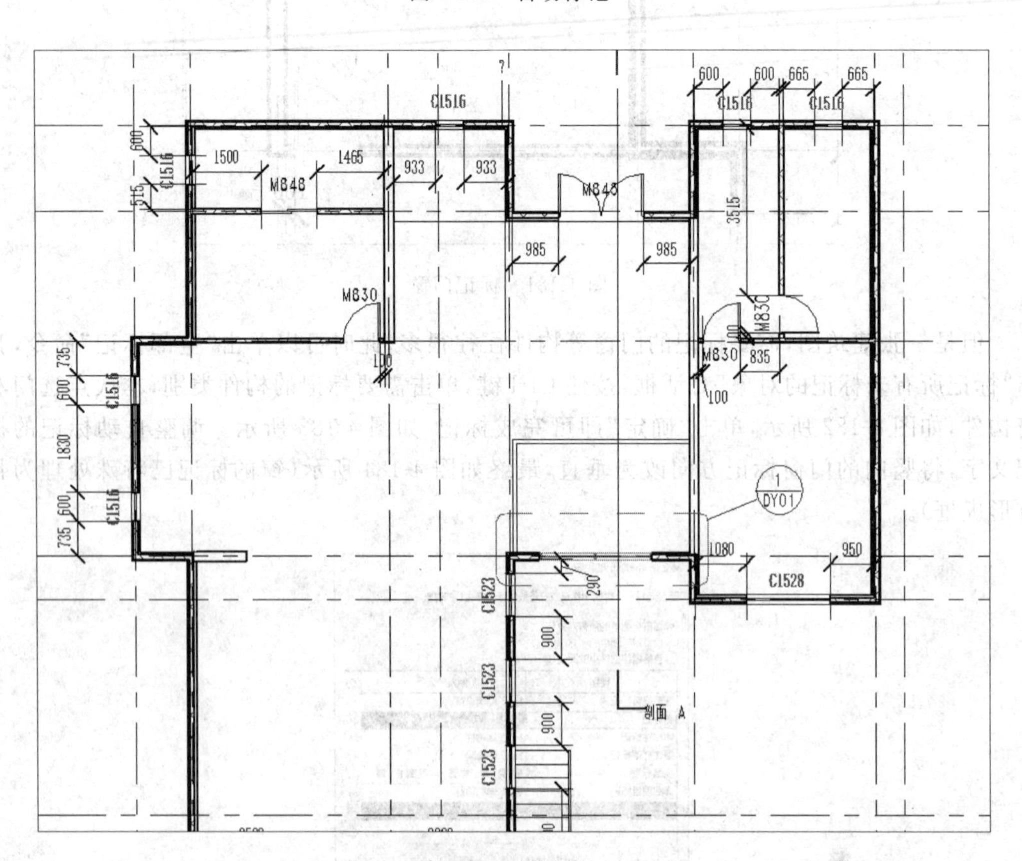

图 4-184　调整标记

4.6　布图与打印

4.6.1　图纸布图

在 Revit 里生成二维图纸主要有三种方式。第一，完全基于模型文件生成的图纸。这类图纸是从模型里直接切出并和模型文件相互关联的，即模型修改的同时，图纸相应修改并关联。此类型的图纸包括平面图、立面图、剖面图、局部放大图、详图、明细表格、三维透视图等与模型密切关联的图纸。第二，基于模型文件切出主体轮廓，后期用 2D 线样式、填充样式、文字注释等加以说明。这类图纸，如果模型修改，主体轮廓会相应改变，但是后期的 2D 制作需要手动调整以保证和模型一致，包括墙身大样、局部剖面、檐口节点、门窗详图等。第三，与模型文件毫无关联的图纸，包括用 Revit 里面自带的绘图工具绘制二维图纸和从外部导入 DWG 文件图纸，可以直接套用，也可以根据需要后期加工。

本节以简单的幕墙平面大样为例，简单介绍图纸的创建及布局方法。

单击图纸组合工具栏"新建图纸"，选择 A3 公制图纸，然后在属性选项卡中将图纸信息填写进去，如图 4-185 所示。单击图纸组合工具栏"视图"命令，选择创建的详图"F1-详图索引 1"，如图 4-186 所示，然后单击"在图纸中添加视图(A)"按钮，将索引图纸放置在合适的位置，如图 4-187 所示，完成图纸的绘制。

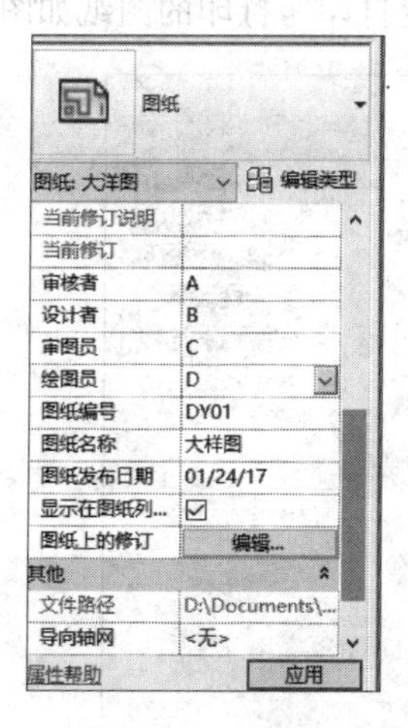

图 4-185　新建图纸

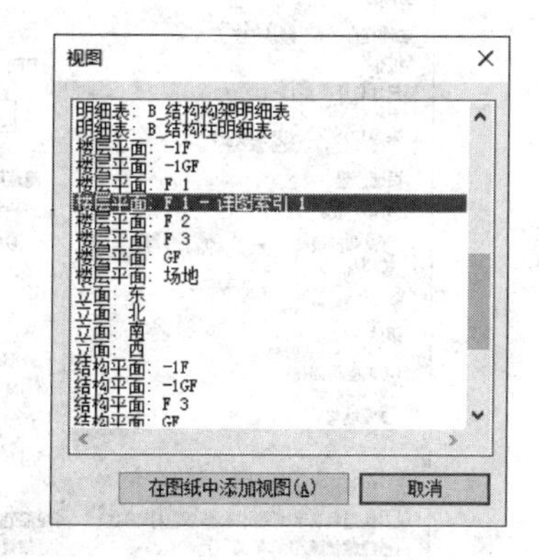

图 4-186　详图索引

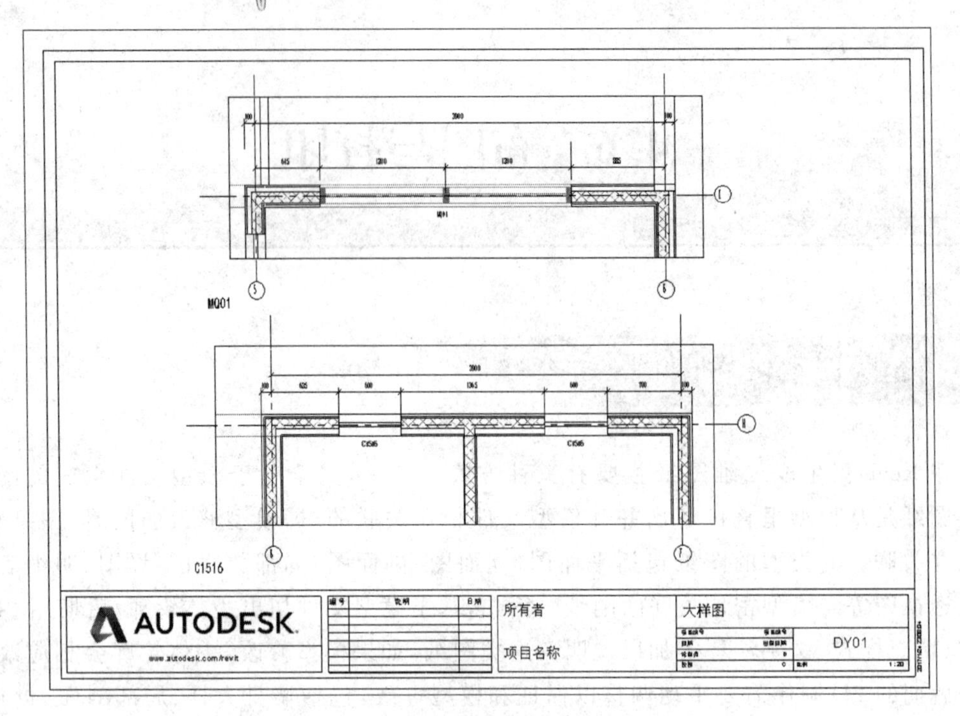

图 4-187　图纸的绘制

4.6.2 打印与图纸导出

单击 R 图标应用程序菜单，单击打印命令右侧的箭头，单击打印样式命令，弹出打印样式设置对话框，如图 4-188 所示。进行设置后，单击打印命令，弹出打印对话框如图 4-189 所示。在打印范围处选择“所选视图/图纸”，弹出视图/图纸集对话框，如图 4-190 所示。选择要打印的图纸，单击“确定”，输入图纸集的名称，然后单击“确定打印”，打印的图纸如图 4-191 所示。

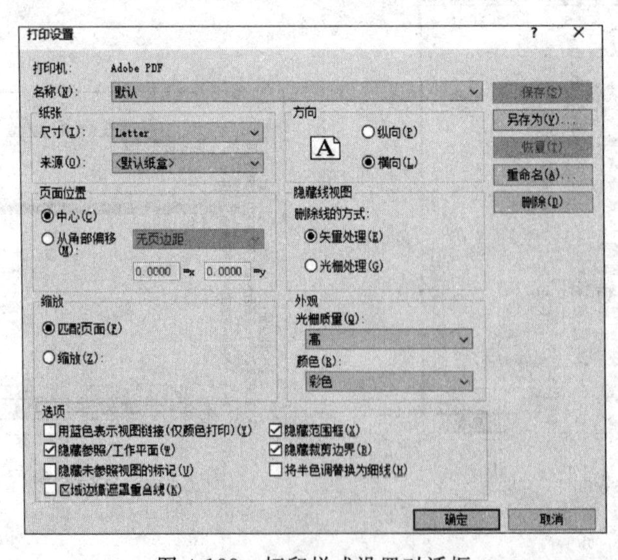

图 4-188　打印样式设置对话框

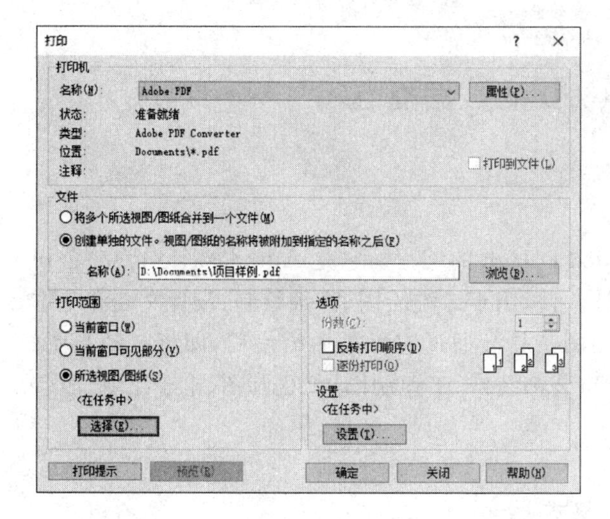

图 4-189　打印对话框

图 4-190　视图/图纸集对话框

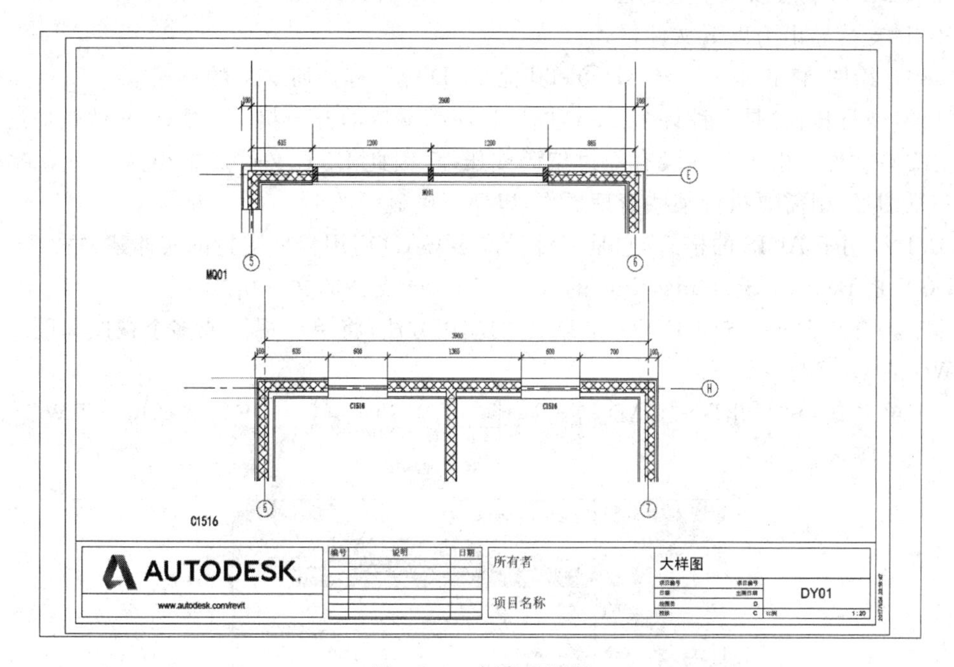

图 4-191　打印的图纸

4.7　Revit 与其他软件的数据交互

本节将简单介绍 Revit 与其他欧特克系列软件的数据交互。通过软件之间的数据交互可以实现不同软件之间的互联共通，通过导出不同格式的文件形式以达到数据互联共通的目的。

4.7.1 Revit 与 Autodesk CAD 的数据交互

1. Autodesk CAD 简介

AutoCAD 为 Autodesk Computer Aided Design 的缩写。它是 Autodesk(欧特克)公司首次于 1982 年开发的自动计算机辅助设计软件,用于二维绘图、详细绘制、设计文档和基本三维设计,现已经成为国际上广为流行的绘图工具。通过它无需懂得编程,即可自动制图,因此它在全球广泛使用,可以用于土木建筑、装饰装修、工业制图、工程制图、电子工业、服装加工等多领域。

2. 将 Revit 图纸导出为 DWG 或 DXF 格式

在 Revit 当中可以将生成的图纸导出多种 CAD 格式。

Revit 支持导出为以下文件格式:

DWG(绘图)格式是 AutoCAD®和其他 CAD 应用程序所支持的格式。

DXF(数据传输)是一种许多 CAD 应用程序都支持的开放格式。DXF 文件是描述二维图形的文本文件。由于文本没有经过编码或压缩,因此 DXF 文件通常很大。如果将 DXF 用于三维图形,则需要执行某些清理操作,以便正确显示图形。

SAT 是用于 ACIS 的格式,它是一种受许多 CAD 应用程序支持的实体建模技术。

DGN 是 Bentley Systems, Inc. 的 MicroStation 支持的文件格式。

本节将介绍 Revit 导出 DWG 和 DXF 的应用方法,将单个视图或多个视图和图纸导出为 DWG 或 DXF 格式。

(1) 单击→"导出"→"CAD 格式"→(DWG)或(DXF),选择单击 DWG 格式,如图 4-192 所示。

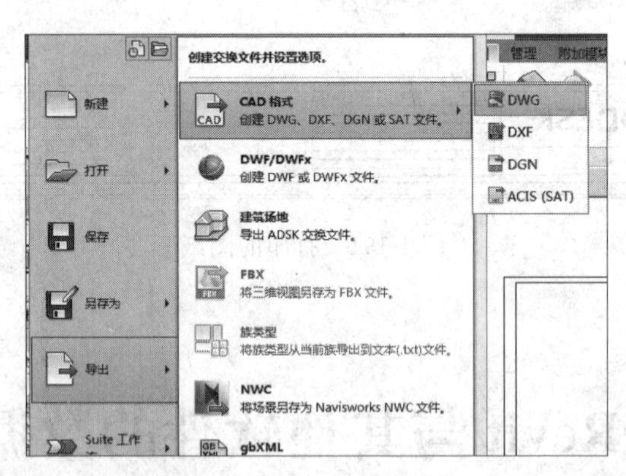

图 4-192 导出 CAD 格式

(2) 在"DWG(或 DXF)导出设置"对话框中,指定要将哪些视图和图纸导出 DWG 或 DXF 文件中。

导出单个视图/图纸:在"导出"列表中,选择"仅当前视图/图纸"。

导出多个视图/图纸：在“导出”列表中，选择“任务中的视图/图纸集”，然后选择要导出的视图和图纸，如图4-193所示。

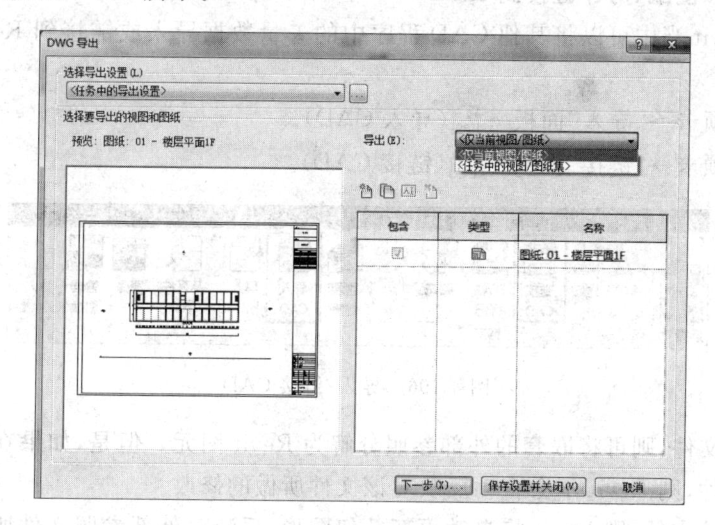

图4-193　导出多个视图/图纸

(3) 单击“下一步”按钮。

(4) 在“导出CAD格式”对话框中，定位到要放置导出文件的目标文件夹。

(5) 在“文件类型”下，为导出的DWG文件选择AutoCAD版本，如图4-194所示。

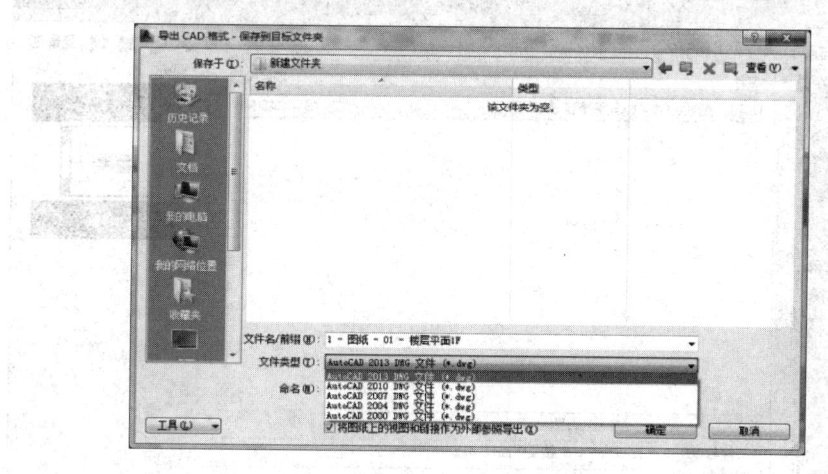

图4-194　选择文件类型

(6) 在“命名”下，选择一个选项，用于自动生成文件名。关闭“将图纸上的视图和链接作为外部参照导出”选项。最后单击“确定”，如图4-195所示。

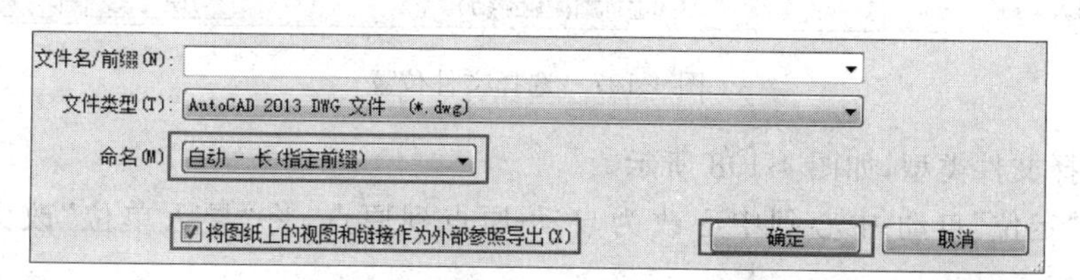

图4-195　生成文件名

3. 将 DWG 图纸导入/链接到 Revit

(1) 在 Revit 当中可以将其他 CAD 程序中的矢量数据导入或链接到 Revit 项目中，如图 4-196 所示。

“插入”选项卡→“导入”面板→(导入 CAD)。

“插入”选项卡→“链接”面板→(链接 CAD)。

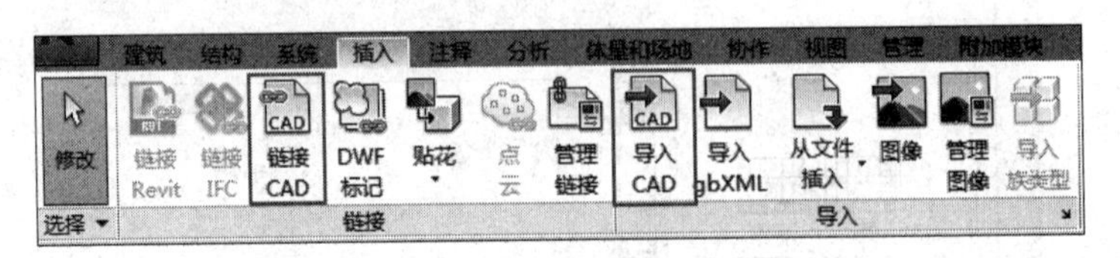

图 4-196 导入/链接 CAD

如果导入文件，则可将嵌套的外部参照分解为 Revit 图元。但是，如果在导入之后更新了外部参照文件，则 Revit 不会自动反映对该文件所做的修改。

如果链接该文件，则 Revit 将自动更新几何图形，反映对外部参照文件所做的修改。但是，不能将嵌套的外部参照分解为 Revit 图元。

(2) 在“导入 CAD 格式”或“链接 CAD 格式”对话框中，定位到要链接或导入的文件所在的文件夹，如图 4-197 所示。

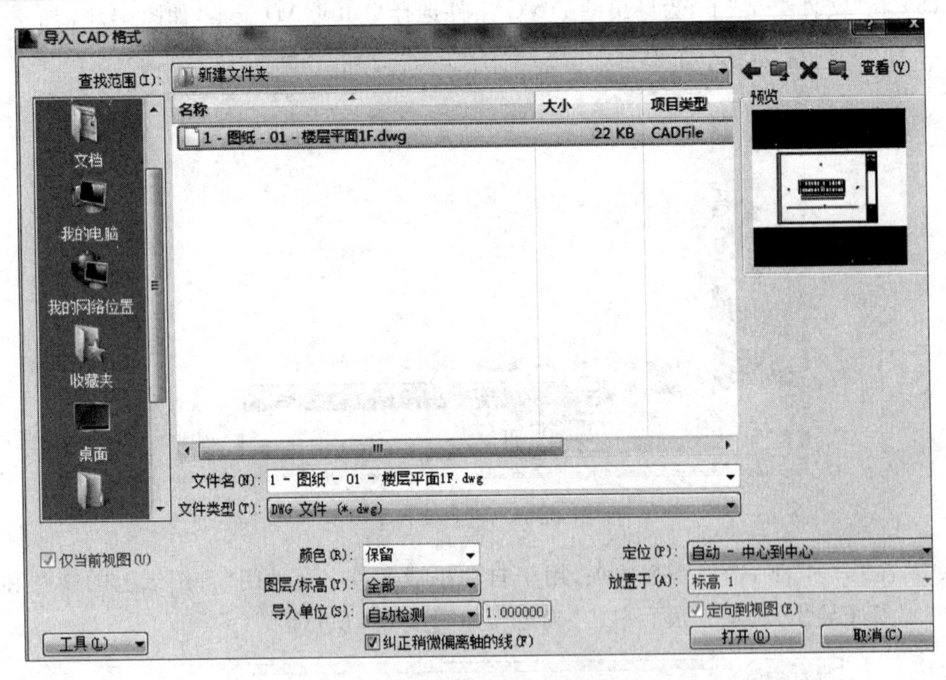

图 4-197 选择文件位置

(3) 选择文件类型，如图 4-198 所示。

(4) 将“定位”自动-中心到中心改为自动-原点到原点，将“导入单位”改为“毫米”，如图 4-199 所示。

(5) 单击“打开”按钮。

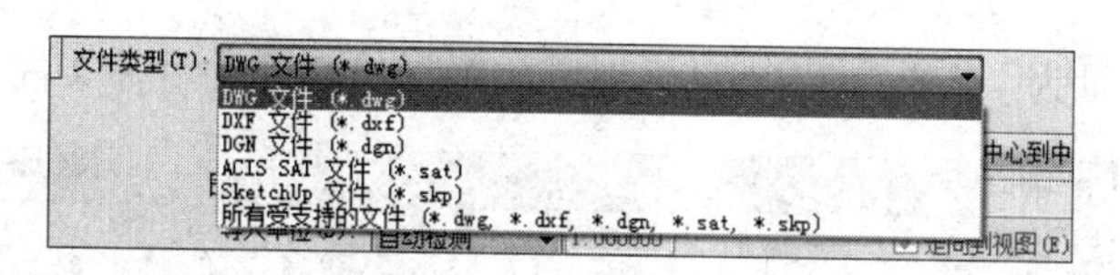

图 4-198　选择文件类型

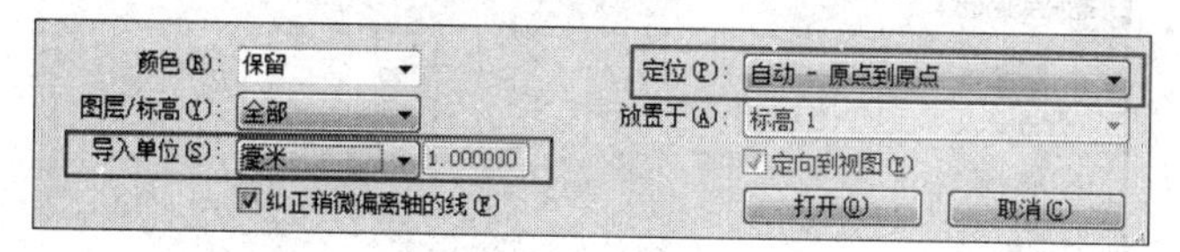

图 4-199　文件定位

4.7.2　Revit 与 Autodesk Navisworks Manage 的数据交互

1. Autodesk Navisworks 简介

Autodesk Navisworks 是 Autodesk 出品的一个建筑工程管理软件套装，使用 Navisworks 能够帮助建筑、工程设计和施工团队加强对项目成果的控制。Navisworks 解决方案使所有项目相关方都能够整合和审阅详细设计模型，帮助用户获得建筑信息模型工作流带来的竞争优势。Autodesk Navisworks 分为三个系列软件，包括 Autodesk Navisworks Freedom、Autodesk Navisworks Manage、Autodesk Navisworks Simulate。Autodesk Navisworks Manage 软件是一款用于分析、仿真和项目信息交流的全面审阅解决方案。它可将多领域设计数据可整合进单一集成的项目模型，以供冲突管理和碰撞检查使用。Navisworks Manage 能够帮助设计和施工专家在施工前预测和避免潜在问题。

2. 将 Revit 模型文件导出 NWC 格式

(1) 单击→“导出”→“NWC”，如图 4-200 所示。

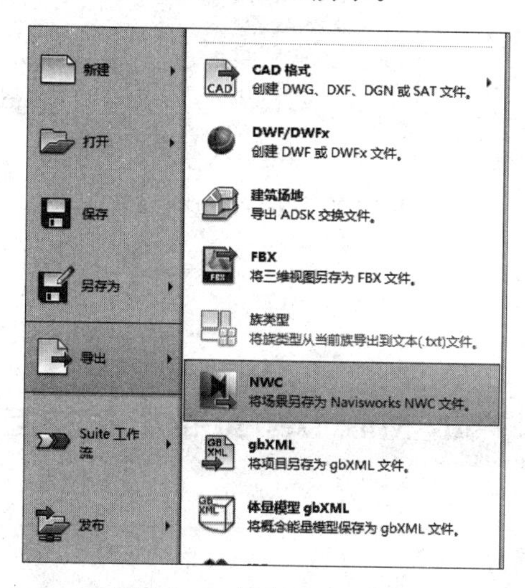

图 4-200　导出 NWC 文件

(2) 在“导出场景为...”对话框中,定位到要放置导出文件的目标文件夹,如图 4-201 所示。

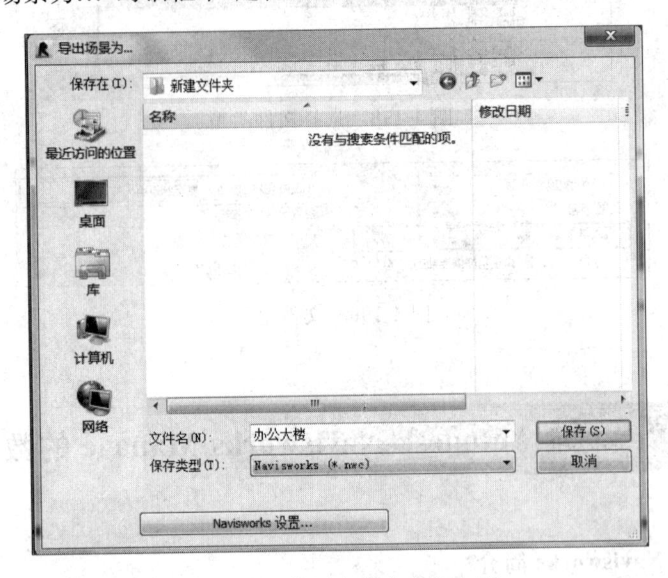

图 4-201 放置在指定文件夹下

(3) 单击“Navisworks 设置”,在“Navisworks 选项编辑器”对话框中选择导出视图类型,其他项目选择默认值,如图 4-202 所示。

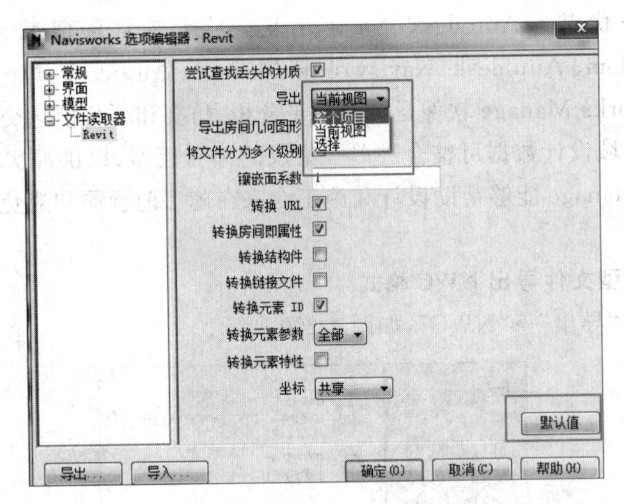

图 4-202 Navisworks 设置

(4) 单击“确定”按钮。

4.7.3 Revit 与 3ds Max Design 的数据交互

1. 3ds Max Design 简介

3D Studio Max,常简称为 3ds Max,是 Discreet 公司开发的(后被 Autodesk 公司合并)

基于PC系统的三维动画渲染和制作软件,其前身是基于DOS操作系统的3D Studio系列软件。在Windows NT出现以前,工业级的CG制作被SGI图形工作站所垄断。3D Studio Max+Windows NT组合的出现降低了CG制作的门槛,首先开始运用在计算机游戏中的动画制作,后更进一步开始参与影视片的特效制作,例如X战警Ⅱ、最后的武士等。在建筑工业设计方面有3ds Max Design软件,3D Studio Max主要应用于动画制作,3ds Max Design主要应用于建筑工业设计领域。3ds Max Design软件通过帮助设计师和建筑师探索、验证和交流他们的创想,从数字原型到电影质量的可视化,扩展了建筑信息模型的工作流程。它提供了强大的灯光分析技术、高级渲染功能以及与AutoCAD和Revit系列产品的数字连续性。由网络渲染而享誉世界。

2. 将Revit项目中的三维视图导出为FBX文件

Revit可以提供与3ds Max的高度互操作性,在从Revit项目中导出三维视图进而导入3ds Max之前,采用下列步骤将进一步提高性能并确保得到满意的结果。

要导出二维视图应首先创建一个三维视图,且其方向朝向二维视图(例如剖面视图或立面视图)。在三维视图中,在ViewCube中单击鼠标右键,然后单击“定向到视图”,选择需要导出的视图类型和视图名称,如图4-203所示。

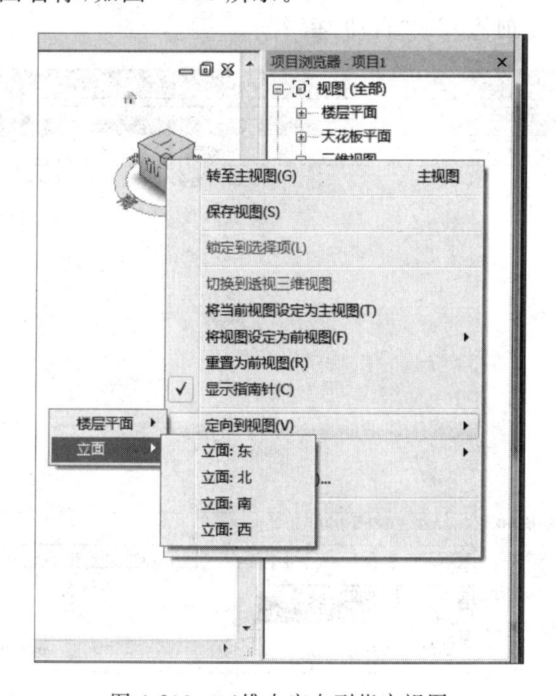

图4-203 三维中定向到指定视图

(1) 在Revit中打开一个三维视图,准备将其导出。

(2) 单击→“导出”→(FBX),如图4-204所示。

提示:如果“FBX”显示为灰色,请打开项目的三维视图,然后重试。

(3) 在“导出3ds Max (FBX)”对话框的“保存位置”中,定位到导出文件的目标文件夹。

(4) 对于“命名”,请执行下列操作之一:①手动指定文件名,请选择“手动(指定文件

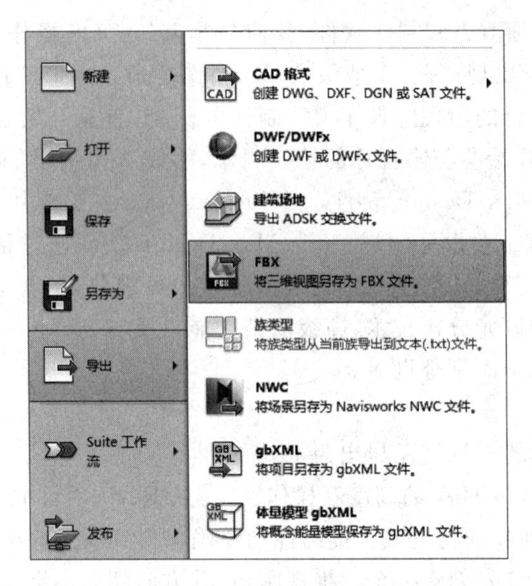

图 4-204　导出 FBX 文件

名)”,指定输出文件的名称作为“文件名/前缀”,如图 4-205 所示。②使用自动生成的文件名,请选择“自动-长(指定前缀)”或“自动-短”。

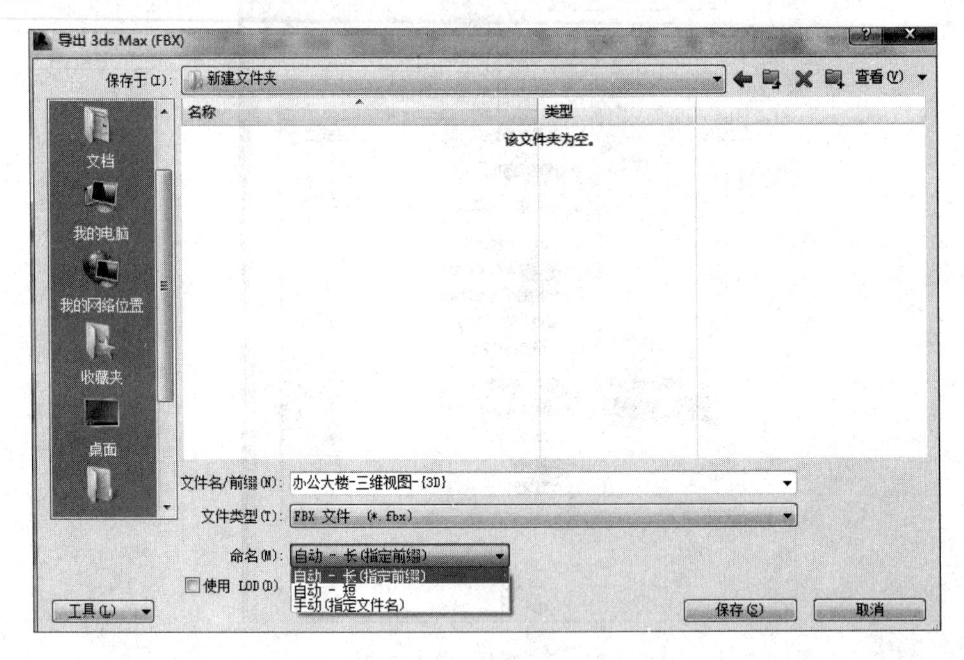

图 4-205　指定文件名

(5) 对于使用 LOD,请执行下列操作之一:①选择此选项可生成文件较小、镶嵌面更多的模型。②清除此选项可生成文件较大,但更平滑且更加贴近真实几何图形的模型。LOD 表示详细程度,它并不是指 Revit 中定义的详图视图,而是指以特定的缩放级别或详细程度仅显示必要内容。Revit 在放大时以镶嵌面的方式显示几何图形,缩小时较为平滑。

(6) 对于“没有边界”,执行下列操作之一:①选择此选项可隐藏两个曲面汇合处的线。

此选项可使模型在 3ds Max 中打开时显示较少的网格,从而使模型的外观更加自然、真实,减少了构造的痕迹。②清除此选项可显示曲面之间的边界,如图 4-206 所示。

图 4-206 取消边界

(7) 单击“保存”,将生成 FBX 文件并将其放置在目标位置。现在可以使用 3ds Max FBX 插件将 FBX 文件导入到 3ds Max 中。

3. 关于 Suite 工作流

Suite 工作流是一种机制,用于将建筑模型从 Revit 导出到目标应用程序,以获得详细的渲染或动画(见图 4-207)。可以使用工作流来准备设计审阅和创建生动的演示。

Suite 工作流将 3ds Max Design 或 Showcase 中预定义的设置应用到 Revit 的设计数据。工作流设置自动变换建筑模型,以在 3ds Max Design 或 Showcase 中演示。工作流可进行优化以用于特定目的,例如高质量渲染或照明分析。例如,3ds Max Design 外部渲染工作流渲染建筑设计的外部表面,包括灯光和阴影。Showcase 交互式漫游工作流将建筑模型数据发送到 Showcase,并创建用于交互式漫游的漫游分区。

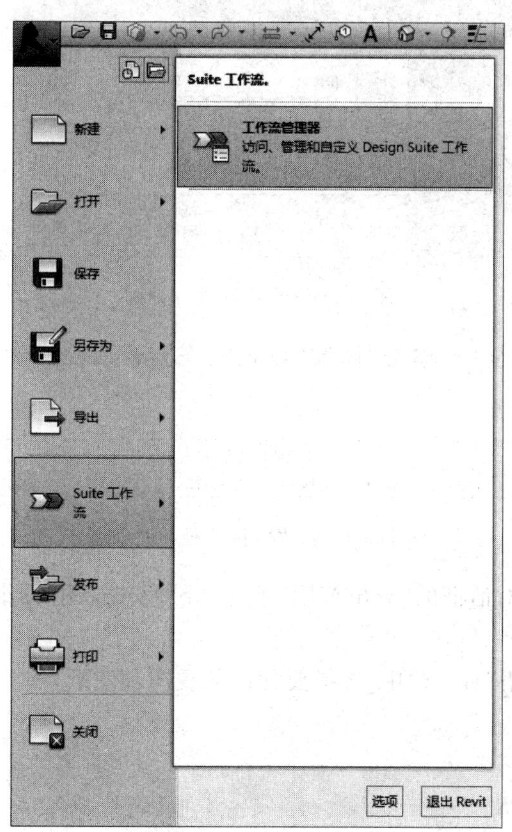

图 4-207 Suite 工作流

4.7.4 Revit 导出其他文件格式

1. 将项目视图导出为 HTML

(1) 单击→“导出”→“图像和动画”→(图像)(见图 4-208)。

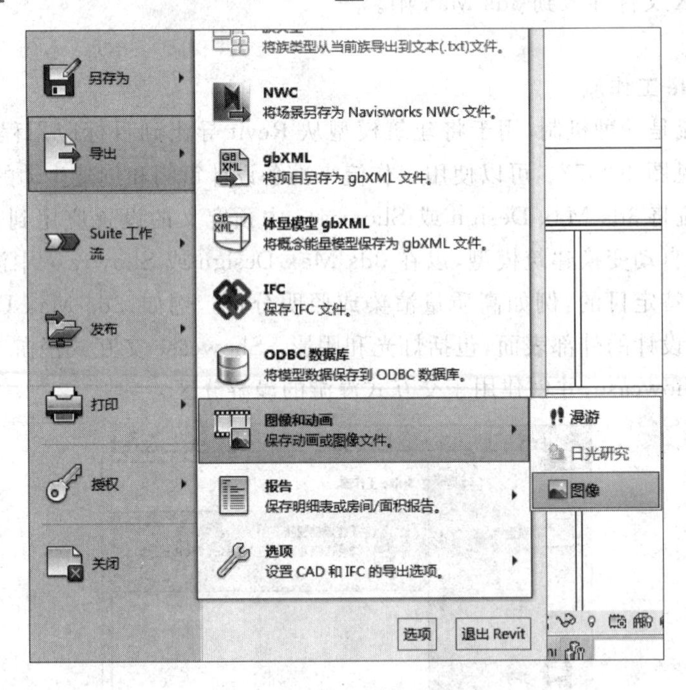

图 4-208 导出图像和动画

在“导出图像”对话框中,单击“修改”以根据需要修改图像的默认路径和文件名(见图 4-209)。

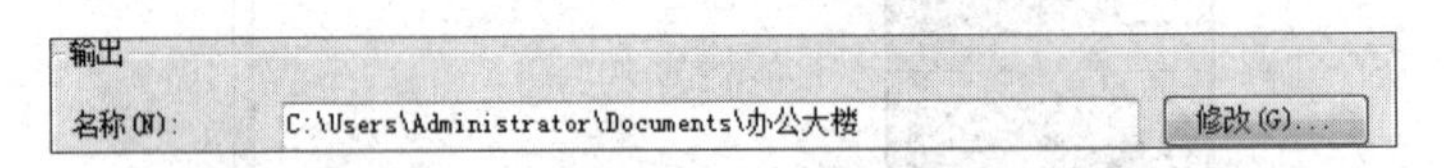

图 4-209 修改默认路径和文件名

(2) 在“导出图像”对话框的“导出范围”下,选择“所选视图/图纸”。

(3) 单击“选择”。

(4) 在“视图/图纸集”对话框中,选择要导出的视图和图纸,然后单击“确定”,如图 4-210 所示。

2. 打印到 PDF/XPS

(1) 单击→。

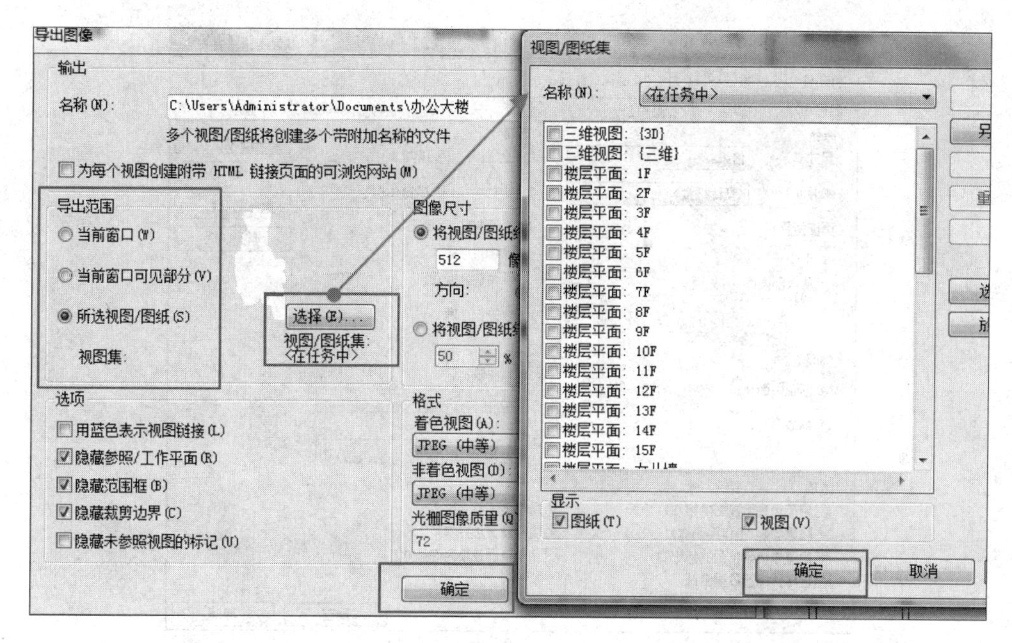

图 4-210 选择导出的视图和图纸

(2) 在"打印"对话框中，选择打印机名称，定位到要放置导出文件的目标文件夹(见图 4-211)。

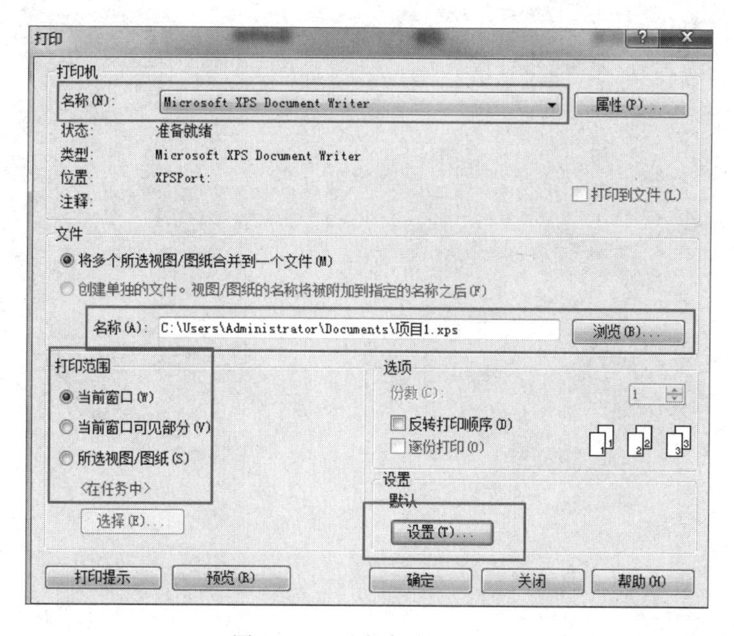

图 4-211 选择打印机名称

(3) 在"设置"对话框中可以根据需要更改纸张尺寸、方向纵横、页面位置等设置(见图 4-212)。

(4) 单击"确定"按钮。

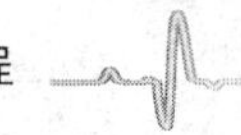

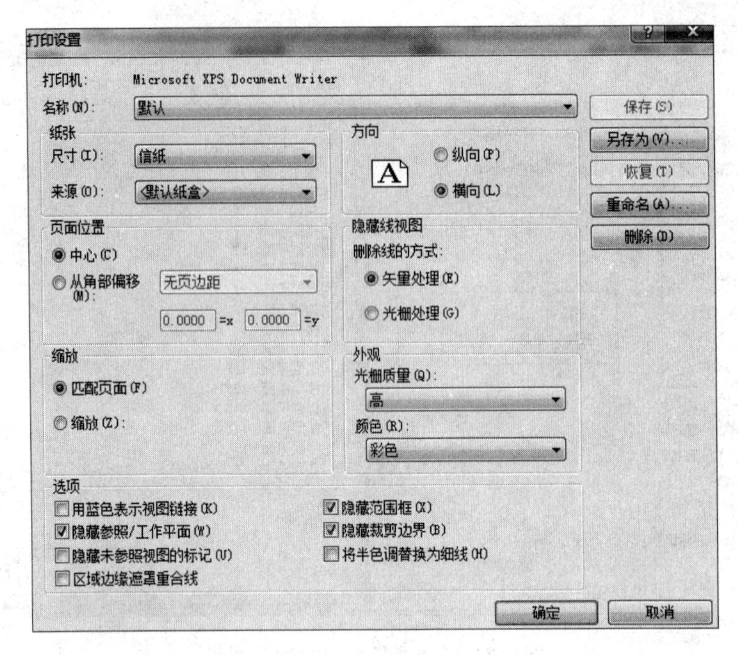
打印设置
打印机:
Microsoft XPS Document Writer
名称(N):
默认
保存(S)
另存为(V)...
恢复(T)
重命名(A)...
删除(D)
纸张
尺寸(I):
信纸
来源(O):
<默认纸盒>
方向
纵向(P)
横向(L)
页面位置
中心(C)
从角部偏移(M):
无页边距
0.0000
=x
0.0000
=y
隐藏线视图
删除线的方式:
矢量处理(E)
光栅处理(G)
缩放
匹配页面(F)
缩放(Z):
外观
光栅质量(Q):
高
颜色(R):
彩色
选项
用蓝色表示视图链接(K)
隐藏参照/工作平面(W)
隐藏未参照视图的标记(U)
区域边缘遮罩重合线
隐藏范围框(X)
隐藏裁剪边界(B)
将半色调替换为细线(H)
确定
取消

图 4-212　打印设置

第5章

BIM工程应用案例

本章导读：本章将通过 BIM 工程案例，介绍在实际工程项目中 BIM 的组织架构、精度说明、实施应用、应用目标、成果交付及应用效果评价，使读者了解如何在项目工程中应用 BIM。

本章重点：①如何建立 BIM 模型；②管线综合优化；③调整 BIM 的应用目标。

5.1 某火车站管线综合 BIM 应用案例

针对某火车站站房综合楼管线工程，本案例重点分析如何采用 BIM 技术手段提高机电安装工程深化设计的准确性和效率，以及机电安装工程 BIM 深化设计的具体流程和步骤。

5.1.1 工程概况

(1) 工程名称：某火车站站房综合楼工程。

(2) 建设地点：浙江省杭州市。

(3) 本工程总建筑面积：46973m^2。

(4) 建筑层数和高度：地下通廊层设计标高－10.500m；地下夹层室内地面设计标高－5.000m，站台层设计标高±0.000m；站台层夹层设计标高 4.200m，高架层设计标高 9.000m，高架层夹层设计标高 15.000m。

5.1.2 BIM组织架构

在BIM领域，高效的团队合作是非常重要的，其中尤为关键的是合理的人员配置以及各自的职责。

1. 人员配置(见表5-1)

表5-1 人员配置

序号	岗位名称	人员数量	职　　责
1	建筑BIM工程师	2	1. 负责项目建筑工程建模工作，按照图纸要求在特定的时间内完善模型； 2. 快速对图纸设计中产生的缺陷进行定位
2	结构BIM工程师	2	1. 负责项目结构工程建模工作，按照图纸要求在特定的时间内完善模型； 2. 快速对图纸设计中产生的缺陷进行定位
3	机电BIM工程师	5	1. 负责项目机电各专业(水、暖、电、消防、设备)建模工作，按照施工要求在特定的时间内完善模型； 2. 通过各专业模型整合进行碰撞检查，并导出碰撞报告。 3. 根据碰撞报告，对各专业管线进行优化调整

2. 团队职责

(1) 建筑BIM小组：对于合约自身范围内的施工图设计模型，在模型与图纸校对后，完善深化模型，并利用BIM解决可能存在的设计问题、碰撞，对发现的建筑功能性问题进行校核后做出相应调整。

(2) 结构BIM小组：合约自身范围内(桩、承台、筏板、结构桩、结构梁、结构板等)，在模型与图纸校对后，应对发现的结构安全性问题进行校核，并做出相应调整。

(3) 机电BIM小组：建立机电模型，基于施工图设计模型等资源，检查各个机电专业间综合管线碰撞的同时，复核整体管线净高，并进行必要的校核和调整，提交相关碰撞检查报告、机电管线综合优化报告。基于施工深化设计BIM模型，针对设备机房进行设备和管线的综合碰撞检查，优化机房内部设备、管线、支架布置的合理性，进行必要的校核和调整。

5.1.3 BIM精度说明

不同的客户对项目的要求不一样，模型的详细程度也不一样，如表5-2所示。

表 5-2　LOD 精度说明

项目		LOD精度 100	200	300	400	500
建筑专业	模型	建筑主体外观形状：体量形状；场地：地形表面、建筑地坪、场地道路等；配景：植物、路灯	主体建筑构件：外墙、外幕墙、屋顶、主要内墙、内外墙门窗；交通空间：核心筒位置、楼梯、电梯位置	建筑外观细节：扶手、楼梯、外部装饰条；全部内墙、隔墙，管道井、机房；卫浴布置	建筑外观细化：幕墙分割形式，扶手细化：按相应的国家建筑标注设计图集建立模型；部分节点三维构造；墙身构造；预留的孔洞	内部二次装修、细节深化；幕墙安装细节；所有隐藏工程、交叉部位修改
	信息	基本定位信息：标高；功能分区：功能区功能、面积；面积信息：楼层面积、外表面面积、功能体积	防火分区、功能分区示意图	楼层总面积信息；楼梯；坡道编号信息	统计明细表施工进度信息	工程量计量信息；工程采购、安装信息
	用途	概念设计、日照分析	方案设计、方案表现	初步设计、冲突检测	施工图设计、施工现场模拟	施工或竣工模型
结构专业	模型		混凝土结构：框架柱、框架梁、剪力墙，钢结构：主要柱、梁	混凝土结构：圈梁、结构楼板、挑梁、结构楼梯、洞口、基坑、翻边、马牙槎；钢结构：桥架、檩条、支撑	混凝土结构：节点钢筋模型，所有未提及的结构设计模型；钢结构：节点三维、安装加工模型	施工支护、围护结构、结构钢筋、临时支撑、预埋件、交叉部位修改
	信息	结构形式信息	混凝土等材料信息	平台梁编号，基础编号，楼梯，坡道、梯柱编号	混凝土平法信息、钢筋统计信息、节点详细统计信息、施工进度信息	工程计量信息；混凝土强度信息
	用途	结构概念	结构布置方案	结构初步设计、冲突检测	深化设计；细部展示	施工模拟；工程计量
机电专业	模型		主干管线、主要桥架	分支管路、机房设备、线管、配电箱、控制柜、阀门、卫浴装置	毛细管路、管路末端设备、灯具	开关面板、支吊架、导线

5.1.4　BIM 实施应用

1. BIM 模型建立

模型的建立是 BIM 应用的基础，BIM 模型的精度与准确度决定了 BIM 应用的深度，所以，BIM 模型是关键一环，需要制定建模标准、审核标准来控制质量。对于车站机电管线工

程，土建模型也是不可缺少的一部分，它涉及管线在工程项目上空间位置的体现。

(1) 土建建模精度：LOD300。

(2) 土建建模内容

建筑门、窗、楼梯、电梯、幕墙、结构柱、结构混凝土梁、结构型钢梁、结构楼板、结构基础。

① 土建整体三维模型

站房主要为大跨度钢结构，局部为混凝土框架结构，雨篷为框架结构。对于这种大体量的钢结构，仅通过 Revit 是很难达到很好效果，可以通过一款 BIM 软件 Catia 做出站房的屋顶骨架，再通过和 Revit 的文件转换，导入 Revit 所建的主体土建模型中，如图 5-1 所示。

② 土建局部三维模型

站房内部土建构造——墙、柱、梁、楼板、构造柱、圈(过)梁、自动扶梯、栏杆，通过剖切整个模型，既能清楚地看到车站内部构造，也能直观地了解机电管线在车站的位置，如图 5-2 所示。

图 5-1 土建整体模型

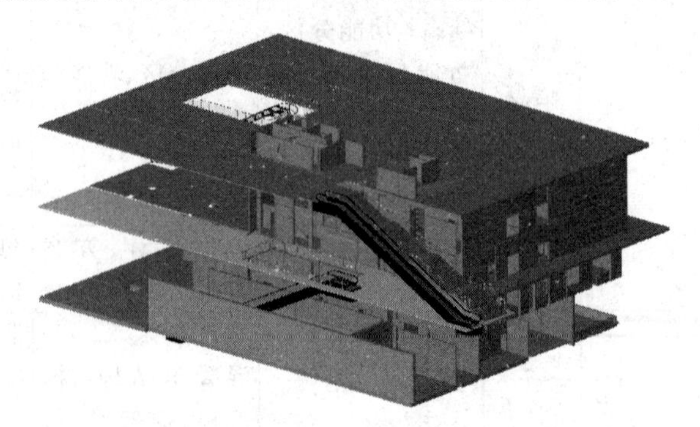

图 5-2 土建局部模型

(3) 机电建模精度：LOD500。

(4) 机电建模内容：主干管线、主要桥架、支管路、机房设备、线管、配电箱、控制柜、阀门、卫浴装置。

① 机电整体模型：虽然机电的设计师在设计完成图纸后，会有专门的审图人员去审，但是只能审出比较明显的错误，对比较细节的部分仅靠肉眼看二维图纸是不容易发现的，于是将暖通、给排水和电气的模型通过 Revit 建立，链接后能清楚地看到各专业之间的碰撞问题，如图 5-3 所示。

② 桥架模型：各专业自身也会发生碰撞，尤其是在交叉部分，为确保满足净高要求，结合土建模型，进行翻弯，避免碰撞，如图 5-4 所示。

③ 给排水及消火栓模型：给排水的系统较多，管线也是错综复杂，为了便于分辨不同的系统，给管道添加颜色，这种做法能够清楚直观地了解不同给排水系统的管道走向，如图 5-5 所示。

④ 喷淋模型(见图 5-6)。

⑤ 暖通风系统模型：像车站这一类的项目，风管的系统要比普通的住宅项目多，风管的位置排列也尤为重要。若风管排列不合理，会出现净高不够等情况，或者满足了净高，但是又造成了过多的翻弯，也不便于施工放置支吊架。由于风管尺寸与其他专业相比较大，在空间上的位置最为关键，如图 5-7 所示。

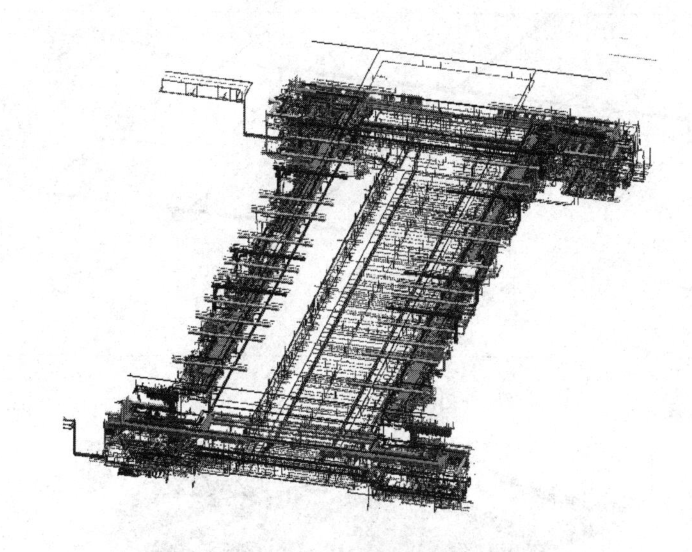

图 5-3　机电整体模型

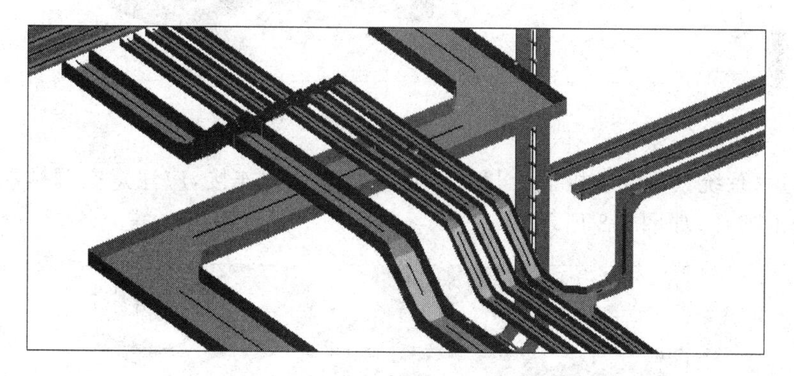

图 5-4　桥架模型

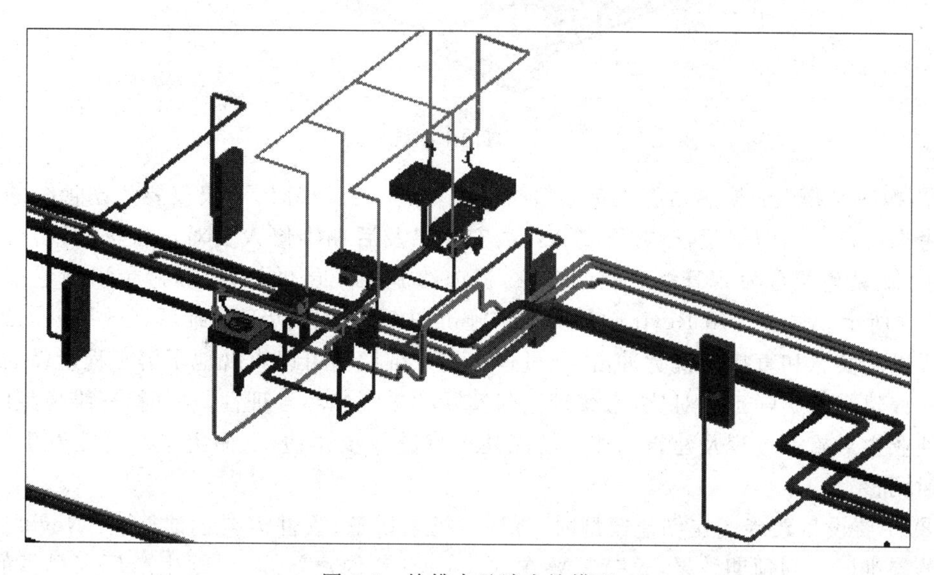

图 5-5　给排水及消火栓模型

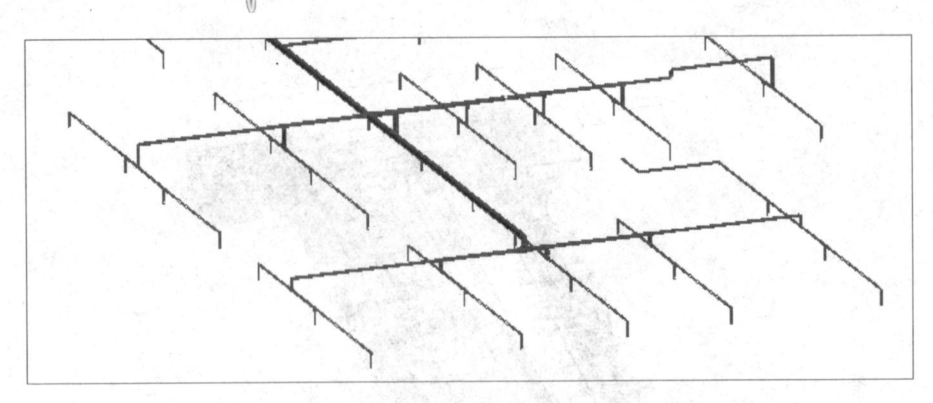

图 5-6 喷淋模型

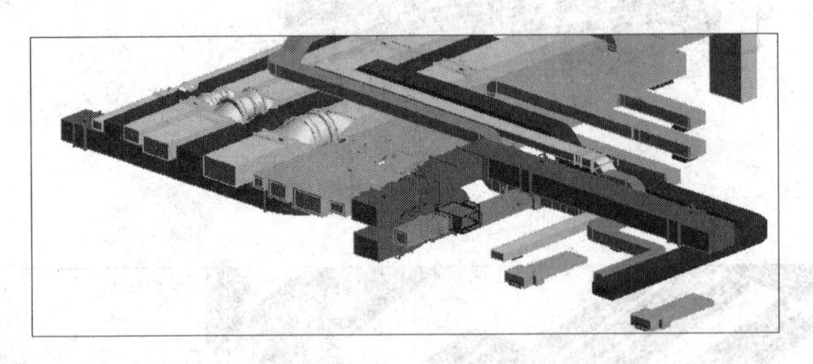

图 5-7 暖通风系统模型

⑥ 暖通水系统模型：风机盘管与风管及空调水管的连接，应注意空调排水管的坡度及各管线之间的避让，如图 5-8 所示。

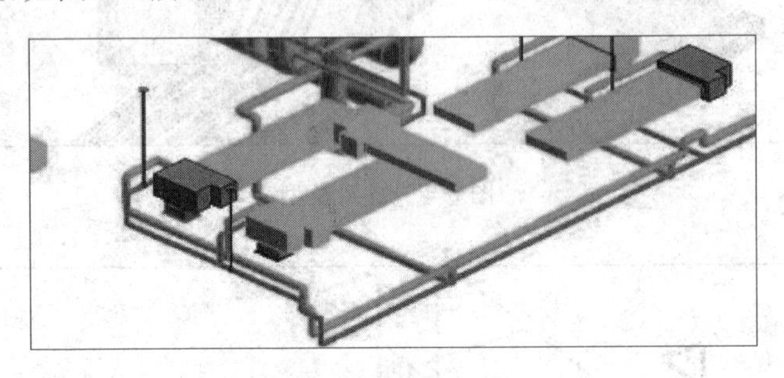

图 5-8 暖通水系统模型

⑦ 换热站模型：换热站有大量的机械设备，在安装管线时，不仅仅要考虑管线的高度，还要考虑设备之间的间距，以方便安装人员安装以及后期维修人员对设备进行维修。通过BIM技术，能够提前发现管线之间的碰撞，提前给施工人员做好优化，避免出现返工现象，如图 5-9 所示。通过运用 Revit 软件对二维施工图纸的翻模达到三维可视效果。三维可视化给人以真实感和直接的视觉冲击，通过建立的三维模型可以直观地了解工程建设的过程，并将工程建筑与实际工程对比，考察理论与实际的差距和不合理性。同时，三维模型的对比可以使业主对施工过程及建筑物相关功能性进行进一步评估，从而提早对可能发生的情况做及时调整。

⑧ 主要设备建族。在创建模型时，有许多机电设备、管件需要创建族，在 Revit 当中预定义的族难以达到预期效果，这就需要在 Revit MEP 创建新族，根据生产厂家提供的设备参数，建立设备族(见图 5-10、图 5-11)。

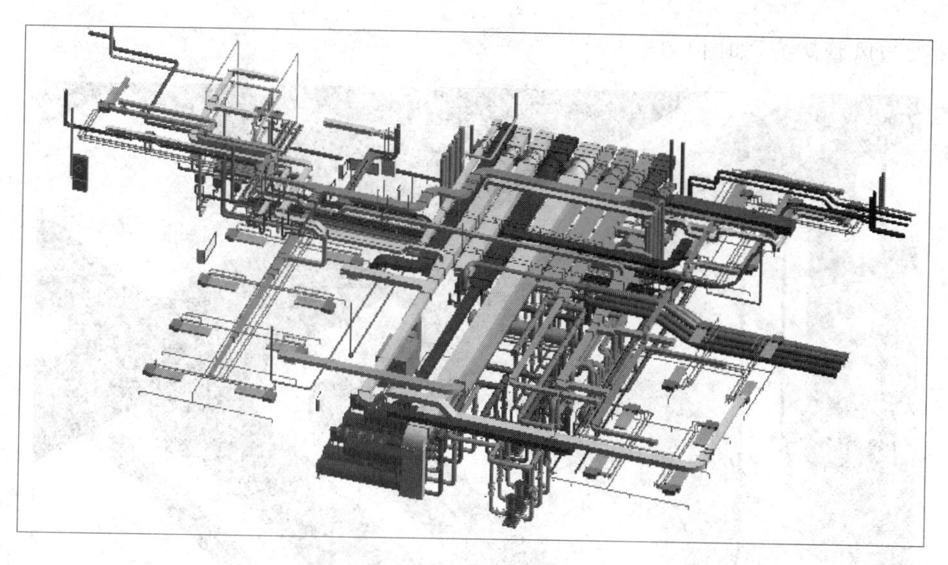

图 5-9 换热站模型

图 5-10 水泵

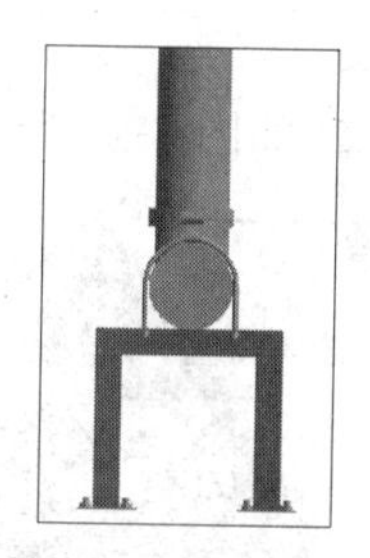

图 5-11 支架

2. 碰撞检查

通过 BIM 模型搭建将施工图纸以三维模型形式进行直观体现，利用 Revit 软件的碰撞检查功能在项目施工前找到图纸的冲突点，减少施工阶段可能存在的错误损失和返工。

(1) 冲突位置

水管与风管碰撞，如图 5-12 所示。

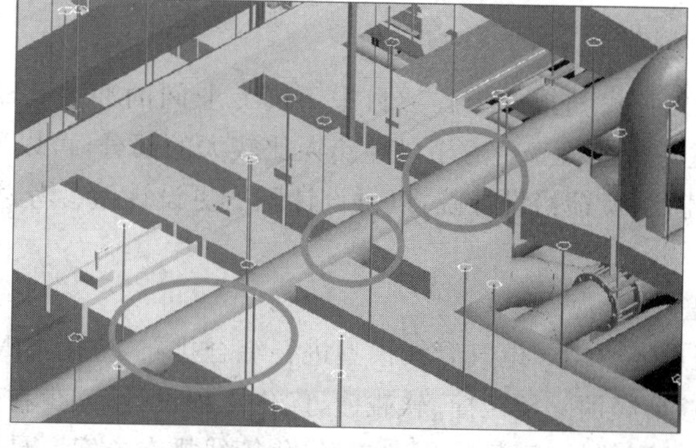

图 5-12 水管与风管碰撞

桥架与风管碰撞，如图 5-13 所示。

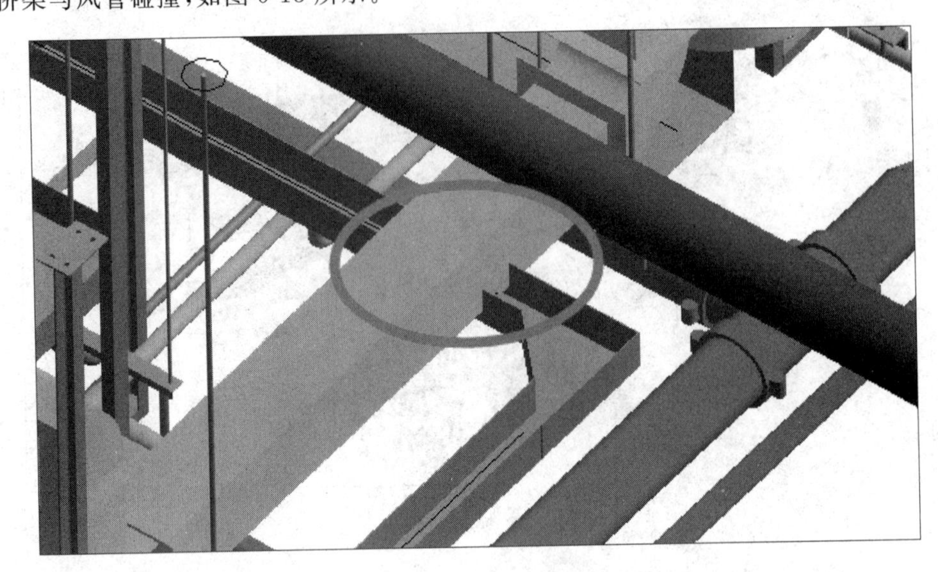

图 5-13　桥架与风管碰撞

水管与桥架碰撞，如图 5-14 所示。

图 5-14　水管与桥架碰撞

（2）碰撞检查

碰撞检查是指预先查找和报告工程项目中不同专业间的冲突。BIM 软件中，Revit 和 Navisworks 都可以进行碰撞检查。对于碰撞错误比较大的部分，可以通过问题记录报告将其记录，并提出合理建议，反馈给设计院，以供设计院变更设计做参考，如图 5-15 所示。

3. 管线综合调整

通过将建立的暖通、给排水、电气管线模型进行综合排布，应用 BIM 技术进行三维管线的碰撞检查，不但能够彻底消除硬碰撞、软碰撞，优化工程设计，减少在建筑施工阶段可能存在的错误损失和返工的可能性，而且优化净空、优化管线排布方案。最后施工人员可以利用

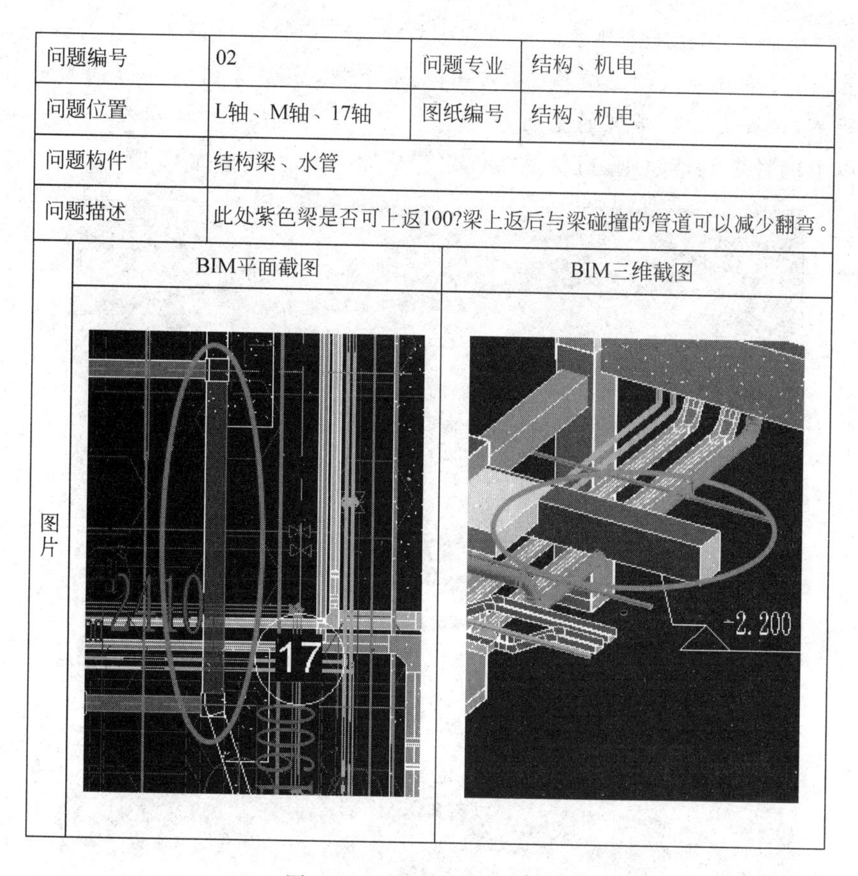

问题编号	02	问题专业	结构、机电
问题位置	L轴、M轴、17轴	图纸编号	结构、机电
问题构件	结构梁、水管		
问题描述	此处紫色梁是否可上返100?梁上返后与梁碰撞的管道可以减少翻弯。		
图片	BIM平面截图	BIM三维截图	

图 5-15　碰撞问题记录报告

碰撞优化后的三维管线方案，进行施工交底、施工模拟，提高施工质量，同时也提高了与业主沟通的能力。

注：管线综合原则如下：

（1）大管优先。因小管道造价低易安装，且大截面、大直径的管道，如空调通风管道、排水管道、排烟管道等占据的空间较大，在平面图中先作布置。

（2）临时管线避让长久管线。

（3）有压让无压是指有压管道和无压管道避让原则。无压管道，如生活污水、粪便污水排水管、雨排水管、冷凝水排水管都是靠重力排水，因此，水平管段必须保持一定的坡度，所以在与有压管道交叉时，有压管道应避让。

（4）金属管避让非金属管，因为金属管较容易弯曲、切割和连接。

（5）电气避热避水，在热水管道上方及水管的垂直下方不宜布置电气线路。

（6）消防水管避让冷冻水管（同管径）以利于工艺和造价，因为冷冻水管有保温。

（7）低压管避让高压管，因为高压管造价高。

（8）强弱电分设。由于弱电线路如电信、有线电视、计算机网络和其他建筑智能线路易受强电线路电磁场的干扰，因此强电线路与弱电线路不应敷设在同一个电缆槽内，而且应留一定距离。

(9) 附件少的管道避让附件多的管道，这样有利于施工、检修及更换管件。各种管线在同一处布置时，应尽可能做到呈直线、互相平行、不交错，还要考虑预留出施工安装、维修更换的操作距离，设置支、柱、吊架的空间等。

通过以上的管综调整原则，机房管线优化调整如图 5-16～图 5-18 所示。

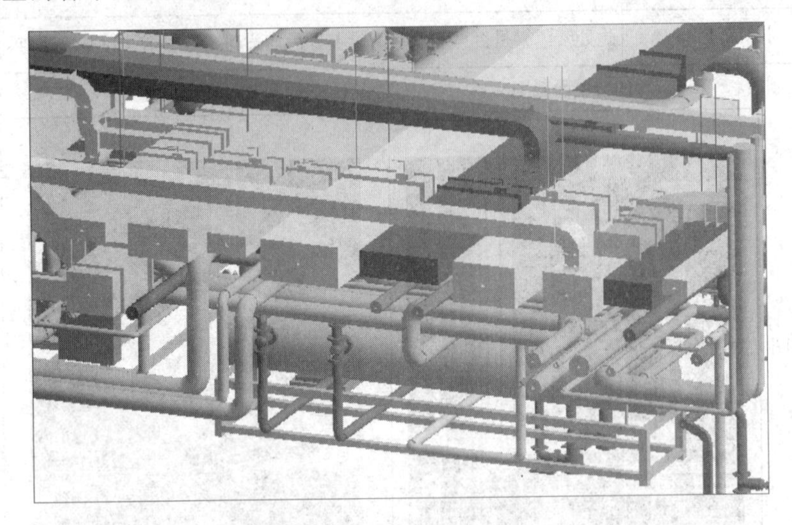

图 5-16　风管优化调整

图 5-17　水管优化调整

图 5-18　桥架优化调整

4. 4D 施工模拟

Navisworks 是一款 3D/4D 协助设计检视软件，针对建筑、工厂和航运业中的项目全寿命期，能提高质量，提高生产力。

Navisworks 软件能提高工作效率、减少在工程设计中出现的问题，是项目工程流线型发展的稳固平台。

通过 Navisworks 软件做 4D 施工模拟，导入根据 Project 编制的安装进度计划(见图 5-19)，表现出机电安装的工艺流程，如图 5-20 所示。

	任务名称	工期	六月上旬 6/5 6/19
1	机电设备综合管线安装	300 个工作日	
2	一、综合管线安装	300 个工作日	
3	东站房综合管线安装	149 个工作日	
4	出站层管线安装	47 个工作日	
5	支吊架制作安装	42 个工作日?	
6	风管及风阀安装	35 个工作日?	
7	给排水及消防、空调水管道安装	28 个工作日?	
8	电缆桥架安装	20 个工作日?	

图 5-19 进度计划图

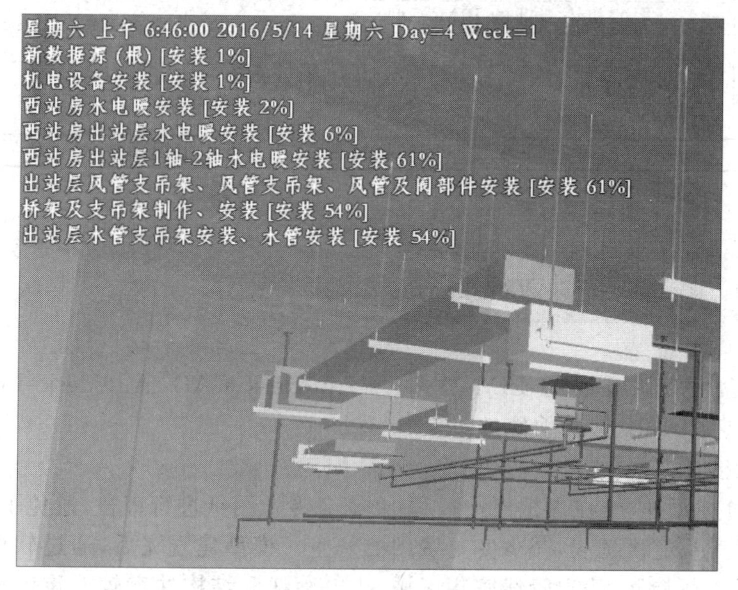

图 5-20 4D 施工模拟

5.1.5 BIM 应用目标

基于设计院提供的施工图纸，按照本项目要求的模型精度搭建建筑、结构、机电专业模型，并对模型进行深化，按照业主要求对管线进行综合调整，以便减少施工时的管线交叉问题。更新和维护并管理、协调、整合专业承包单位的 BIM 工作，按工作范围和业主要求提交施工各阶段 BIM 成果，确保 BIM 成果与各参与方提供的施工图纸文档一致，将施工阶段确定的信息在施工过程中进行添加或更新，并对施工变更的内容。进行 BIM 模型和信息的更新，实现工程实体与数字模型的同步移交。

（1）所有BIM参与方应用BIM技术提高专业服务水平，提升项目质量、加快施工进度、有效控制成本、减小项目风险，从而总体提升项目品质。

（2）在设计阶段，通过BIM技术的应用，提升建筑设计质量，为工程达到总目标打下坚实而重要的基础。

（3）在施工阶段，施工总包、各专业施工分包及施工监理单位应用BIM技术提高图纸的施工深化设计质量和相关单位间的沟通效率，以辅助施工管理目标的达成。

5.1.6 BIM成果交付

BIM成果交付如表5-3所示。

表5-3 BIM成果列表

类别	成果内容	文件格式
模型搭建	建筑、结构、机电专业的BIM模型	*.rvt
碰撞检查	碰撞检查报告	*.doc
碰撞漫游	将BIM模型导入Navisworks软件中，进行碰撞漫游检查，制作碰撞漫游视频	*.avi
4D模拟	根据BIM模型，制作关键工序模拟视频、施工进度模拟视频	*.avi

5.1.7 BIM应用效果评价

在本案例中，应用到的BIM软件为Autodesk CAD、Autodesk Revit、Autodesk Navisworks以及Office办公软件。

（1）碰撞检查

通过BIM模型建立，在虚拟建造过程中，对各专业图纸进行审核，避免了施工过程中图纸变更造成的工程进度延误，减少变更费用的产生。模型建立完后，通过软件的碰撞检查，对机电各专业进行检测，找出管线密集区域、机电管线和结构冲突较严重区域，提前发现问题并开会讨论解决，提高了工作效率。

（2）管线优化

管线碰撞检查并综合优化后生成的各专业施工图，交于各专业施工班组按图施工。避免了机电各专业"先入场、先施工，不提前考虑后面各专业管线部署的情况"。综合优化后的管线做到了节约成本、控制施工时间、满足地下室净高、完成效果美观。

（3）漫游浏览

BIM模型导入Navisworks软件中进行漫游体验，用户可以用第三人称在地下室内进行漫游浏览，查看上方管线走向、管线标高、属性信息等。对于地下室管线走向较低，空间净高不够的情况，能在实际施工前发现问题，避免了施工完成后出现问题无法修正而影响地下室的正常使用。

5.2　某奥特莱斯商业综合体结构设计中的BIM应用案例

5.2.1　工程概况

本工程为某奥特莱斯商业综合体，位于山西省晋中市。建筑类型为多层商业，建筑面积93260m²。A区超市、影院部分4层，局部机房1层，屋面高22.7m，最高点29.2m；B区两层，局部三层，屋面高11m，最高点18.5m。本工程采用框架结构，抗震设防烈度8度，设计使用年限50年。

5.2.2　BIM实施应用

1. BIM模型建立

（1）结构BIM模型的建立

通过结构计算软件PKPM.YJK等导入Revit当中，链接CAD图纸，进行调整、核对，建立结构专业模型，如图5-21所示。

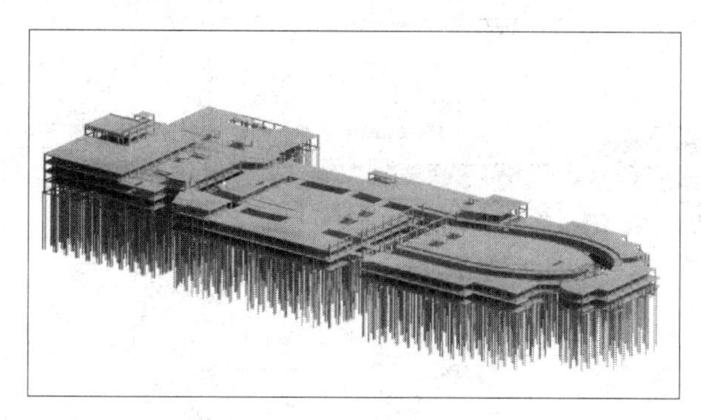

图5-21　结构模型

（2）建筑BIM模型的建立

利用插件快速创建主要建筑构件，包括建筑墙体、门、窗、楼梯、楼底面，如图5-22所示。

2. 结构分析

通过PDST将计算软件（PKPM、YJK、SAP2000、Midas）的分析模型导入到Revit中，可以查询构件受力情况，配筋详细数据，钢筋下料明细清单，如图5-23和图5-24所示。

图 5-22　建筑模型

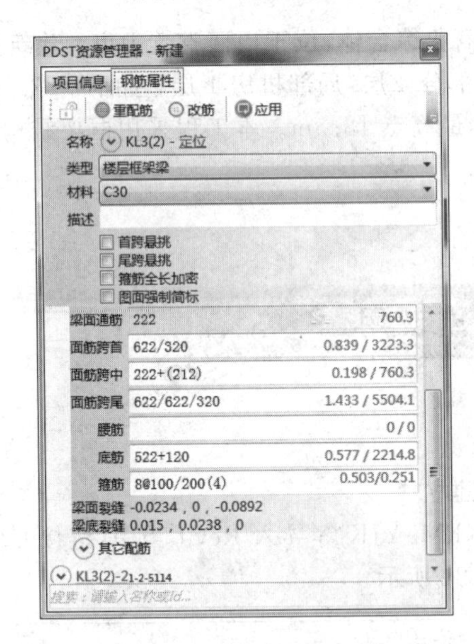

图 5-23　配筋数据

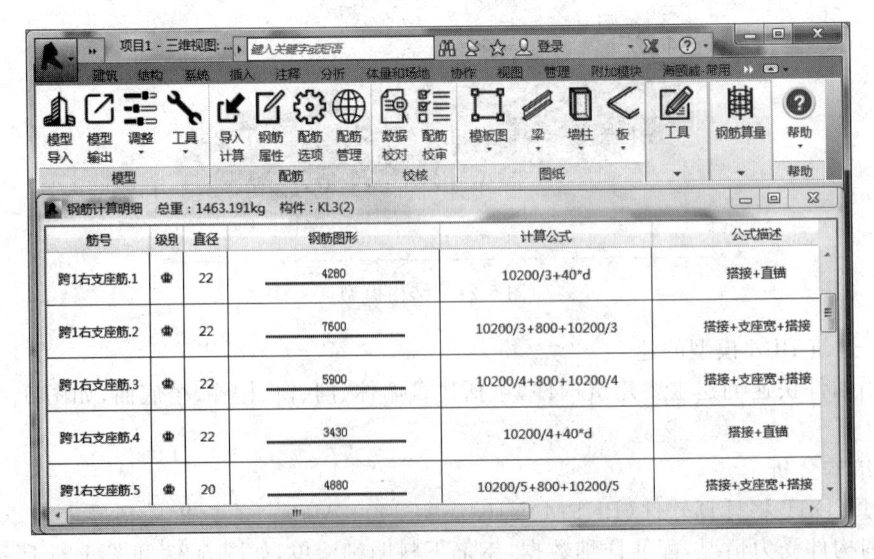

图 5-24　钢筋下料

3. 钢筋排布

利用 PDST 将钢筋三维实体化，可查看钢筋具体排布情况，如图 5-25 和图 5-26 所示。

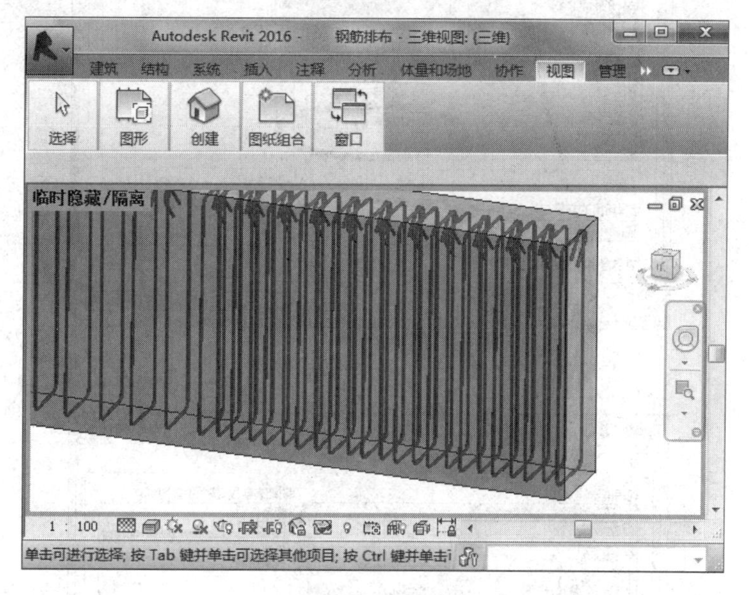

图 5-25 钢筋排布 1

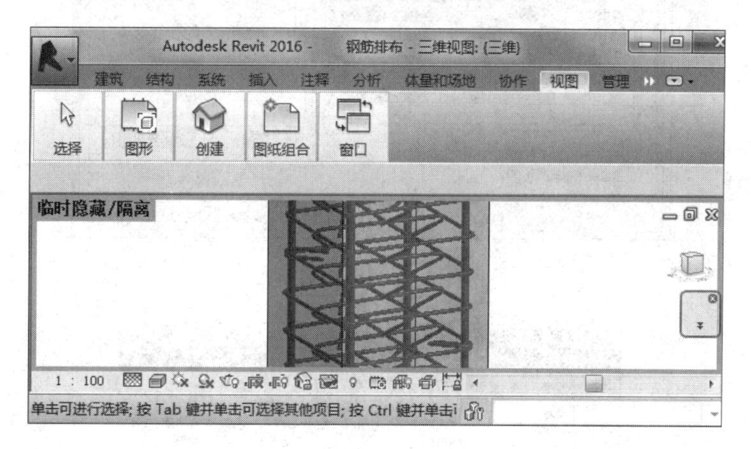

图 5-26 钢筋排布 2

4. 混凝土用量及模板面积统计

设置共享参数，编辑添加计算公式（见图 5-27 和图 5-28），可利用明细表统计混凝土、模板等材料用量，如图 5-29 所示。

5. 三维节点展示

深化设计是指在业主或设计顾问提供的条件图或原理图的基础上，结合施工现场实际情况，对图纸进行细化、补充和完善。在施工过程中所遇到的一些节点难点问题，例如柱梁

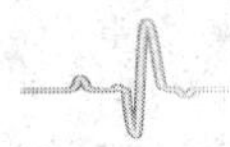

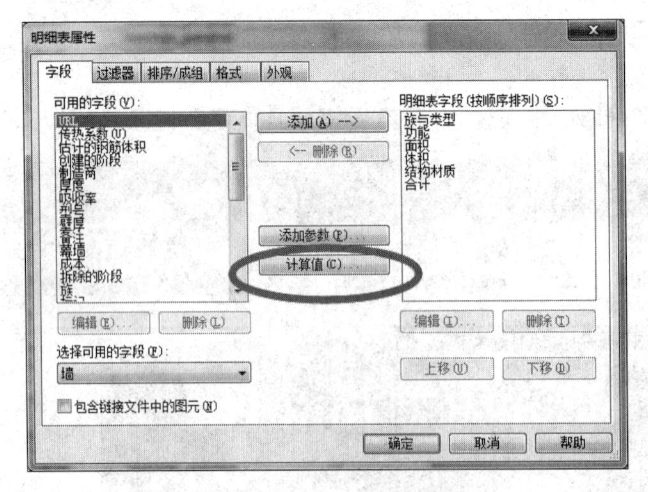

图 5-27　明细表属性 1

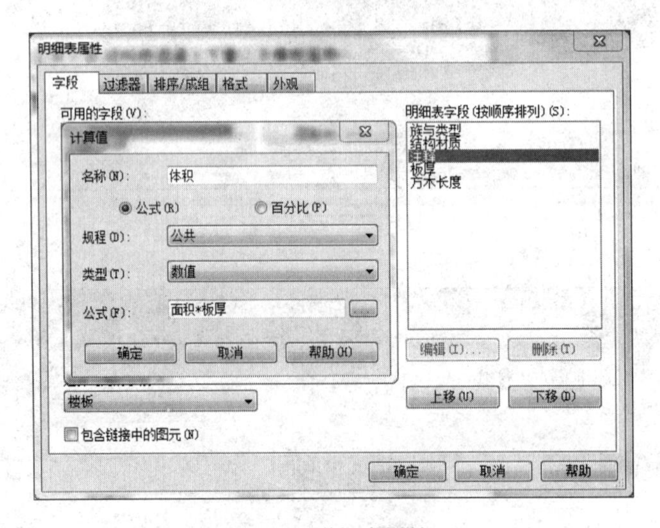

图 5-28　明细表属性 2

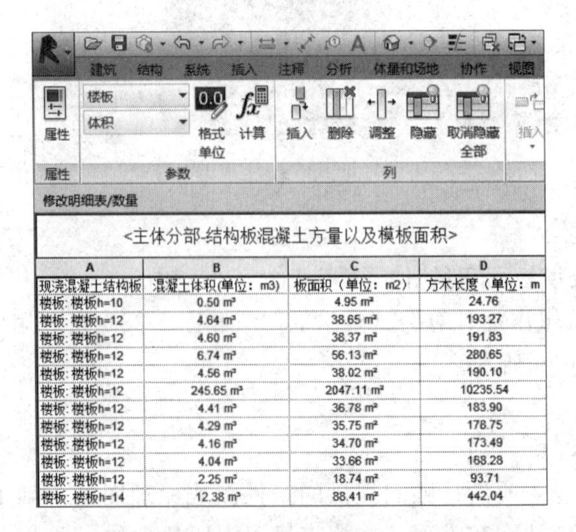

<主体分部-结构板混凝土方量以及模板面积>

A	B	C	D
现浇混凝土结构板	混凝土体积(单位：m3)	板面积（单位：m2）	方木长度（单位：m
楼板: 楼板h=10	0.50 m³	4.95 m²	24.76
楼板: 楼板h=12	4.64 m³	38.65 m²	193.27
楼板: 楼板h=12	4.60 m³	38.37 m²	191.83
楼板: 楼板h=12	6.74 m³	56.13 m²	280.65
楼板: 楼板h=12	4.56 m³	38.02 m²	190.10
楼板: 楼板h=12	245.65 m³	2047.11 m²	10235.54
楼板: 楼板h=12	4.41 m³	36.78 m²	183.90
楼板: 楼板h=12	4.29 m³	35.75 m²	178.75
楼板: 楼板h=12	4.16 m³	34.70 m²	173.49
楼板: 楼板h=12	4.04 m³	33.66 m²	168.28
楼板: 楼板h=12	2.25 m³	18.74 m²	93.71
楼板: 楼板h=14	12.38 m³	88.41 m²	442.04

图 5-29　混凝土及模板用量

板三个构件之间钢筋搭接问题，仅仅通过三维的施工图是很难表现出解决方案的。这就需要我们运用三维展示来准确直观地表现节点深化的方法，从而便于现场工人施工。根据图纸确定栓钉位置，布置箍筋及纵筋后，钢筋节点如图 5-30 所示。

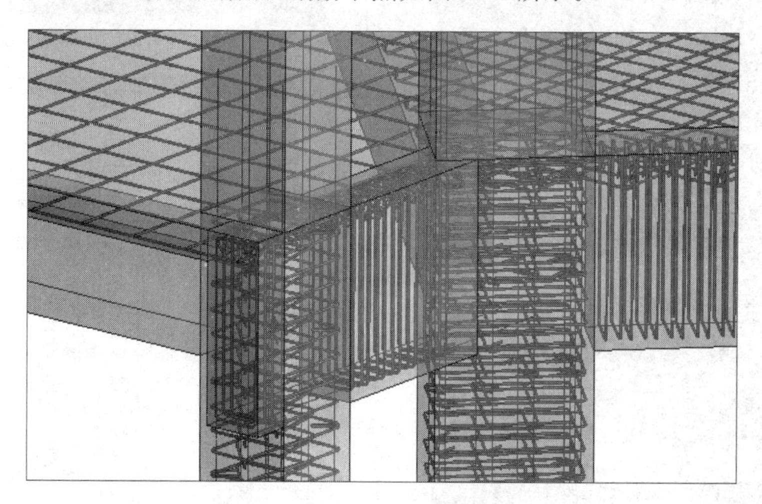

图 5-30 钢筋节点展示

6. 移动端三维可视

利用软件上传至 EBIM 施工管理平台，将模型进行转化达到轻量化的效果。可在手机或手持移动终端观察模型情况（现场二维码扫描查询构件信息）。遇到问题可通过平台与相关人员进行沟通，实时发现问题，解决问题，如图 5-31～图 5-34 所示。

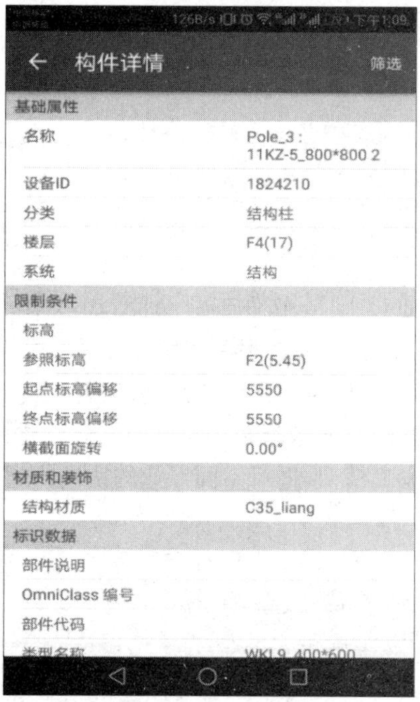

← 构件详情 筛选

基础属性	
名称	Pole_3 : 11KZ-5_800*800 2
设备ID	1824210
分类	结构柱
楼层	F4(17)
系统	结构
限制条件	
标高	
参照标高	F2(5.45)
起点标高偏移	5550
终点标高偏移	5550
横截面旋转	0.00°
材质和装饰	
结构材质	C35_liang
标识数据	
部件说明	
OmniClass 编号	
部件代码	
类型名称	WKL9_400*600

图 5-31 构件属性

图 5-32 三维模型

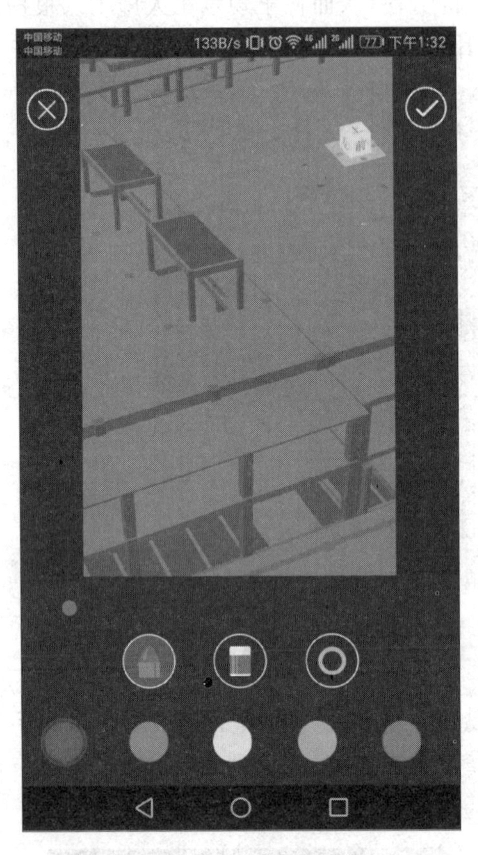

图 5-33 视口管理

图 5-34 创建话题

5.2.3 BIM 应用目标

基于 BIM 模型对主体结构等设计进行检查。通过 BIM 软件本身功能，BIM 管理平台等工具，实现不同专业、不同地域人员之间的协同合作。根据主体结构施工图纸，完成主体结构模型，提供相关问题报告，协助现场施工，利用基坑围护模型，进行施工方案模拟。协助论证部分地下室施工方案。对各专业内部及专业之间进行碰撞检查找出碰撞点；分析碰撞原因并进行调整。利用手机移动端可以随时随地地查看施工模型，进行不同专业的协调沟通。

5.2.4 BIM 应用效果评价

在本案例中，应用到的 BIM 软件为 Autodesk CAD、Autodesk Revit、Autodesk Robot

以及 Office 办公软件。通过 BIM 模型的建立，在虚拟建造过程中，对各专业图纸进行审核，避免了施工过程中图纸变更造成的工程进度延误，减少变更费用的产生，提高工作效率。

应用 Autodesk Robot Structural Analysis 软件做的结构力学分析保证了建筑物的结构安全性。

通过项目现场一线人员应用 EBIM 移动端，让施工员能直接通过手机查看完成后的模型信息，利于现场施工，即时掌握现场动态。信息集成于 BIM 模型中，公司管理层能动态掌握施工进度、现场问题并发布任务，加强了项目部、公司的管理。

5.3　某行政服务中心 BIM 应用综合

5.3.1　工程概况

本工程为某县行政服务(招投标)中心，建筑面积 24422.5m^2，地下 1 层 9749.5m^2，地上 9 层，地下室为地下汽车库、自行车库和设备用房，地下室战时设 2 个人防单元，均为人员隐蔽所。地上部分均为招投标中心及办公。本工程建筑高度 44.300m，按二类综合楼设计。

5.3.2　BIM 组织架构

1. BIM 模型建立

模型的建立是 BIM 应用的基础，BIM 模型的精度与准确度决定了 BIM 应用的深度，所以，BIM 模型是关键一环，需要制定建模标准、审核标准来控制质量。

建筑建模精度：LOD400。

建筑建模内容：外墙、楼板、扶手、楼梯、外部装饰条、内墙、隔墙、管道井、机房、卫浴布置、幕墙分割形式，按相应的国家标准设计图集建立模型。部分节点三维构造，墙身构造，预留的孔洞、内部装饰。

(1) 建筑模型

行政中心的外墙是以幕墙为基础的，5 层以下 Z 字形部分采用的是石材和玻璃嵌板间隔方式，5 层以上部分是纯玻璃幕墙。此次项目的难度就在于玻璃和石材的交接处应该如何处理。通过 BIM 技术，可以直观地表现幕墙节点的施工工艺，方便后续工人安装，如图 5-35 所示。

图 5-35 建筑模型

(2) 2F 整体三维模型

BIM 技术的局部空间的三维展示，能让非专业人员一目了然地看见建筑物内部的设计，直观地了解设计师的设计意图，如图 5-36 所示。

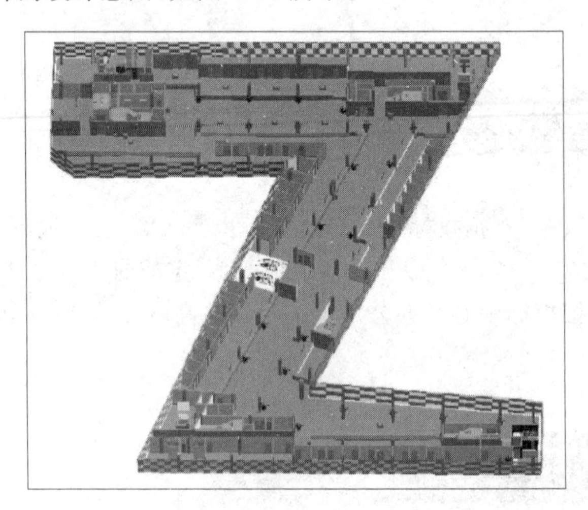

图 5-36 2F 整体三维模型

(3) 卫生间局部三维模型

卫生间内部的装修包括其中的踢脚、翻边、地面以及墙面用的瓷砖等都能够根据设计师设计的材料完美呈现，如图 5-37 所示。

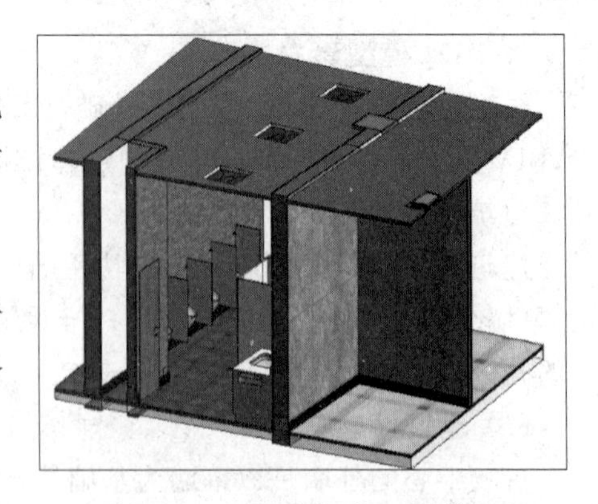

图 5-37 卫生间局部三维模型

(4) 洞口预留

通过机电模型和土建模型间的链接结合，进行洞口预留的设置，同时根据真实设备尺寸进行设备吊装预留洞口，如图 5-38 所示。

(5) 幕墙嵌板标记

对于项目中不同尺寸的幕墙嵌板，可以事先给嵌板做出标记，方便后期人员的安装，如图 5-39 所示。

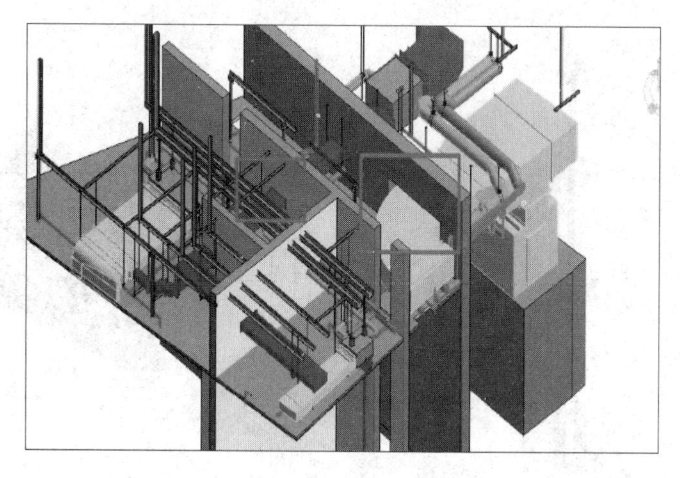

图 5-38 洞口预留

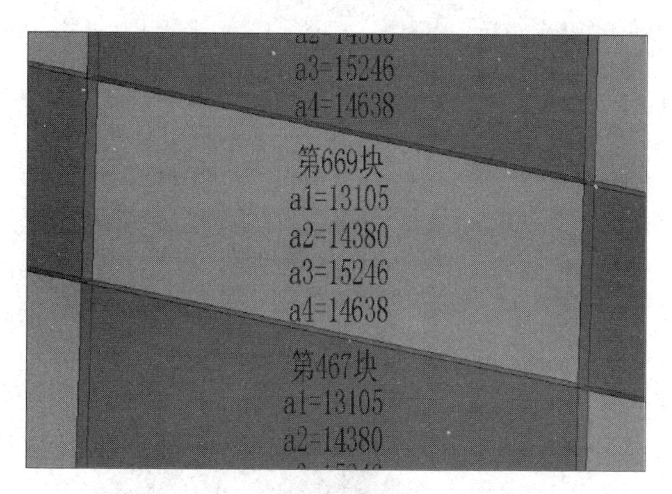

图 5-39 幕墙嵌板标记

(6) 特殊构件定制

幕墙连接件、龙骨卡件、龙骨吊杆、龙骨(见图 5-40～图 5-43)。幕墙的安装工艺比较复杂,对固定龙骨的卡件、固定幕墙的连接件等构件,通过 Revit 族样板实现特殊构件的定制。

图 5-40 幕墙连接件

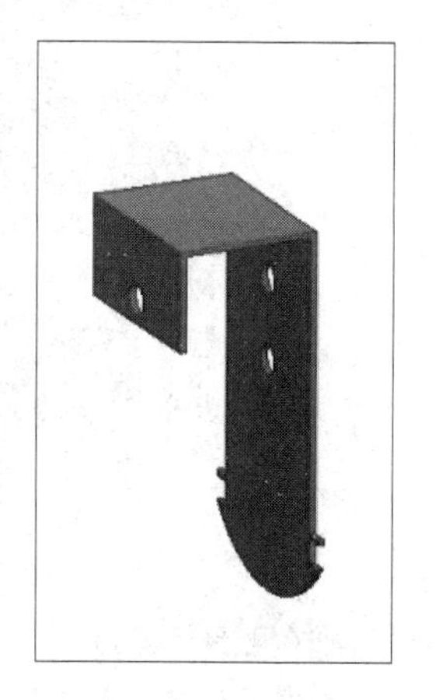

图 5-41 龙骨卡件

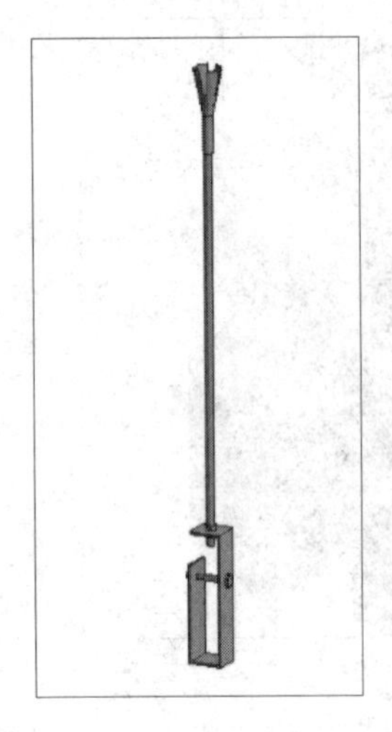

图 5-42 龙骨吊杆

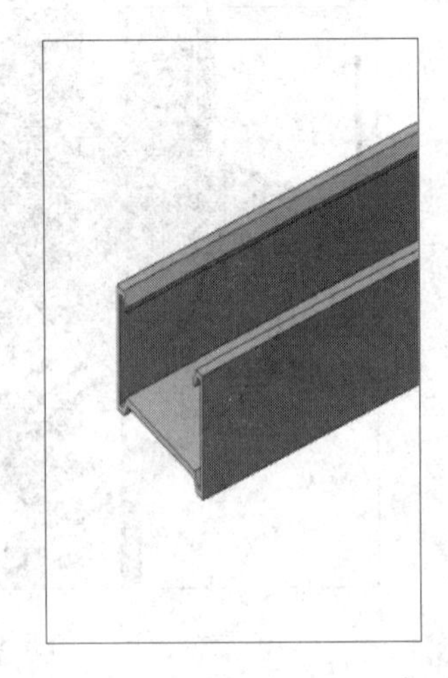

图 5-43 龙骨

结构建模精度：LOD300。

结构建模内容：框架柱、框架梁、剪力墙、基础；钢结构：主要柱、梁。

(1) 结构模型(见图 5-44)

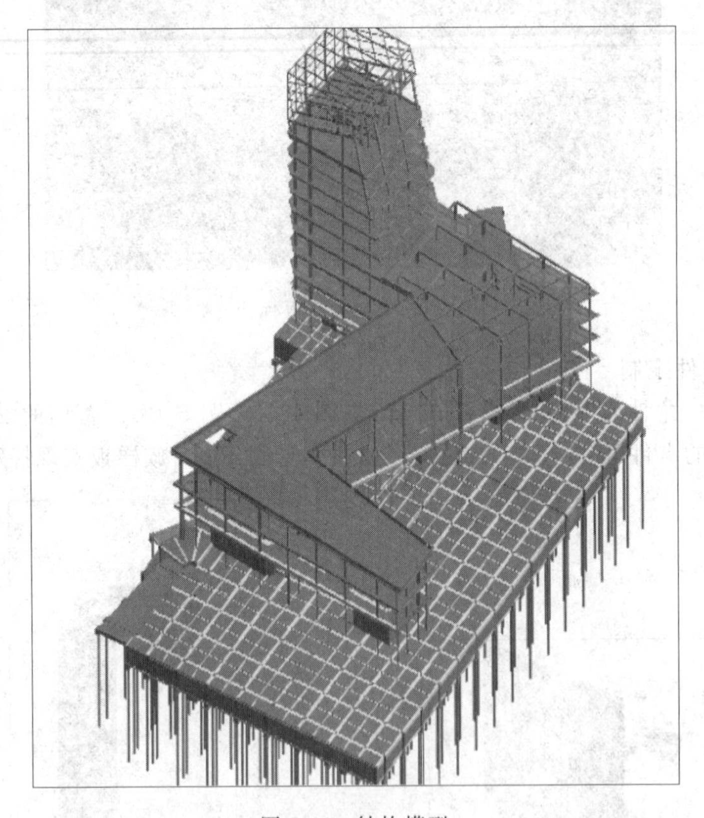

图 5-44 结构模型

(2) 柱、梁、基础(见图 5-45)

(3) 钢结构

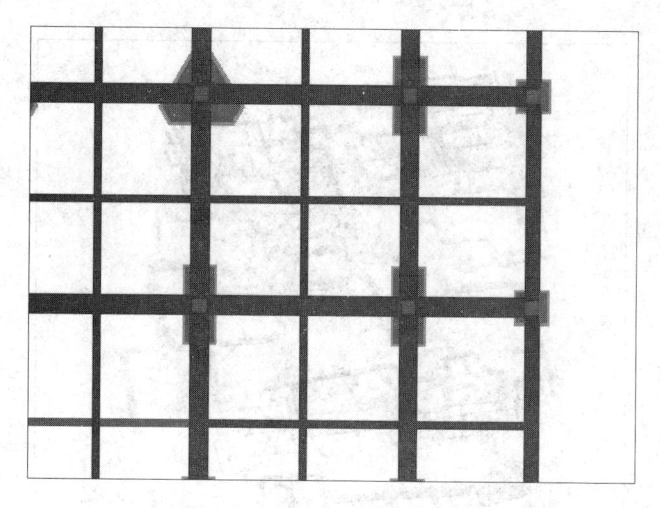

图 5-45　柱、梁、基础

BIM 技术的 Revit 软件解决了钢结构两根钢梁搭接问题，能够把连接钢梁的拼接节点表现出来，以便于现场施工人员能清楚地了解施工工艺，解决施工过程中的难点，如图 5-46 所示。

图 5-46　钢梁及钢梁拼接节点

机电建模精度：LOD500。

机电建模内容：主干管线、主要桥架、分支管路、机房设备、线管、配电箱、控制柜、阀门、卫浴装置、毛细管路、管路末端设备、灯具、开关面板、支吊架。

（1）机电暖通模型

BIM 模型搭建前，需在二维平面上进行初步的管线综合排布，尽量避免主要管线的碰撞以及后期管线综合调整的工作量。由于暖通风系统较多，仅从二维上较难想象一个整体的风系统路径，所以通过三维模型，能清楚地了解暖通设计师的设计思路，如图 5-47 所示。

（2）整体给排水模型（见图 5-48）

（3）局部设备用房三维模型（见图 5-49）

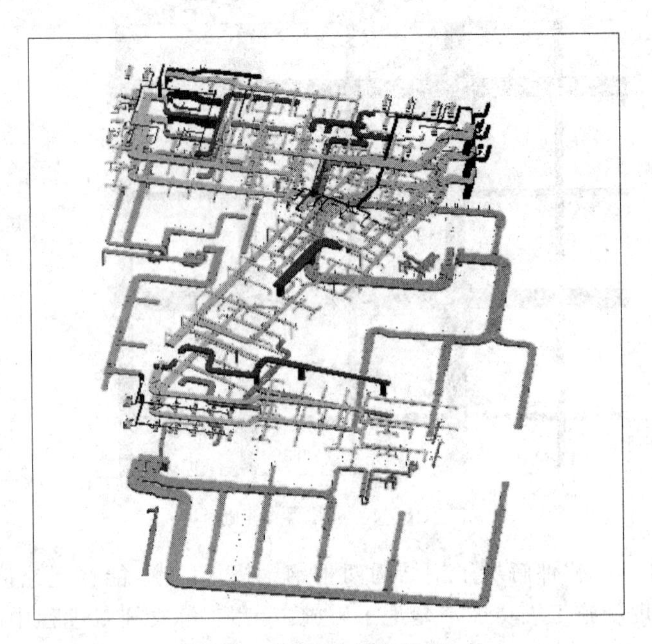

图 5-47 机电暖通模型

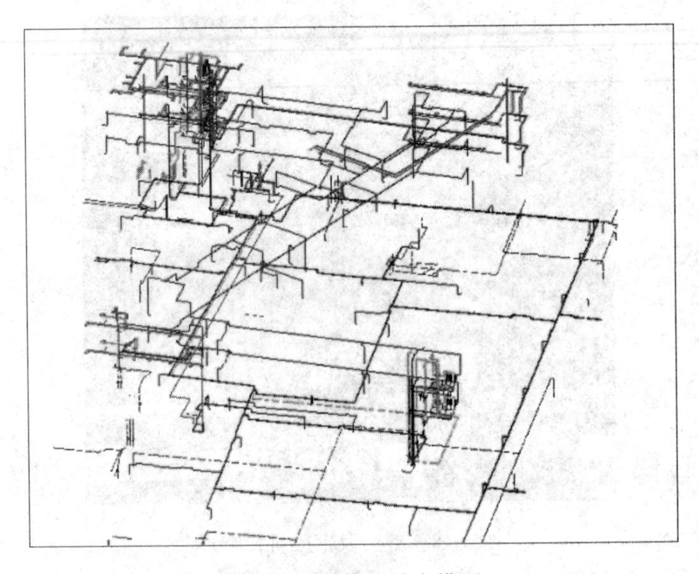

图 5-48 整体给排水模型

(4) 不同的构件在安装时所需的支吊架也不一样

如不同管径的管道在安装时就有几种不同的安装构件，如图 5-50～图 5-53 所示。机械设备在安装时，所需要的支吊架如图 5-50 所示。

2. 碰撞检查(见图 5-54)

基于施工图所有内容，进行碰撞检查。通过 Navisworks 检查管线碰撞，发现图纸中的错漏碰缺与专业间的冲突，导出碰撞检查报告并对管线进行优化调整。

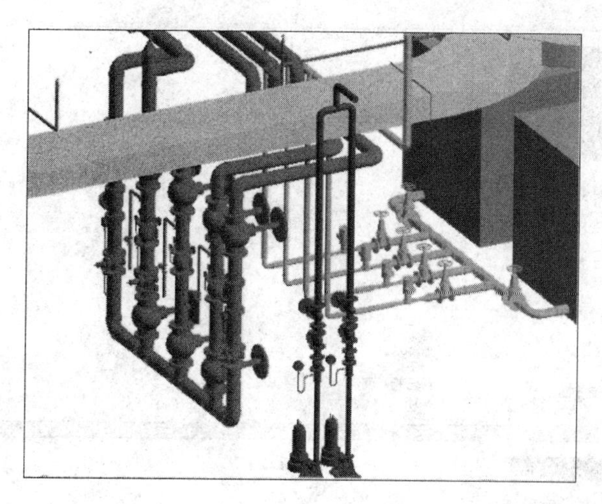

图 5-49 局部设备用房三维模型

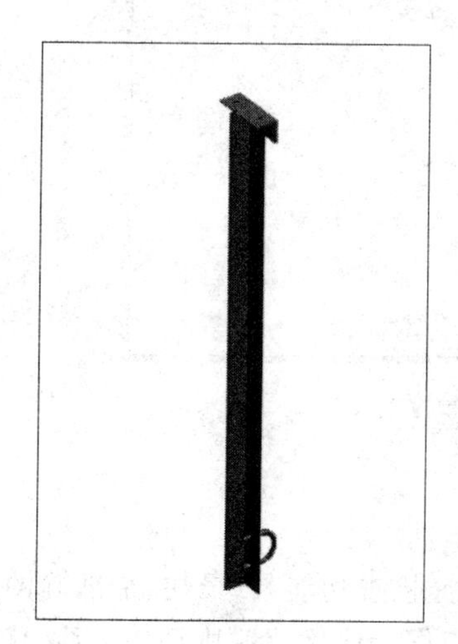

图 5-50 单臂吊架

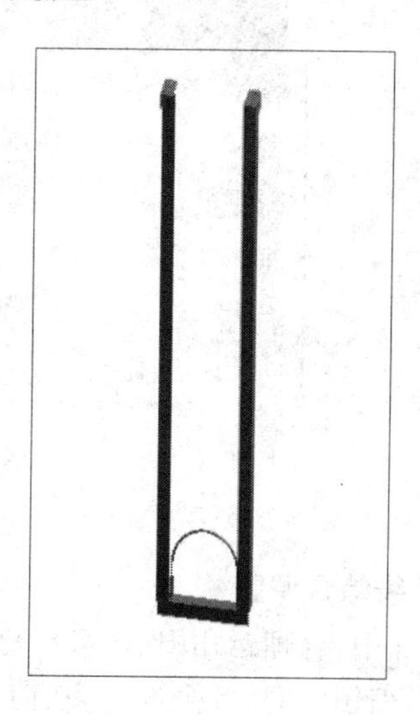

图 5-51 U形吊架

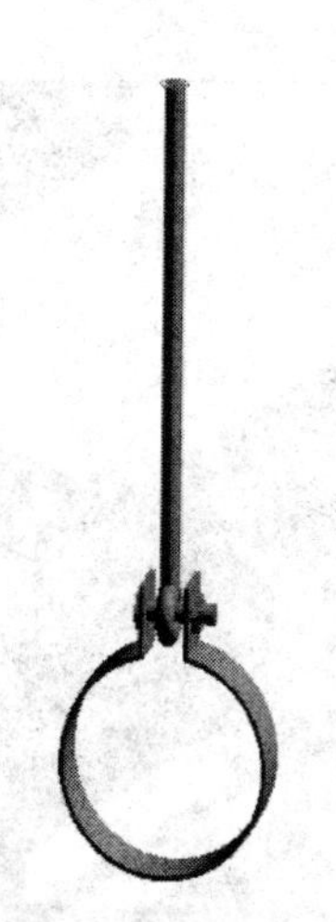

图 5-52 单管吊杆

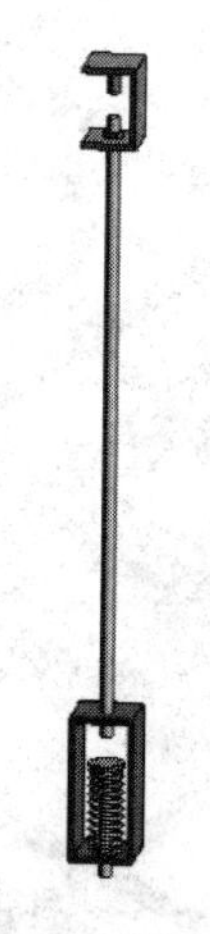

图 5-53 弹簧吊架

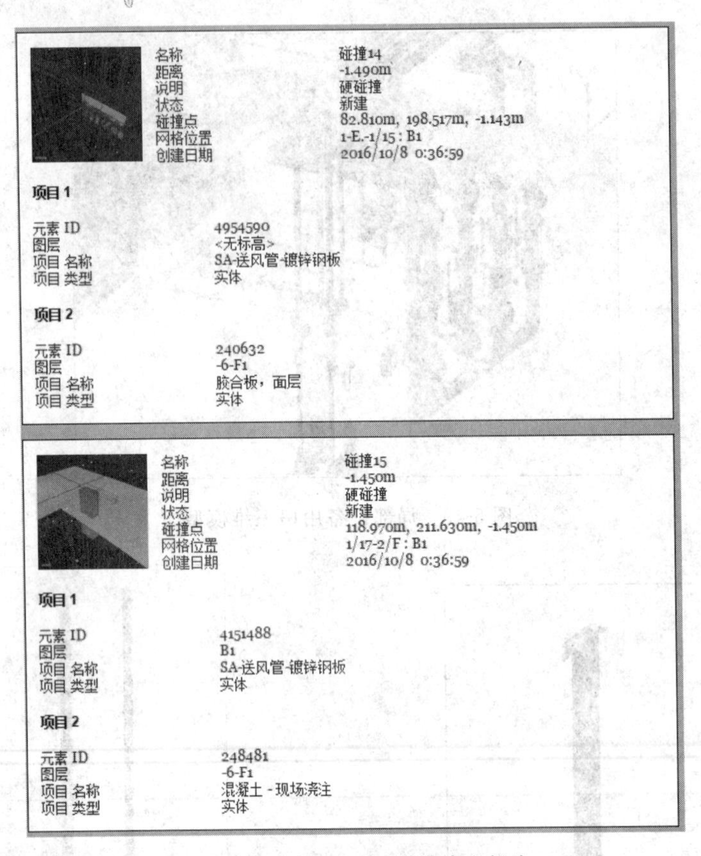

名称	碰撞14
距离	-1.490m
说明	硬碰撞
状态	新建
碰撞点	82.810m, 198.517m, -1.143m
网格位置	1-E.-1/15 : B1
创建日期	2016/10/8 0:36:59

项目 1

元素 ID	4954590
图层	<无标高>
项目 名称	SA-送风管-镀锌钢板
项目 类型	实体

项目 2

元素 ID	240632
图层	-6-F1
项目 名称	胶合板，面层
项目 类型	实体

名称	碰撞15
距离	-1.450m
说明	硬碰撞
状态	新建
碰撞点	118.970m, 211.630m, -1.450m
网格位置	1/17-2/F : B1
创建日期	2016/10/8 0:36:59

项目 1

元素 ID	4151488
图层	B1
项目 名称	SA-送风管-镀锌钢板
项目 类型	实体

项目 2

元素 ID	248481
图层	-6-F1
项目 名称	混凝土 - 现场浇注
项目 类型	实体

图 5-54 Navisworks 碰撞检查报告

3. 管线综合调整

在设计中，合理运用 BIM 可视化功能及分析碰撞检查功能，以最快、最准确的方式发现碰撞部位，缩短时间，减少返工，从而节约了成本。根据管线优化原则调整管线，优化后的管线综合见图 5-55。

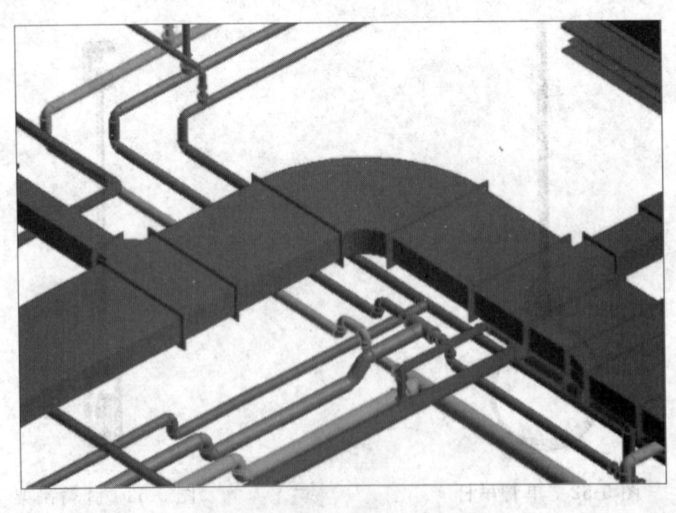

图 5-55 管综优化标注出图

管综优化调整后，导出管线的定位图，以便后期施工使用如图 5-56、图 5-57 所示。

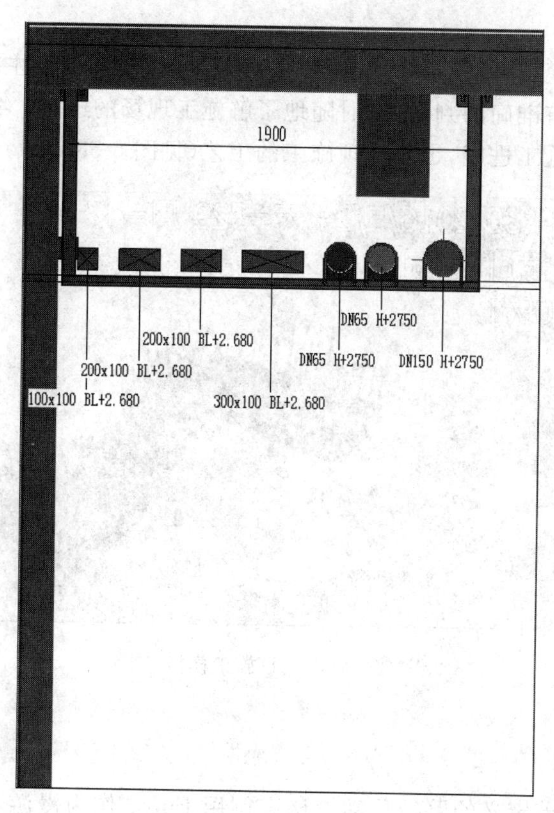

图 5-56　管线定位标注

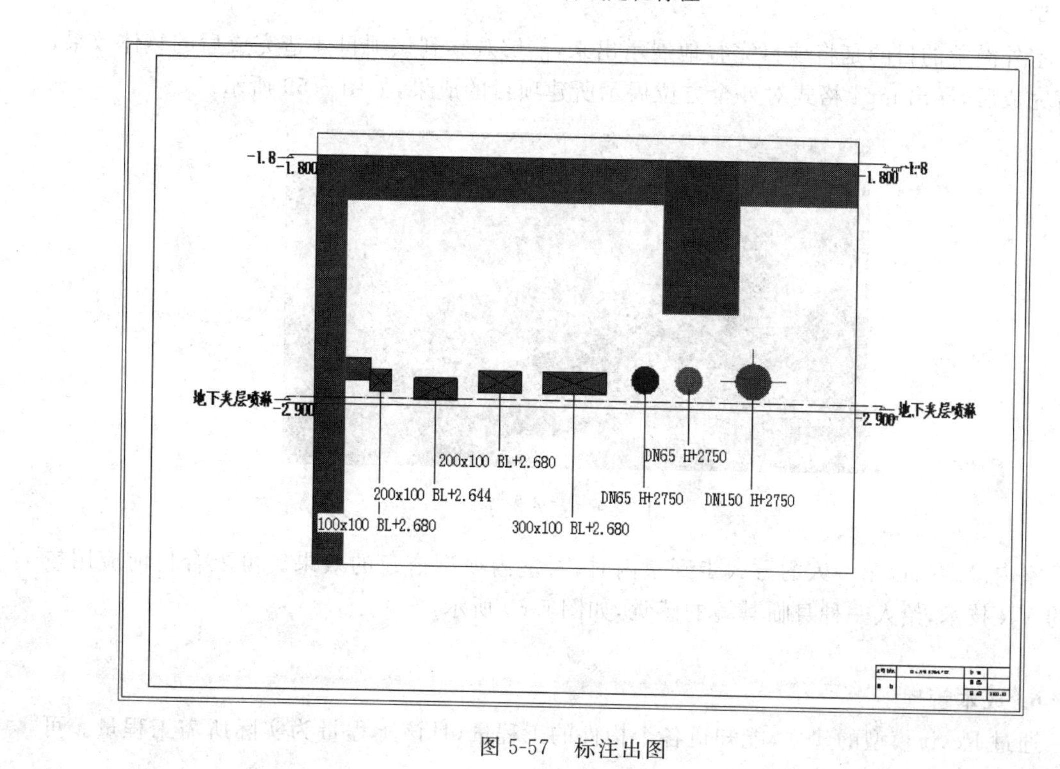

图 5-57　标注出图

4. 4D 施工模拟

三维模型的施工模拟可以对项目实际施工实现提前拟建，使业主对实际施工过程及工程中可能出现的情况有准确的判断，随时随地了解施工现场的进展。4D 施工模拟能表现出具体的工期和具体的施工进度，也能体现施工的工艺（见图 5-58）。

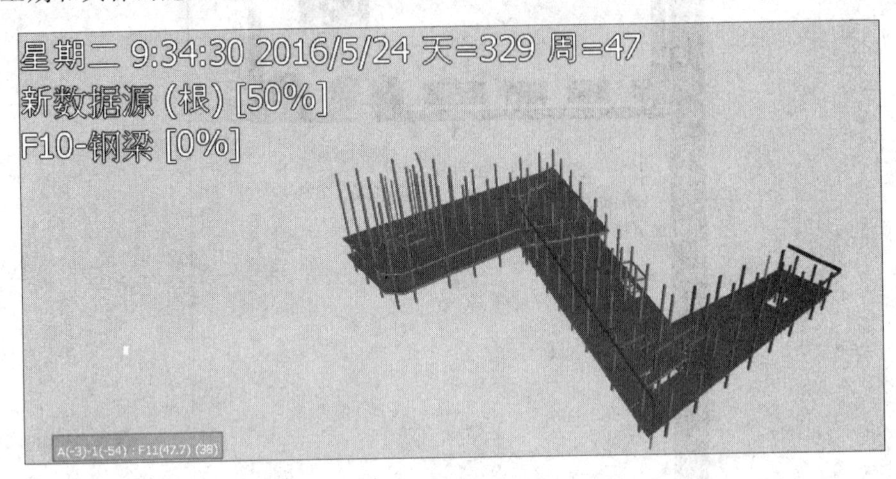

图 5-58 4D 施工模拟

5. 漫游浏览

漫游是指相机沿着定义的路径移动。该案例用 Fuzor 作为漫游工具，进入项目当中浏览模型。

室外漫游的目的是将项目完整地展示出来，能够观察到该项目建造完成后的整体效果，漫游完成后，导出 mp4 格式对外全方位展示所建项目的成果，如图 5-59 所示。

图 5-59 室外漫游

室内漫游指以第一人的方式走到室内时，看室内模型搭建的效果。可配合目前应用较广的 VR 技术，给人一种身临其境的感觉，如图 5-60 所示。

6. 成本管理

通过 Revit 模型的建立，能知道各个构件的工程量，且该工程量为实际所需工程量。可

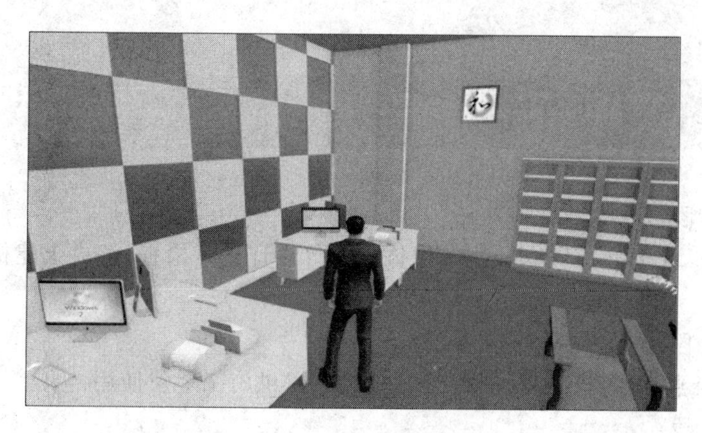

图 5-60　室内漫游

根据该工程量对现场材料进行合理管理，从而达到成本的预控，如图 5-61、图 5-62 所示。

<H型钢明细表>

A	B	C	D	E	F	G
族	类型	长度	单价	体积	重里(kg)	总价（元）
热轧H型钢	ZL1	845	7.32	0.01 m³	91.21	667.67
热轧H型钢	BL1	5395	7.32	0.04 m³	1812.36	13266.48
热轧H型钢	BL1	1456	7.32	0.01 m³	131.71	964.13
热轧H型钢	ZL1	5660	7.32	0.08 m³	3456.32	25300.26
热轧H型钢	ZL1	1324	7.32	0.02 m³	194.73	1425.40
热轧H型钢	BL1	2493	7.32	0.02 m³	408.53	2990.46
热轧H型钢	BL1	2355	7.32	0.02 m³	403.98	2957.11
热轧H型钢	BL1	2595	7.32	0.02 m³	428.06	3133.43
热轧H型钢	BL1	2757	7.32	0.02 m³	504.45	3692.60
热轧H型钢	BL1	1840	7.32	0.02 m³	334.65	2449.67
热轧H型钢	BL1	2595	7.32	0.02 m³	468.88	3432.21
总计: 11				0.31 m³	8234.89	60279.41

图 5-61　H 型钢的净量及价格

<主体分部-楼地面工程>

A	B	C	D
族与类型	结构材质	面积	体积
楼板: 楼板h=100	混凝土 - C30	5 m²	0.50 m³
楼板: 楼板h=100: 1			
楼板: 楼板h=120	混凝土 - C30	39 m²	4.64 m³
楼板: 楼板h=120	混凝土 - C30	38 m²	4.60 m³
楼板: 楼板h=120	混凝土 - C30	56 m²	6.74 m³
楼板: 楼板h=120	混凝土 - C30	38 m²	4.56 m³
楼板: 楼板h=120	混凝土 - C30	2047 m²	245.65 m³
楼板: 楼板h=120	混凝土 - C30	37 m²	4.41 m³
楼板: 楼板h=120	混凝土 - C30	36 m²	4.29 m³
楼板: 楼板h=120	混凝土 - C30	35 m²	4.16 m³
楼板: 楼板h=120	混凝土 - C30	34 m²	4.04 m³
楼板: 楼板h=120	混凝土 - C30	19 m²	2.25 m³
楼板: 楼板h=120: 10			
楼板: 楼板h=140	混凝土 - C30	88 m²	12.38 m³
楼板: 楼板h=140	混凝土 - C30	52 m²	7.35 m³
楼板: 楼板h=140	混凝土 - C30	87 m²	12.20 m³
楼板: 楼板h=140	混凝土 - C30	86 m²	12.05 m³
楼板: 楼板h=140	混凝土 - C30	33 m²	4.67 m³
楼板: 楼板h=140	混凝土 - C30	26 m²	3.65 m³
楼板: 楼板h=140	混凝土 - C30	76 m²	10.64 m³
楼板: 楼板h=140: 7			
楼板: 楼板h=150	混凝土 - C30	3520 m²	528.00 m³
楼板: 楼板h=150	混凝土 - C30	50 m²	7.44 m³
楼板: 楼板h=150	混凝土 - C30	1842 m²	276.37 m³
楼板: 楼板h=150	混凝土 - C30	48 m²	7.26 m³
楼板: 楼板h=150	混凝土 - C30	1657 m²	248.55 m³
楼板: 楼板h=150	混凝土 - C30	48 m²	7.23 m³
楼板: 楼板h=150	混凝土 - C30	47 m²	6.99 m³

图 5-62　混凝土板工程量

5.3.3 BIM应用目标

(1) 设计阶段

通过建立BIM模型，对机电安装、主体结构等设计进行检查，解决土建机电图纸的错漏疑问之处。

(2) 施工阶段

对于节点难点问题，模型提前做出解决方案，以供施工单位使用。

(3) 运维阶段

模型深化到竣工时，录入所有运维所需的信息，方便后期物业管理。

5.3.4 BIM成果交付

BIM成果如表5-4所示。

表5-4 BIM成果列表

服务类别	交付成果	格式	交付时间
BIM标准制定	本项目BIM技术标准(含模型标准、软硬件标准、对应各种应用的输出文件格式、各专业模型要求、模型精度要求、文件夹结构和命名等)	pdf	项目启动10个工作日内
BIM建模	各专业BIM模型	rvt等	合同签订，资料提交齐全后20个工作日提交第一版
碰撞检查	碰撞检查报告	PPT	第一版模型提交后5日内
NW碰撞漫游	将BIM模型导入NW软件平台中，进行碰撞漫游检查，导出碰撞漫游视频	avi	第一版模型提交后5日内
管线综合	管线综合平面图、轴测图、节点大样图	rvt、dwg	碰撞报告确认后20个工作日内
虚拟漫游	根据BIM模型，制作关键工序模拟视频、施工进度模拟视频	avi	模型建立好、资料提供完全30日内
BIM平台	BIM CLOUD平台应用，施工现场移动BIM应用、材料跟踪定位、质量、安全检查	提供软件平台、账号	BIM模型完成后即可部署应用
其他服务	BIM汇报文件(若干)	PPT	
	BIM协调会会议纪要(若干)	doc	

5.3.5 BIM应用效果评价

在本案例中，应用到的BIM软件为Autodesk CAD、Autodesk Revit、Autodesk Navisworks、Tekla、Fuzor以及Office办公软件。

通过运用 Autodesk Revit 软件创建 BIM 模型，以达到施工项目可视化效果，其真正的构造形式已不需要建筑参与人员去自行想象，提高了工作效率。

通过 BIM 模型搭建，将施工图纸以三维模型形式进行体现，利用 Revit 软件的碰撞检查功能可以在项目施工前提前找到图纸的冲突点，减少施工阶段可能存在的错误损失和返工。

通过 Revit 软件的碰撞检查生成的 BIM 报告，将机电各专业管线进行优化调整。能够创建更加合理美观的管线排列，通过净高分析优化空间。没有经过管线综合碰撞深化设计的预留洞口是不准确的，深化设计完成后，对预留洞口进行精确定位，确保预留洞口准确，避免二次开孔开槽。

BIM 模型导入 Navisworks 软件中进行漫游体验，用户可以用第一人在地下室内进行漫游浏览，查看上方管线走向、管线标高、属性信息等。对于地下室管线走向较低，空间净高不够的情况，能在实际施工前发现问题，避免了施工完成后问题无法修正，影响地下室的正常使用。

通过 BIMVR 平台软件 Fuzor 实现将 BIM 模型无缝快捷地融入这个平台，使得模型的显示效果、浏览方式变成 VR 方式，进行身临其境的 BIMVR 体验。进行 BIM 信息交流、BIM 协同、BIM 可视化管理，采光、日照、净高分析，让工程行业参与各方也实现了高效简便的双向沟通协作。

参考文献

[1] 张正. BIM应用案例分析[M]. 北京：中国建筑工业出版社，2016.

附　　录

住房和城乡建设部于2016年12月2日发布第1380号公告，批准《建筑信息模型应用统一标准》（简称《模型应用标准》）为国家标准，编号为GB/T 51212—2016，自2017年7月1日起实施。

模型应用标准是根据住房和城乡建设部《关于印发〈2012年工程建设标准规范制订、修订计划〉的通知》（建标[2012]5号）的要求，由中国建筑科学研究院会同有关单位编制完成的。本标准是第一部建筑信息模型方面的工程建设标准。

在编制过程中，标准编制组会同建筑信息模型（BIM）产业技术创新战略联盟（中国BIM发展联盟）开展了广泛的调查研究，组织了大量的课题研究，并参考了国外有关标准，广泛征求了有关方面的意见，对具体内容进行了反复讨论、协调和修改，最后经审查定稿。

模型应用标准共分7章和2个附录，主要技术内容是：总则、术语、基本规定、模型体系、数据互用、模型应用、企业实施指引。

模型应用标准由住房和城乡建设部负责管理，由中国建筑科学研究院负责具体技术内容的解释。

1　总则

1.0.1　为贯彻执行国家技术经济政策，支撑工程建设信息化实施，统一建筑工程信息模型应用要求，提高信息应用效率和效益，制定本标准。

1.0.2　本标准适用于建筑工程全寿命期内建筑信息模型的建立、应用和管理。

1.0.3　制定建筑信息模型的相关标准，应遵守本标准的规定。

1.0.4　建筑信息模型的应用，除应遵守本标准的规定外，尚应遵守国家现行有关标准的规定。

2　术语

2.0.1　建筑信息模型（building information model，BIM）

全寿命期工程项目或其组成部分物理特征、功能特性及管理要素的共享数字化表达。

2.0.2　建筑信息模型应用（application of building information model）

建筑信息模型在工程项目中的各种应用及项目业务流程中信息管理的统称。

2.0.3　任务信息模型（task information model）

以专业及管理分工为对象的子建筑信息模型。

2.0.4　任务信息模型应用（application of task information model）

面向完成任务目标并支持任务相关方交换和共享信息、协同工作的任务信息模型各种应用及任务流程信息管理的统称。

2.0.5　基本任务工作方式（professional task based BIM application，P-BIM）

符合我国现有的工程项目专业及管理工作流程，以现行的专业及管理分工为基本任务，建立满足项目全寿命期工作需要的任务信息模型应用体系来实施建筑信息模型应用的工作方式。

2.0.6　基本任务工作方式应用软件(P-BIM software)

以完成任务为目标，融合我国法律法规、工程建设标准和专业及管理工作流程，并按基本任务工作方式实现信息交换和共享的建筑信息模型应用软件。

3　基本规定

3.0.1　建筑信息模型应用宜覆盖工程项目全寿命周期。

3.0.2　工程项目全寿命期可划分为策划与规划、勘察与设计、施工与监理、运行与维护、改造与拆除五个阶段。

3.0.3　建筑信息模型宜在工程项目全寿命期的各个阶段建立、共享和应用，并应保持协调一致。

3.0.4　建筑信息模型应用软件应根据信息建立、共享和应用的能力进行认证。

3.0.5　建筑信息模型应用可采用多种工作方式，当无经验时，宜采用基本任务工作方式。

4　模型体系

4.1　一般规定

4.1.1　建筑信息模型应包含工程项目全寿命期中一个或多个阶段的多个任务信息模型及相关的共性模型元素和信息，并可在项目全寿命期各个阶段、各个任务和各个相关方之间共享和应用。

4.1.2　模型通过不同途径获取的信息应具有唯一性，采用不同方式表达的信息应具有一致性，不宜包含冗余信息。

4.1.3　用于共享的模型及其组成元素应在工程项目全寿命期内被唯一识别。

4.1.4　模型应具有可扩展性。

4.2　模型结构体系

4.2.1　模型整体结构宜分为任务信息模型以及共性的资源数据、基础模型元素、专业模型元素四个层次。

4.2.2　资源数据应支持基础模型元素和专业模型元素的信息描述，表达模型元素的属性信息。资源数据应包括描述几何、材料、时间、参与方、度量、成本、物理、功能等信息所需的基本数据。典型的资源数据及其信息描述宜符合本标准附表 A-1 的规定。

4.2.3　基础模型元素应表达工程项目的基本信息、任务信息模型的共性信息以及各任务信息模型之间的关联关系。基础模型元素应包括共享构件、空间结构划分、属性集元素、共享过程元素、共享控制元素、关系元素等。典型的基础模型元素及其信息描述宜符合本标准附表 A-2 的规定。

4.2.4　专业模型元素应表达任务特有的模型元素及属性信息。专业模型元素应包括所引用的相关基础模型元素的专业信息。典型的专业模型元素及其信息描述宜符合本标准附表 A-3 的规定。

4.3　任务信息模型

4.3.1　任务信息模型应包含完成任务所需的最小信息量，并宜按照建筑信息模型整体结构的要求进行信息的组织与存储。

4.3.2　任务信息模型应具有完成任务的基本信息，并应满足建筑工程相关法律、法规、专业标准及管理流程的规定。

4.3.3　任务信息模型宜根据任务需求和有关标准确定模型元素、描述细度以及应包含的信息，宜按照模型整体结构组织和存储模型信息。

4.3.4　各阶段的所有任务信息模型应协调一致，并可在项目策划与规划、勘察与设计、施工与监理、运行与维护、改造与拆除等阶段之间共享。

4.3.5　任务信息模型应满足交付要求。

4.4　模型扩展

4.4.1　模型结构应根据任务需要，扩充任务信息模型或模型元素的种类及相关信息。

4.4.2　新增和扩展的任务信息模型应与其他任务信息模型协调一致。

4.4.3　模型元素的种类增加宜采用实体扩展方式；模型元素的信息扩展宜采用属性或属性集扩展方式。

4.4.4　模型扩展不应改变原有模型结构。

5　数据互用

5.1　一般规定

5.1.1　任务信息模型应满足工程项目全寿命期各个阶段各个相关方协同工作的需要，包括信息的获取、更新、修改和管理。

5.1.2　工程项目全寿命期的各个阶段和各个任务宜共享模型的共性元素。

5.1.3　模型及相关信息应记录信息所有权的状态、信息的建立者与编辑者、建立和编辑的时间以及所使用的软件工具及版本等。

5.1.4　项目相关方应商定模型的数据互用协议，明确模型互用的内容、格式等。

5.2　交付与交换

5.2.1　模型数据交付前，应进行正确性、协调性和一致性检查，并应满足下列要求：

(1) 模型数据已经过审核、清理。

(2) 模型数据是最新版本。

(3) 模型数据内容和格式符合项目的数据互用协议。

5.2.2　任务相关方应根据任务需求商定数据互用的内容，数据互用的内容应满足下列要求：

(1) 包含任务承担方接收的模型数据。

(2) 包含任务承担方交付的模型数据。

(3) 明确互用数据的详细程度，详细程度应满足完成任务所需的最小信息量要求。

5.2.3　任务相关方应根据交换的模型数据商定互用格式，数据互用格式应满足下列要求：

(1) 互用数据的提供方应保证格式能够被数据接收方直接读取。

(2) 三个及三个以上任务相关方之间的互用数据应采用相同格式。

(3) 互用数据格式转换时，宜采用成熟的转换方式和转换工具。

5.2.4　任务相关方应商定数据互用的验收条件。

5.2.5　互用数据交付接收方前，应首先由提供方对模型数据及其生成的互用数据进行内部审核验收。

5.2.6 数据接收方在使用互用数据前,应进行确认和核对。

5.3 编码与存储

5.3.1 模型数据应进行分类和编码,并应满足数据互用的要求。

5.3.2 模型数据应根据建筑信息模型应用和管理的需求存储。

5.3.3 模型数据的存储可采用通用格式,也可采用任务相关方约定的格式,但均应满足数据互用的要求。

5.3.4 模型数据的存储宜采用高效的方法和介质,并应满足数据安全的要求。

6 模型应用

6.1 一般规定

6.1.1 模型应用可包括单阶段多任务应用、跨阶段多任务应用和全寿命期多任务应用。应逐步减少全寿命期任务信息模型总数。

6.1.2 数据环境应具有完善的数据存储与维护机制,保证数据安全。

6.2 模型数量与要求

6.2.1 建筑信息模型应用前,应对全寿命期各个阶段的任务信息模型种类和数量进行整体规划。

6.2.2 各个任务信息模型应能集成为逻辑上唯一的项目部分或项目整体模型。模型集成时宜满足本标准4.2节中模型整体结构的要求。

6.2.3 宜设专人对任务信息模型及其业务流程进行管理和维护。

6.3 模型数据

6.3.1 任务承担方应根据完成任务需要建立任务信息模型。

6.3.2 任务信息模型的建立和应用应利用前置任务积累的模型信息,并交付后置任务需要的模型信息。

6.3.3 任务信息模型交付的互用信息,其数据格式应符合下列任一款的规定:

(1) 由相关方自行协商确定的专用标准。

(2) 采用开放的通用标准。

6.3.4 各任务信息模型的交付成果应及时归档。

6.3.5 应定期组织相关人员进行任务信息模型会审,并对其进行调整。

6.4 基本任务工作方式

6.4.1 工程项目各个阶段宜包含如下任务信息模型:

(1) 策划与规划阶段宜包含项目策划、项目规划设计、项目规划报建等任务信息模型。

(2) 勘察与设计阶段宜包含工程地质勘察、地基基础设计、建筑设计、结构设计、给水排水设计、供暖通风与空调设计、电气设计、智能化设计、幕墙设计、装饰装修设计、消防设计、风景园林设计、绿色建筑设计评价、施工图审查等任务信息模型。

涉及工程造价的任务信息模型应包含工程造价概算信息,工程造价概算应按工程建设现行全国统一定额及地方相关定额执行。

(3) 施工与监理阶段宜包含地基基础施工、建筑结构施工、给水排水施工、供暖通风与空调施工、电气施工、智能化施工、幕墙施工、装饰装修施工、消防设施施工、园林绿化施工、屋面施工、电梯安装、绿色施工评价、施工监理、施工验收等任务信息模型。

涉及工程造价的任务信息模型应包含工程造价预算及决算管理信息,工程造价预算应按工程建设现行全国统一定额及地方相关定额执行。

涉及现场施工的任务信息模型应包含施工组织设计信息。

(4) 运行与维护阶段宜包含建筑空间管理、结构构件与装饰装修材料维护、给水排水设施运行维护、供暖通风与空调设施运行维护、电气设施运行维护、智能化设施运行维护、消防设施运行维护、环境卫生与园林绿化维护等任务信息模型。

(5) 改造与拆除阶段宜包含结构工程改造、机电工程改造、装饰工程改造、结构工程拆除、机电工程拆除等任务信息模型。

6.4.2 本标准第6.4.1条所列任务信息模型可根据项目需要合并或拆分建立,拆分建立的信息模型应与原任务信息模型协调一致。

可根据项目需要增加本标准第6.4.1条所列任务信息模型之外的其他任务信息模型。新增的任务信息模型应与其他任务信息模型协调一致。

6.4.3 任务信息模型应由任务承担方在完成任务的工作过程中同时建立,并应支持与本阶段其他任务的协同工作,且应能在项目全寿命期各个阶段之间相互衔接、直接传递和应用。

6.4.4 各个阶段宜根据业主需要建立业主信息模型。

6.4.5 任务信息模型建立和应用前,任务相关方应针对各任务需求商定模型的建立和协调规则,及其共享和交换协议,明确模型互用的模式、范围、格式等,并应依此建立、编辑、共享、应用模型。

6.4.6 项目全寿命期各个阶段的任务信息模型应能通过协调,组合成为逻辑上唯一的本阶段项目部分或项目整体模型。

6.4.7 同一阶段所有任务信息模型的交付互用信息应是唯一确定版本,宜由该阶段统一交付给其他阶段项目相关方。

6.4.8 任务信息模型的建立、应用和管理应采用P-BIM软件,当缺乏相应任务P-BIM软件时应选用其他替代方式。

6.4.9 P-BIM软件应具有查验模型是否符合任务所涉及相关工程建设标准及其强制性条文的功能。

6.4.10 勘察与设计、施工与监理阶段的应用软件宜包含附表B所列P-BIM软件。附表B所列P-BIM软件可根据完成任务需要进一步拆分或集成。

6.4.11 应制定全寿命期所有任务的P-BIM软件工程技术与信息交换标准,标准应包含下列内容:

(1) 本任务工作中所涉及的相关法律法规、标准规范及业务管理规定。

(2) 读入相关方任务信息模型为本任务交付的互用数据要求。

(3) 本任务多软件协同工作规定。

(4) 完成本任务应交付的最小文件及反馈信息要求。

(5) 本任务执行相关工程建设标准的智能检查信息要求。

(6) 为本阶段相关方建立任务信息模型应交付的互用数据及反馈信息要求。

(7) 为协调、组合成为本阶段项目部分或项目整体模型应交付的互用数据及反馈信息要求。

(8) 为其他阶段建立任务信息模型应交付的互用数据及反馈信息要求。

6.4.12 应根据完成任务能力对P-BIM软件进行技术水平评价，并对其正确执行工程建设标准强制性条文能力进行认证。

6.4.13 应根据完成任务信息量对P-BIM软件进行数据管理水平评价，并对其数据互用能力进行分级，分级应符合下列规定：

(1) P_s-BIM软件：实现本任务应用软件之间数据互用且可交付本阶段其他任务应用软件需要数据的P-BIM软件。

(2) P_L-BIM软件：实现本阶段任务应用软件之间数据互用且可交付全寿命期其他阶段任务应用软件需要数据的P-BIM软件。

(3) P_M-BIM软件：实现全寿命期任务应用软件之间数据互用且可交付其他项目任务应用软件需要数据的P-BIM软件。

7 企业实施指引

7.0.1 企业建筑信息模型实施应结合企业信息化战略确立建筑信息模型应用目标。

7.0.2 企业实施建筑信息模型过程中，宜将建筑信息模型相关软件系统与企业管理系统相结合。

7.0.3 项目相关企业应建立支持数据共享、协同工作的环境和条件，并结合项目相关方职责确定权限控制、版本控制及一致性控制机制。

7.0.4 建筑信息模型实施应满足本企业建筑信息模型应用条件的相关要求。

7.0.5 企业实施建筑信息模型应制定建筑信息模型实施策略文档，项目、阶段及任务信息模型实施策略文档应包含下列内容：

(1) 项目概况、工作范围和进度，建筑信息模型应用的深度与范围。

(2) 为所有建筑信息模型数据定义通用坐标系。

(3) 项目应采用的数据标准，以及可能未遵守标准时的变通方式。

(4) 完成项目将要使用的、本企业已有的P-BIM软件及其他软件协调，以及如何解决非P-BIM软件之间数据互用性的问题。

(5) 使用非P-BIM软件应遵守的国家与地方法律法规、技术标准和管理规定。

(6) 项目的领导方和其他核心协作团队，以及各方角色和职责。

(7) 项目交付成果，以及要交付的格式。

(8) 项目任务信息模型数据各部分的责任人。

(9) 图纸和建筑信息模型数据的审核、确认流程。

(10) 建筑信息模型数据交流方式，以及数据交换的频率和形式。

(11) 包括企业内部和整个外部团队在内的所有团队共同进行模型会审的日期。

本标准用词说明

1) 为便于在执行本标准条文时区别对待，对要求严格程度不同的用词说明如下：

(1) 表示很严格，非这样做不可的：

正面词采用“必须”，反面词采用“严禁”；

(2) 表示严格，在正常情况下均应这样做的：

正面词采用“应”，反面词采用“不应”或“不得”；

(3) 表示允许稍有选择，在条件许可时首先应这样做的：

正面词采用“宜”，反面词采用“不宜”；

(4) 表示有选择,在一定条件下可以这样做的,采用“可”。

2) 条文中指明应按其他有关标准执行的写法为:“应符合……的规定”或“应按……执行”。

附录A 典型信息模型的组成元素

表A-1 典型的资源数据及其信息描述

元素		典型信息
几何表达	轴网	轴线位置,相对尺寸
	实体(包括立方体、扫掠实体、放样实体等)	体积,表面积,实体类型,面,线(边),点(顶点)索引
	面域(包括三角面片、平面、扫掠面等)	面积,面类型,线,点索引
	线(包括曲线、直线、多段线等)	长度,线类型,点索引
	点	坐标
	笛卡儿坐标系	X轴方向,Y轴方向,Z轴方向
材料	材料	名称,描述,类别
	混合材料	名称,描述,材料,成分比例
	材料层(墙防水层、保温层)	名称,描述,材料,关联构件与位置
	材料面(如砖面墙、漆)	名称,描述,材料,关联表面
时间	日期	年,月,日
	时间	时,分,秒
	持续时长	
	事件时间信息	计划发生时间,实际发生时间,最早发生时间,最晚发生时间
	资源时间信息	关联任务,关联资源,计划开始时间,计划结束时间,计划资源消耗曲线,实际开始时间,实际结束时间,实际资源消耗曲线
	任务时间信息	计划开始时间,实际开始时间,计划结束时间,实际结束时间,最早开始时间,最晚结束时间,计划持续时长,实际持续时长
参与方	个人	名称,职务,角色,地址,所属组织
	组织(公司、企业)	名称,描述,角色,地址,关联构件,相关人员
	地址	位置,描述,关联个人,关联组织

续表

元　素		典 型 信 息
度量	字符变量	
	数字变量	
	国际标准单位	
	导出单位	
成本	成本项	币种，成本数值，关联构件/属性，关联清单，计算公式
	货币关系	兑换币种，汇率，时间
荷载	集中荷载	集中力大小，作用位置
	分布荷载	分布力大小，作用区域
	自重荷载	关联构件，重力加速度

表 A-2　典型基础模型元素及其信息描述

元　素		典型信息(利用资源数据表达)
共享构件	梁	名称，几何信息(如长、宽、高、截面)，定位(如轴线、标高)，材料(如材料强度、密度)，工程量(如体积、重量)
	柱	名称，几何信息(如长、宽、高、截面)，定位(如轴线、标高)，材料(如材料强度、密度)，工程量(如体积、重量)
	板	名称，几何信息(如长、宽、高、截面)，定位(如轴线、标高)，材料(如材料强度、密度)，工程量(如体积、重量)
	墙	名称，几何信息(如长、厚度)，定位(轴线、标高)，材料(如材料强度、密度、导热系数、材料层)，工程量(如体积、重量、表面积、涂料面积)
	孔口	名称，几何信息(如几何实体索引)，定位(如轴线、标高)
	管件	名称，几何信息(如三维模型)，定位(如轴线、标高)，类型(如材料内外涂层)，工程量(如重量)
	管道	名称，几何信息(如管径、长度、截面)，定位(如轴线、标高)，类型(如软管、管束)，材料(如内外涂层)，工程量(如重量)
	临时储存设备(如水箱)	名称，几何信息(如长、宽、高)，定位(如轴线、标高)，材料(如材料密度)，工程量(如体积、重量)
	管线终端(如卫浴终端)	名称，几何信息(如长、宽、高)，定位(如轴线、标高)，材料(如材料密度)，工程量信息，成本
空间结构	建筑空间	位置信息(空间位置)，用途，关联构件
	楼层	位置信息(标高)，用途，关联构件
	场地	位置信息(经纬度、标高、地址)，用途，关联构件
属性	属性定义	名称，类型
	属性集	名称，属性列表
过程	事件	名称，内容，发生时间，时间状态(准时、推迟、提前)
	过程	前置事件(开始条件)，后继事件(为其开始条件)
	任务	任务事件信息(开始、结束、持续时长等)，事前事后关系，父/子任务

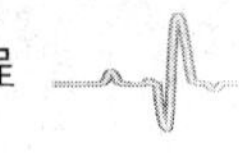

续表

元素		典型信息(利用资源数据表达)
控制	工作日历	工作起始时间,工作结束时间,重复(每天、周一到周五、本周仅一日等)
	工作计划方案	名称,关联项目,关联进度计划(销售计划、施工计划),关联任务
	工作进度计划	名称,关联项目,关联进度计划(某施工层、施工段进度计划),关联任务
	许可(审批,审核)	状态,描述,申请者,批准/否决者
	性能参数记录	所处生命期,机器或人工收集的数据(可以是模拟、预测或实际数据)
	成本项(如清单,定额项目)	成本值,工程量,关联任务
	成本计划	关联时间,关联成本项
关系	"分配"关联关系(可以将元素分配到参与者、控制、组、过程、产品以及资源等元素上)	关联元素索引,关联类型,关联信息
	"信息"关联关系(可以将许可、分类、约束、文档、材料等信息附加到元素上)	关联元素索引,关联类型,关联信息
	"连接"关联关系(可以将构件、结构荷载响应、结构分析、空间归属、所在序列等信息连接到元素上)	关联元素索引,关联类型,关联信息
	"声明"关联关系(声明工作计划方案、单位等)	关联上下文,关联定义
	"分解"关联关系(表达组合、依附、突出物、开洞等关联关系)	关联元素索引,关联类型,关联信息
	"定义"关联关系(用于定义元素的类型、定义构件的属性集、定义属性集模板)	关联元素索引,关联类型,关联信息

表 A-3 典型专业模型元素

元素		典型信息
建筑	引用的基础模型元素	基础模型元素的索引信息(包括墙、梁、柱、板、建筑空间、楼层、场地、属性定义、属性集等)
	门	名称,几何信息(如长、宽、厚度),定位(轴线、标高),类型(如双扇门、扇开门、推拉门、折叠门、卷帘门),材料(如材料层、密度、导热系数),工程量(如体积、重量、表面积、涂料面积)
	窗	名称,几何信息(如长、宽、厚度),定位(轴线、标高),类型(如平开窗、推拉窗、百叶窗),材料(如材料层、密度、导热系数),工程量(如体积、重量、表面积,涂斜面积)
	台阶	名称,几何信息(如台阶长、宽、高度、突缘长度),定位(轴线、标高),材料(如材料强度、密度),工程量(如体积、重量、表面积)
	扶手	几何信息(如长度、高度、样式),定位(轴线、标高),材料(如材料层、密度),关联构件
	面层	几何信息(如厚度、覆盖面域),材料(如材料层、密度、导热系数),工程量(如体积、重量、表面积、涂料面积),关联构件
	幕墙	几何信息(如厚度、覆盖面域),材料(如材料层、密度、导热系数),工程量(如体积、重量、表面积、涂料面积),关联构件

续表

元　　素			典型信息
结构专业	引用的基础模型元素		基础模型元素的索引信息（包括墙、梁、柱、板、建筑空间、楼层、场地、属性定义、属性集等）
	结构构件（梁、柱、墙、板）		名称，计算尺寸（如长、宽、高），材料力学性能（如弹性模量、泊松比、型号等），结构分析信息（如约束条件、边界条件等）
	基础		名称，几何信息（如长、宽、高），定位（轴线、标高），工程量（如体积），计算尺寸，材料力学性能（如弹性模量、泊松比、型号等），结构分析信息（如约束条件、边界条件等）
	桩		名称，几何信息（如长、宽、高），定位（轴线、标高），计算尺寸，材料力学性能（如弹性模量、泊松比、型号等），结构分析信息（如约束条件、边界条件等）
	钢筋		编号，计算尺寸（如规格、长度、截面面积），材料力学性能（如钢材型号、等级），工程量（如根数、总长度、总重量），关联构件
	其他加劲构件		名称，几何信息（如长、直径、面积），定位（轴线、标高），计算尺寸（如长、直径、面积），材料力学性能（如材料型号、等级），结构分析信息，工程量，关联构件
	荷载		自重系数，加载位置，关联构件
	荷载组合		预定义模型，荷载类型，加载位置，组合系数与公式，关联构件
	结构响应		是否施加，关联构件，关联荷载或荷载组合，计算结果
暖通专业	引用的基础模型元素		基础模型元素的索引信息（包括墙、板、建筑空间、楼层、场地、属性定义、属性集等）
	空调设备	锅炉、火炉	名称，几何信息（主要指尺寸大小），定位（轴线、标高），工程量（如体积、重量），类型（如型号、用途、输入电压、功率）
		制冷设备（如冷水机、凉水塔，蒸发式冷气机等）	名称，几何信息（主要指尺寸大小），定位（轴线、标高），工程量（如体积、重量），类型信息（如型号、输入电压、功率、制冷范围）
		湿度调节器	名称，几何信息（主要指尺寸大小），定位（轴线、标高），工程量（如体积、重量），类型信息（如型号、调节范围）
	通风设备	空调压缩机	名称，几何信息（主要指尺寸大小），定位（轴线、标高），工程量（如体积、重量），类型信息（如型号、用途、输入电压，功率）
		风扇、风机	名称，几何信息（主要指尺寸大小），定位（轴线、标高），工程量（如体积、重量），类型信息（如型号、用途、输入电压、功率）
	集水设备	水箱	名称，几何信息（主要指尺寸大小），定位（轴线、标高），工程量（如体积、重量），类型信息（如型号、用途）

续表

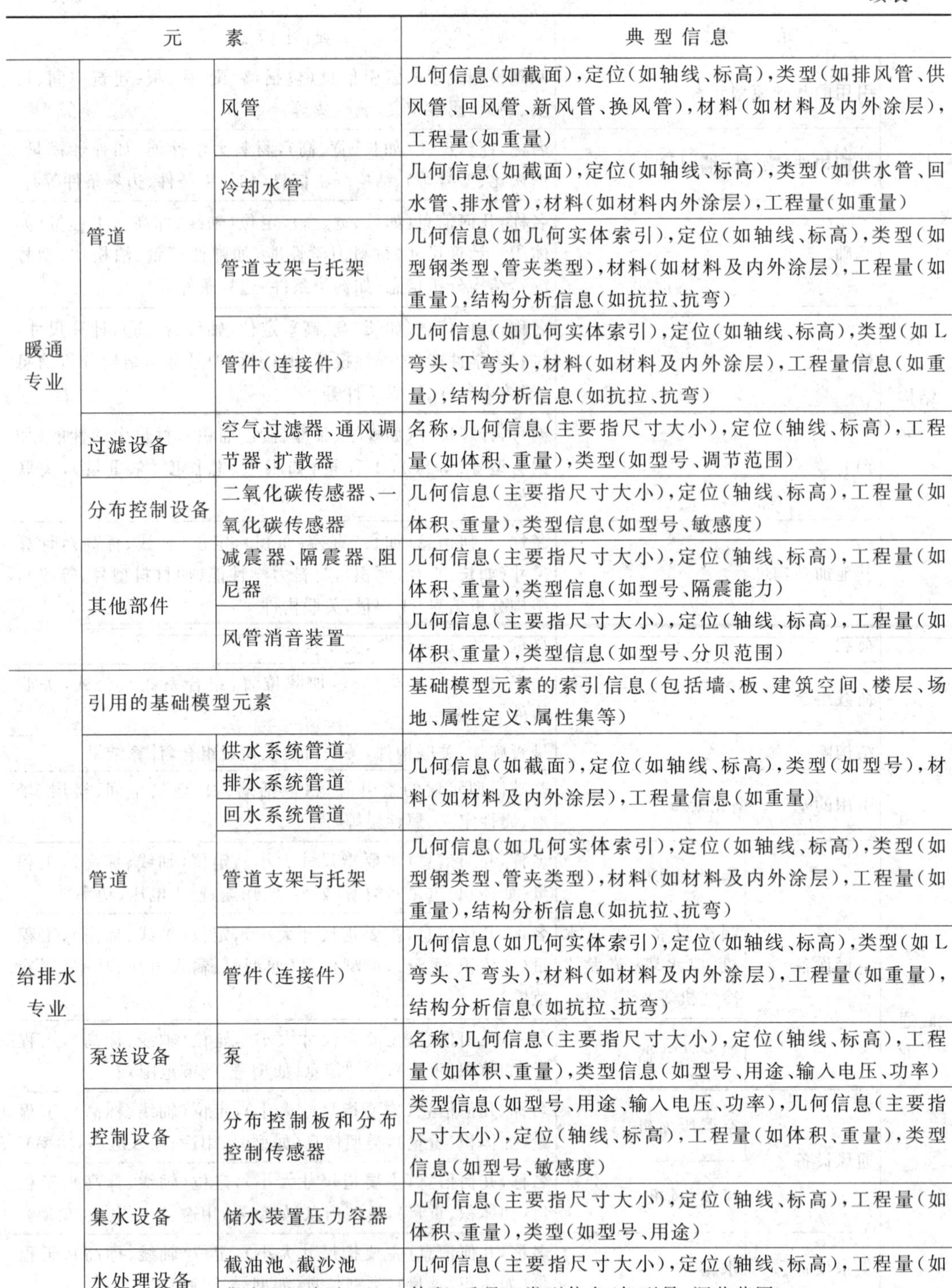

元素			典型信息
暖通专业	管道	风管	几何信息(如截面),定位(如轴线、标高),类型(如排风管、供风管、回风管、新风管、换风管),材料(如材料及内外涂层),工程量(如重量)
		冷却水管	几何信息(如截面),定位(如轴线、标高),类型(如供水管、回水管、排水管),材料(如材料内外涂层),工程量(如重量)
		管道支架与托架	几何信息(如几何实体索引),定位(如轴线、标高),类型(如型钢类型、管夹类型),材料(如材料及内外涂层),工程量(如重量),结构分析信息(如抗拉、抗弯)
		管件(连接件)	几何信息(如几何实体索引),定位(如轴线、标高),类型(如L弯头、T弯头),材料(如材料及内外涂层),工程量信息(如重量),结构分析信息(如抗拉、抗弯)
	过滤设备	空气过滤器、通风调节器、扩散器	名称,几何信息(主要指尺寸大小),定位(轴线、标高),工程量(如体积、重量),类型(如型号、调节范围)
	分布控制设备	二氧化碳传感器、一氧化碳传感器	几何信息(主要指尺寸大小),定位(轴线、标高),工程量(如体积、重量),类型信息(如型号、敏感度)
	其他部件	减震器、隔震器、阻尼器	几何信息(主要指尺寸大小),定位(轴线、标高),工程量(如体积、重量),类型信息(如型号、隔震能力)
		风管消音装置	几何信息(主要指尺寸大小),定位(轴线、标高),工程量(如体积、重量),类型信息(如型号、分贝范围)
给排水专业	引用的基础模型元素		基础模型元素的索引信息(包括墙、板、建筑空间、楼层、场地、属性定义、属性集等)
	管道	供水系统管道	几何信息(如截面),定位(如轴线、标高),类型(如型号),材料(如材料及内外涂层),工程量信息(如重量)
		排水系统管道	
		回水系统管道	
		管道支架与托架	几何信息(如几何实体索引),定位(如轴线、标高),类型(如型钢类型、管夹类型),材料(如材料及内外涂层),工程量(如重量),结构分析信息(如抗拉、抗弯)
		管件(连接件)	几何信息(如几何实体索引),定位(如轴线、标高),类型(如L弯头、T弯头),材料(如材料及内外涂层),工程量(如重量),结构分析信息(如抗拉、抗弯)
	泵送设备	泵	名称,几何信息(主要指尺寸大小),定位(轴线、标高),工程量(如体积、重量),类型信息(如型号、用途、输入电压、功率)
	控制设备	分布控制板和分布控制传感器	类型信息(如型号、用途、输入电压、功率),几何信息(主要指尺寸大小),定位(轴线、标高),工程量(如体积、重量),类型信息(如型号、敏感度)
	集水设备	储水装置压力容器	几何信息(主要指尺寸大小),定位(轴线、标高),工程量(如体积、重量),类型(如型号、用途)
	水处理设备	截油池、截沙池	几何信息(主要指尺寸大小),定位(轴线、标高),工程量(如体积、重量),类型信息(如型号、调节范围)
		集水和污水池	

续表

<table>
<tr><th colspan="3">元　　素</th><th>典 型 信 息</th></tr>
<tr><td rowspan="9">电气专业</td><td colspan="2">引用的基础模型元素</td><td>基础模型元素的索引信息(包括墙、板、建筑空间、楼层、场地、属性定义、属性集等)</td></tr>
<tr><td rowspan="7">管线</td><td>电缆接线盒</td><td>几何信息(主要指尺寸大小),定位(轴线、标高),工程量(如体积、重量),类型信息(如型号、接头数量)</td></tr>
<tr><td>电缆</td><td>几何信息(如截面),定位(如轴线、标高),类型(如型号、功率、电流与电压限制),材料,工程量信息(如重量)</td></tr>
<tr><td>管道支架与托架</td><td>几何信息(如几何实体索引),定位(如轴线、标高),类型(如型号、功率、电流与电压限制),材料,工程量(如重量),结构分析信息(如抗拉、抗弯)</td></tr>
<tr><td>管件</td><td>几何信息(如几何实体索引),定位(如轴线、标高),类型(如L弯头、T弯头),材料信息(如材料及内外涂层),工程量(如重量),结构分析信息(如抗拉、抗弯)</td></tr>
<tr><td>配电板</td><td>几何信息(主要指尺寸大小),定位(轴线、标高),工程量(如体积、重量),类型信息(如型号)</td></tr>
<tr><td>安全装置</td><td>几何信息(主要指尺寸大小),定位(轴线、标高),工程量(如体积、重量),类型(如型号、跳闸限制)</td></tr>
<tr><td>储电设备</td><td>储电器</td><td>名称,几何信息(主要指尺寸大小),定位(轴线、标高),工程量(如体积、重量),类型信息(如型号、容量)</td></tr>
<tr><td rowspan="10"></td><td rowspan="5">机电设备</td><td>发电机</td><td>名称,几何信息(主要指尺寸大小),定位(轴线、标高),工程量(如体积、重量),类型(如型号、用途、输入功率、输出功率、额定电压)</td></tr>
<tr><td>发动机</td><td>名称,几何信息(主要指尺寸大小),定位(轴线、标高),工程量(如体积、重量),类型(如型号、用途、功率)</td></tr>
<tr><td>电机连接</td><td>名称,几何信息(主要指尺寸大小),定位(轴线、标高),工程量(如体积、重量),类型(如型号、连接方式)</td></tr>
<tr><td>太阳能设备</td><td>名称,几何信息(主要指尺寸大小),定位(轴线、标高),工程量(如面积、重量),类型(如型号、功率)</td></tr>
<tr><td>变压器</td><td>名称,几何信息(主要指尺寸大小),定位(轴线、标高)类型(如型号、用途、输入电压、输出电压)</td></tr>
<tr><td rowspan="5">终端</td><td>视听电器</td><td>几何信息(主要指尺寸大小),定位(轴线、标高),类型(如型号、功率)</td></tr>
<tr><td>灯</td><td>几何信息(主要指尺寸大小),定位(轴线、标高),类型(如型号、功率)</td></tr>
<tr><td>灯具</td><td>几何信息(主要指尺寸大小),定位(轴线、标高),类型(如型号)</td></tr>
<tr><td>电源插座</td><td>几何信息(主要指尺寸大小),定位(轴线、标高),类型(如型号、插座形式、插头数量)</td></tr>
<tr><td>普通开关</td><td>几何信息(主要指尺寸大小),定位(轴线、标高),类型(如型号)</td></tr>
</table>

附录B 典型P-BIM软件

表B-1 典型P-BIM软件

任务信息模型	勘察与设计阶段P-BIM软件	施工与监理阶段P-BIM软件	主要专业技术标准
工程地质勘察	工程地质勘察	—	GB 50021 岩土工程勘察规范
建筑	建筑设计	—	GB 50352 民用建筑设计通则 各类建筑设计规范(详略) GB 50763 无障碍设计规范 GB 50118 民用建筑隔声设计规范 GB 50033 建筑采光设计标准 各类建筑节能设计标准规范(详略)
地基基础	地基基础设计	基坑施工 地基处理施工 预制桩基施工	GB 50007 建筑地基基础设计规范 JGJ 94 建筑桩基技术规范 JGJ 79 建筑地基处理技术规范
		灌注桩基施工 基础工程施工	GB 50330 建筑边坡工程技术规范 GB 50202 建筑地基基础工程施工质量验收规范
结构	混凝土结构设计 钢结构设计 砌体结构设计	混凝土结构施工 钢结构施工 砌体结构施工 型钢、钢管混凝土结构施工 轻钢结构施工 索膜结构施工 铝合金结构施工 木结构施工	GB 50068 建筑结构可靠度设计统一标准 GB 50009 建筑结构荷载规范 GB 50010 混凝土结构设计规范 GB 50003 砌体结构设计规范 GB 50017 钢结构设计规范 GB 50666 混凝土结构工程施工规范 GB 50204 混凝土结构工程施工质量验收规范 GB 50203 砌体结构工程施工质量验收规范 GB 50755 钢结构工程施工规范 GB 50205 钢结构工程施工质量验收规范
幕墙	幕墙设计	幕墙施工	JGJ 102 玻璃幕墙工程技术规范 JGJ 133 金属与石材幕墙工程技术规范
给水排水	给水排水设计	给水排水施工	GB 50015 建筑给水排水设计规范 GB 50242 建筑给水排水及采暖工程施工质量验收规范 GB 50275 风机、压缩机、泵安装工程施工及验收规范

续表

任务信息模型	勘察与设计阶段 P-BIM 软件	施工与监理阶段 P-BIM 软件	主要专业技术标准
供暖通风与空调	供暖通风空调设计	供暖通风与空调施工	GB 50736 民用建筑供暖通风与空气调节设计规范各类建筑节能设计标准规范 GB 50242 建筑给水排水及采暖工程施工质量验收规范 GB 50243 通风与空调工程施工质量验收规范 GB 50274 制冷设备、空气分离设备及安装工程施工及验收规范 GB 50275 风机、压缩机泵安装工程施工及验收规范 GB 50411 建筑节能工程施工质量验收规范
电气	电气设计	电气施工	JGJ 16 民用建筑电气设计规范各类建筑电气设计规范(详略) GB 50210 建筑装饰装修工程质量验收规范 GB 50057 建筑物防雷设计规范 GB 50303 建筑电气工程施工质量验收规范，各类电气装置安装工程施工及验收规范
智能化	智能化设计	智能化施工	GB/T 50314 智能建筑设计标准 各类报警、监控系统工程设计规范(详略)
消防	消防设计	消防施工	GB 50016 建筑设计防火规范 GB 50045 高层民用建筑设计防火规范 GB 50222 建筑内部装修设计防火规范 GA 836 建筑工程消防验收评定规则 GA 503 建筑消防设施检测技术规程
装饰装修	装饰装修设计	装饰装修施工	GB 50327 住宅装饰装修工程施工规范 GB 50210 建筑装饰装修工程质量验收规范 GB 50354 建筑内部装修防火施工及验收规范
风景园林	风景园林设计	风景园林施工	GB 50420 城市绿地设计施工 CJJ 75 屋顶绿化及垂直绿化工程技术规范 CJJ 82 园林绿化工程施工及验收规范